UI/
UG/
Best Practice
& Philosophy
for Human
Interface Design
BNN
Bug News Network

UI GRAPHICS Revised Edition

Published in 2018 by BNN, inc.
1-20-6, Ebisu-minami, Shibuya-ku, Tokyo 150-0022 Japan
world@bnn.co.jp

ISBN978-4-8025-1105-6
Printed in Japan

【新版】UI GRAPHICS

成功事例と思想から学ぶ、
これからのインターフェイスデザインとUX

TEXT

Intuitive

Minimal & Clean

Analog & Comfortable

Illustration & Infographic

Micro Interaction

Onboading Illustration

Internet of Things

UI GRAPHICS ARCHIVE

00 __ INTRODUCTION

企業から個人まで、多種多様な主体がアプリやウェブを介したあらゆるサービスを作り出し、提供しています。それらは私たちの生活に深く入り込み、ひとつの社会基盤を形作るまでになっています。きっかけはスマートフォンの登場でした。その変化の波はいまだ続いています。スキューモーフィズムからフラットデザインへと移行する中で、メタファーを捨てたインターフェイスのデザインは、デザイナーたちにとって大きな可能性の扉を開きました。それは、新しい創造領域の解放でもありました。

デザインの改善が、ビジネスの上昇に結びつき、社会の問題解決に結びつく、私たちはそんな時代を生きています。インターフェイスは私たちの生活に深く根付き、その身体、精神に深い影響を及ぼしています。大きな可能性と共に、新しい形の責任も発生しつつあるのではないでしょうか。そんな時代にインターフェイスのデザインに携わるということは、とてもスリリングなことであると思います。

本書は、デザイナーたちの実践と思考を記録した 2015 年刊行の書籍『UI GRAPHICS』の改訂版として出版されました。制作にあたり、新たな視点ですべての事例を選び直しました。同時に、この領域に携わる研究者および実践者の方々に、新たな執筆者を迎えて、現在の地点から多様な可能性についての知見を書き下ろしていただきました。巻末には、以前に刊行された『UI GRAPHICS』に収録されていたテキストも再録しています。執筆当時から時を隔て、私たちはより進んだ地点に辿り着きました。しかし、これらのテキストが光を当てた視点はいまだ有効性を保ち続けています。様々な考察の記録として、ご一読いただけたら嬉しいです。

インターフェイスは人々と環境のあいだを繋ぎ、新しい関係を作り出します。デザインは、その関係を促進させ、またそこに楽しさや魅力を与えることができるのです。ここに提示できた例はほんの片鱗にすぎませんが、本書がこの先より良いインターフェイスデザインを生み出す一助となれば幸いです。

01 _ Appleが目指す「流れるインターフェイス」

文・安藤剛

iPhoneが初めて登場した2007年から現在まで、iOSのUIデザインには大きく2つのフェーズがあった。

1つ目がiPhoneの最初のインターフェイス「スキューモーフィズム」と呼ばれるデザイン。

2つ目が2013年にiOS 7の発表と共に登場した「フラットデザイン」。

そして、iOSのモバイルインターフェイスにおける3つ目のフェーズが始まった。2017年のiPhone Xの登場と共に生まれた「Fluid Interfaces」である。

本稿では、iOSを取り巻くモバイルインターフェイスのUIデザインの変遷、「Fluid Interfaces」の特徴と、それによってAppleが目指す未来について考察してみたい。

iOSのUIデザインの変遷

まずiOSのUIデザインの変遷を3つのフェーズで振り返ってみよう。

iPhone登場初期の「スキューモーフィズム」と呼ばれるUIデザインでは、現実世界に存在する物質や素材がUIに採り入れられ、紙を模した部品が置いてあったり、革のテクスチャを使ったものや、立体的な表現が施されたナビゲーションバー等が多用されていた。

これは「メタファー」と言い、現実に存在するコンパスやメモ帳を見立てたUIデザインを施すことで、ユーザーは新しいテクノロジーの使い方の手掛かりを得ることができる。スマートフォンという、これまで存在しなかったタッチインターフェイスのデバイスという新しいテクノロジーを普及させるには有効なデザイン手法だった。

しかしスキューモーフィズムには限界がある。それは、現実世界に存在しないものはUIに見立てるものがないということ、つまりメタファーとして利用できるものがなくなってしまう点である。

初代iPhoneの登場から6年が経った2013年にリリースされたiOS 7によって、スキューモーフィズムに代わるフラットデザインが発表され、UIから物質的なテクスチャや立体感は取り払われた。6年間のうちにユーザーはモバイルのインターフェイスに十分に慣れ親しみ、スキューモーフィズムはその役目を十分に果たしたと考えられる。

ここからは、よりコンテンツやアプリの機能そのものにフォーカスをシフトするために、極力UIとしての装飾を取り払い、UIをディスプレイの端から端までいっぱいに広げる「エッジ・トゥ・エッジ」のフラットデザインを推奨するようになったのである。

そしてiOS 7の登場から4年後の2017年に

安藤剛
大手SIerにて大規模システムの提案・構築、海外事業開発等を歴任後、検索エンジンベンチャーの設立に参画。2013年よりTHE GUILDを設立し、UXを中心に企画・製作・データ分析等の領域で活動中。代表作にAppStore総合1位を獲得した「Staccal」等がある。

iPhone Xが登場し、モバイルのUIは次の段階に進んだ。

iPhone XというデバイスがもたらしたUIの革新iPhone Xは、2007年に初めて姿を見せた初代iPhoneの登場から10年目を迎えた2017年に登場した記念すべきモデルである。iPhone Xの特筆すべき変更点は、iPhoneの特徴とも言える物理的なホームボタンがなくなった点や、端末の認証をユーザーの顔で行う「Face ID」が搭載されたことなどが特徴として挙げられる。しかし、UIの観点で何よりも大きな変化はディスプレイの変更だろう。

iPhone Xのディスプレイは「ベゼルレス」とも形容されるほど、デバイスの縦横いっぱいに広がっている。四隅の角がラウンド形状になったことも相まって、アプリの世界の境界に大きな変化をもたらした。まるで、iPhoneのディスプレイを通してアプリの世界を覗き見ているような没入感(Immersive Experience)を与えているのである。

そして追随するかのように、Android向けスマートフォンにおいてもノッチ(ディスプレイ上部のフロントカメラやセンサーを集約した領域)を採用し、ディスプレイサイズを極限まで引き伸ばした端末が続々と発表されている。

iPhone 8 の天気アプリ

iPhone X の天気アプリ

巨大化し続けるディスプレイサイズ

歴代のiPhoneデバイスを振り返ると、モデルを重ねるごとにディスプレイは大型化し、より縦長になり続けている。2007年に登場した初代iPhoneと現在の最新機種iPhone XS Maxを比較すると、物理的なディスプレイ面積は約2.7倍大きくなり、ディスプレイの縦横比は約1.4倍縦長になっている。

モデル	iPhone iPhone 3G iPhone 3GS	iPhone 4 iPhone 4S	iPhone 5 iPhone 5c iPhone 5s iPhone SE	iPhone 6 iPhone 6s iPhone 7 iPhone 8	iPhone 6 Plus iPhone 6s Plus iPhone 7 Plus iPhone 8 Plus	iPhone X iPhone XS	iPhone XR	iPhone XS Max
発売年	2007 2008 2009	2010 2011	2012 2013 2013 2016	2014 2015 2016 2017	2014 2015 2016 2017	2017 2018	2018	2018
論理解像度	320 × 480	320 × 480	320 × 568	375 × 667	414 × 736	375 × 812	414 × 896	414 × 896
ディスプレイサイズ	3.5"	3.5"	4.0"	4.7"	5.5"	5.85"	6.1"	6.5"
ディスプレイ面積	3,730 mm²	3,730 mm²	4,410 mm²	6,090 mm²	8,340 mm²	8,220 mm²	8,830 mm²	10,000 mm²
縦横比	1.5	1.5	1.77	1.77	1.77	2.16	2.16	2.16

ディスプレイサイズというUIとしての前提の環境にこれだけ変化があれば、それに伴いUIのルールもアップデートされる必要がある。

ここまではビジュアルとしてのUIの変遷を振り返ってきたが、iPhone Xで行われたUIの革新はそれに留まらない。ベゼルレスなディスプレイへの変更だけでなく、デザインとインタラクションに大きな変更が行われた。それが「Fluid Interfaces」だ。

既にiPhone Xを操作した経験のある方は、ディスプレイのビジュアル的な表示だけでなく、その操作の滑らかさに驚いた記憶があるのではないだろうか。ホームスクリーンでアプリのアイコンをタップしてからのアプリの起動の速さや、アプリからホームに戻る時のスムースさ。別のアプリに切り替える時のタスクスイッチの滑らかさ。それこそが、iPhone Xから搭載されたFluid Interfacesなのだ。

Fluid InterfacesはiPhone Xに搭載されたものの、その詳細な仕様は2018年に行われたAppleの開発者向けカンファレンスWWDC 2018まで語られることはなかった。WWDC 2018で行われた開発者向けセッション「Designing Fluid Interfaces」を是非一度ご覧いただきたい。

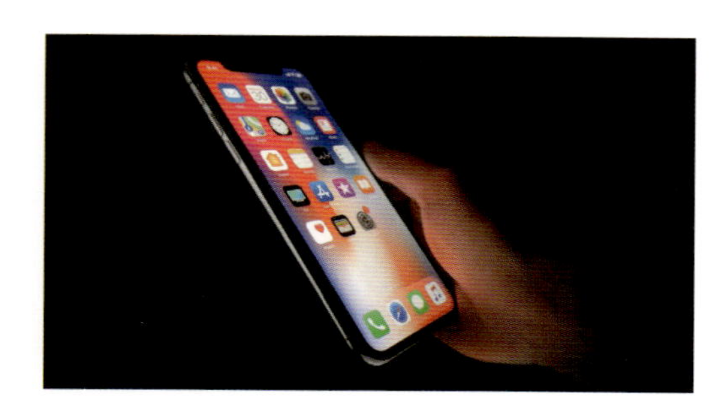

身体の延長としての道具

インターフェイスデザインの名著、『融けるデザイン ―ハード×ソフト×ネット時代の新たな設計論』(渡邊恵太著、ビー・エヌ・エヌ新社)にて、人間と道具の関係の歴史における「道具の透明性」と「自己帰属感」が語られている。

直接手に持つ道具、例えばハンマーであれば、対象物を叩いた時にその反動がハンマーを通して手に伝わりダイレクトに返ってくる。こうした感触を繰り返し感じることで、次第に道具が身体の延長のように感じ、道具のことをまるで意識せずに作業に集中することができるようになる。これが「道具の透明性」である。

石器時代の直接手に持つ道具から始まり、産業革命を経て道具が発展すると共に、人間は大きな力を得られるようになった反面、人間と道具の関係は次第に間接的になっていった。関係が間接的になるほどに、人間の道具に対するインプットから実際に得られる結果がダイレクトではなくなっていった。

2007年に登場したiPhoneは、なぜそのインターフェイスで多くの人を魅了できたのか。それは、道具としての「自己帰属感」にある。指でタッチスクリーンに直接触れ、ボタンをタップした時に得られるダイレクトなフィードバックや、画面をスクロールした時にさも慣性に従っているように減速するモーションや、スクロールが画面の端に達した時のバウンスが、まるで画面の中の世界に直接触れているような感覚を人間に与え、高い「自己帰属感」をもたらしたからである。

このようにしてタッチインターフェイスを備えたスマートフォンの歴史がiPhoneから始まり、現在に至る。そしてFluid Interfacesは、この自己帰属感をさらに一歩先に進めようとしている。

道具と機械の進化

❶ 石器時代(農耕・狩猟)　人 → 物体 動物 → 対象　(エネルギー)

❷ 道具(第一次産業)　人 → 道具 → 対象

❸ 産業革命(第二次産業)　人 → 機械 → 対象

❹ 情報革命(第三次産業)　人 → 情報 処理 → 機械 → 対象　(エネルギー)

❺ 情報独立　人 → 情報 処理 → 情報 処理 → 機械 → 対象　(エネルギー)

身体の拡張のために生まれたFluid Interfaces

　ではFluid Interfacesでは具体的に何が変わったのか。「Fluid」とは流体や流動性という意味を持つが、その名の通りFluid Interfacesは常に変化することを前提に設計されたUIシステムである。

　従来のiPhoneのUIでは、ユーザーの操作とそれに対するフィードバックは常に逐次的に行われてきた。例えばアプリを起動しようとアイコンをタップすると、アイコンが拡大するようにアプリのUIが立ち上がり、画面一杯に拡大するまでアニメーションが行われる。ユーザーはその間に何も操作ができなくなり、約1秒弱のアニメーションが完了するとようやく次の操作ができるようになる。

　Fluid Interfacesでは、アプリの起動中であっても、状態の遷移の最中に次の操作ができるようになっている。例えば以下の写真はPhotoアプリを起動し、アプリがフルスクリーンになる前から拡大中のアプリのUIをスクロールしている様子である。

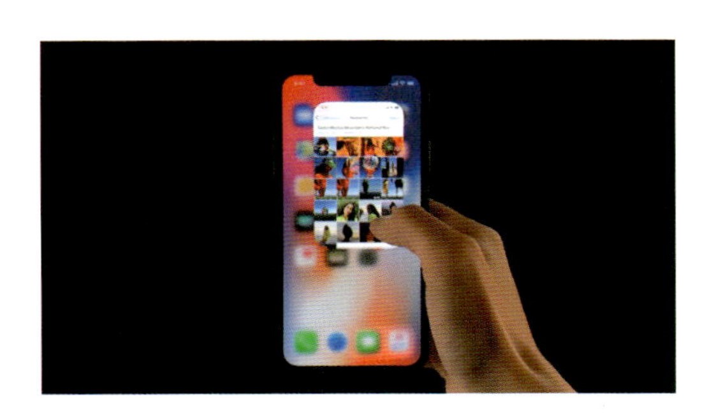

　Fluid Interfacesではアプリの起動中にユーザーの目的が変わり、やっぱりホームに戻りたいと指で起動を中断したり、さらには他のアプリにスイッチすることすらできてしまう。

　なぜこのことがUIで重要なのか。それは、人間の意識も人間を取り巻く外の世界も一瞬たりとも止まることはなく、流れるように変化し続けるからである。アニメーションが実行されるゼロコンマ数秒の間にも人間の意識は絶えず変化し、UIは常にユーザーの応答に反応できる状態である必要がある。

　従来のアニメーションは、デザイナーがあらかじめ設計した単位時間あたりの連続的な状態の変化だったが、Fluid Interfacesではアニメーションに変わって、「動的ビヘイビア（Dynamic Behavior）」という設計が提唱されている。つまり従来のアニメーションのようにAからBの状態に一方通行に変化するのではなく、AとBの状態を自由に行き来できることを指す。

　人間の流れるような意識の変化のスピードにも対応することで、これまでよりもさらに高いレベルの自己帰属感がもたらされ、iPhoneのディスプレイの世界の中に身体が拡張されている感覚が得られる。それがFluid Interfacesが目指す新たなUIシステムである。

Fluid Interfacesに対応したUIデザイン

　ここまではFluid Interfacesのインタラクションの側面を見てきたが、UIの構造としても大きな変更が行われようとしている。

　iOS 12に搭載されたApple Booksアプリ（旧iBooks）では、これまでのiOS純正のアプリにはないUIの仕組みが採られている。

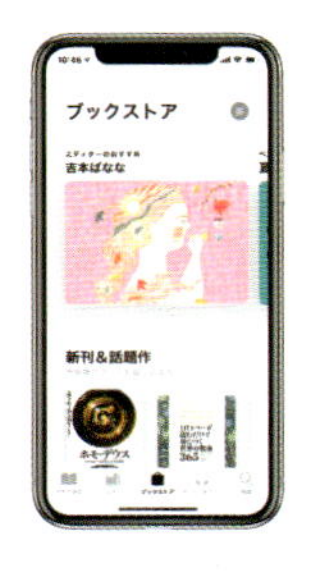

　アプリの起点となる「今すぐ読む」「ライブラリ」「ブックストア」などのコレクションでは、現在読んでいる本や、所有している本、またはストアで扱う本などがディスプレイいっぱいに表示される。

　ここでいずれかの本を選択すると半モーダル状

の画面(本稿では便宜上、ハーフモーダルと呼ぶ)が元のコンテキストを残す形で上に被さる。この状態で、元のコンテキストで横に並んでいた書籍に横スクロールで切り替えることもできる。さらに少し上にスクロールすると、ハーフモーダルがフルディスプレイになり、全画面表示される。

従来はプッシュやモーダルといった、画面が完全にスイッチする形での画面遷移が行われてきたが、ハーフモーダルは画面と画面の状態変化を自由に行き来することができる構造になっている。これもFluid Interfacesの思想に合致するUIシステムである。

残念ながら当該のハーフモーダルの機能はiOS 12の時点では標準の機能として開発者にはまだ提供されておらず、Apple Booksアプリ、地図アプリ、株価アプリなどで実験的に提供されているように見える。したがって、現状このようなUIを実装するには独自でUI構造やトランジションを実装する必要がある。

しかしAppleは従来、一部の純正アプリで新しいシステムのUIを実験した後に、正式にiOSの公式なUIガイドラインとして採用し、SDKの一部としてデベロッパーに開放する手法を採ってきた。このハーフモーダルについても、将来的にiOSのUIガイドラインとなる見込みが高いと見ている。

ディスプレイの巨大化に対応するハーフモーダル

このハーフモーダルが効果を発揮するもう一つの側面として、先に述べたデバイスの大画面化があると考える。ディスプレイの面積の増加に加え、アスペクト比が縦長に向かっているため、従来のUIシステムでは片手で操作した場合に、画面上部へのアクセスが非常に困難になっているのが現状だ。

例えば、従来のUIシステム上、画面上部に位置していたナビゲーションバーに、ナビゲーションするための必須の部品を配置することは、これからはユーザビリティの低下を招く恐れがある。

UIとしての主要な操作系の機能をハーフモーダルとして画面下部に集中させ、画面遷移をハーフモーダルだけで実現させせようとしている点は、この巨大化し続けるディスプレイのトレンドに対する新たなアプローチであると考えられる。

また、Androidのマテリアルデザインでもデザインシステムのアップデートを図り、"App bars: bottom"という新たなコンポーネント等によって、徐々にタブやメニューを画面下部に移しつつあると見ている。

マルチプラットフォームを通したブランドの一貫性

サービスは現在、単一のデバイスだけでなくいくつものタッチポイントを通じてユーザーに触れられる状況にある。例えばスマートフォンだけでなく、タブレット、PC、TVなどの多岐にわたるデバイスを通してユーザーと触れ合う。ここからはiOSが目指すもう一つの側面を見てみたい。

AppleはiPhone、iPad、Mac、TVなどのマルチプラットフォームでの開発において、Consistency(一貫性)の重要性を説いている。それは決して異なるプラットフォームを通して全く同じUIを用いるということではなく、Brand Identity(ブランドの一貫性)とPlatform Consistency(プラットフォームでの一貫性)のバランスを取ることを意味している。

Appleの純正の「地図」アプリだが、こちらもApple Booksと同様にハーフモーダルの仕組みを採り入れ、アプリのメイン画面としてのマップビューの上に、ハーフモーダルとしてのUIが被さっている形になっている。地点の検索や目的地までの経路表示など、操作に応じてそれに見合ったUIがハーフモーダルとして表示される仕組みである。

注目したいのが、iPad用の地図アプリのUIだ。iPhoneのUIではハーフモーダルとして表示されているUI部品が、iPadではフローティングのモーダルとして表示されている。このように機能的に共通するUIを、テイストを揃えることで異なるプラットフォームにおいてもデザイン上の一貫性を保つことが可能となっている。

iPhone Xの地図アプリ

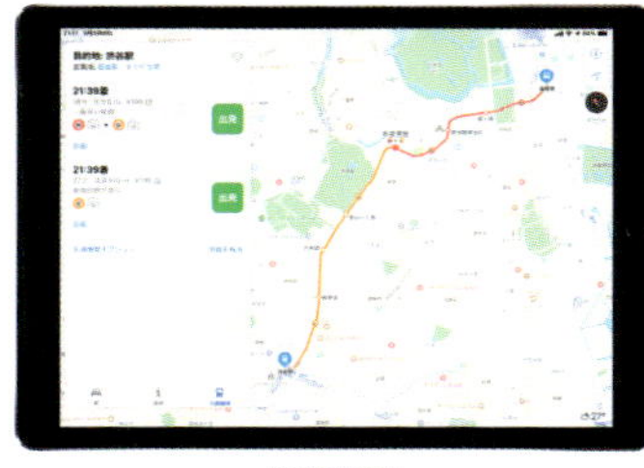
iPad Proの地図アプリ

プラットフォームを跨いでブランド品質をユーザーに伝えることは非常に重要である。これからのアプリはこれまで以上に独自の世界観を形成し、ブランドを確立することが重要になってくる。なぜなら私たちは今、かつてないほどに日々膨大な情報に晒され、その中から自分にとって価値のある情報を摘み取って過ごしているからだ。

プロダクトのジャンルという垣根を超え、あらゆるサービスが同じ土俵の上で消費者の可処分時間を奪い合っている現在、開発するプロダクトが人々のアテンションを勝ち取り、愛され、長く使われるものであるためには、いくつものタッチポイントを通しての一貫性、時が経っても変わらない普遍性を持ち、人々の記憶に留まるためのブランドの形成が必要だからである。

Fluid Interfacesをどう採り入れていくか

Fluid Interfacesはユーザーインターフェイスの新たな扉を開けたと言える。

Fluid Interfacesはまだ始まったばかりの取り組みだが、iPhone X系デバイスが市場に受け入れられていくに従い、Fluid Interfacesのユーザー体験が人々に浸透し、従来のキャッチボールのような逐次的なユーザーとコンピュータのインタラクションは過去のものになるだろう。

Fluid Interfacesに対応したUIのデザインの仕方はこれまでとどう変わるのか？　従来もデザインのフェーズにおけるプロトタイピングの重要性は叫ばれてきたが、Fluid Interfacesになると、ビジュアルとモーションは以前よりも強固な関係になる。先に述べた様に「動的ビヘイビア」を実現するために、Aの状態とBの状態の間の状態さえも同時にデザインしなければならないからだ。

先に静的なビジュアルのイメージをデザインし、大方の仕様が固まったあとでアニメーションを後付けするような進め方は、Fluidなユーザー体験を損なうことに繋がるだろう。これを解決するためには、常にプロトタイピングしながらデザインをすることが必要になってくる。

単にデザインの確認やチーム内での情報共有をするためにプロトタイピングを行うのではなく、動かしながらデザインをしていき、デザインの最中にも新たな発見を得ていくという方法だ。Fluid Interfacesに対応したUIをデザインするには、デザイナーにはこれまで以上に視覚的なデザイン、モーションのデザインの双方をダイナミックにイメージできるスキルが必要になるだろう。

また実装面においては、アプリの挙動のレイテンシについてこれまで以上に注意して実装する必要がある。なぜならFluid Interfacesの提唱する意識の流れに追随するインタラクションを実現するには、デザインのみならずレイテンシが最重要事項だからだ。そしてiPhone X系のデバイスではiOSが非常に高いレベルでこれを実現している。

初めてiPhoneが登場した時、人々は身体とUIが連動した時に得られる自己帰属感を体験することによりタッチインターフェイスに夢中になった。UIのクオリティへのニーズが顕在化し、この時からマーケットのプロダクトのUIに求められるクオリティはハードルが格段に上がった。このような非可逆な変化がFluid Interfacesの登場によって再び起きるだろう。

フラットデザイン登場以来のこのモバイルUIのターニングポイントによって、デザインとエンジニアリングがより高いレベルで融合し、UIが身体の延長として更に発展を遂げることを期待したい。

Intuitive

「直感的」への探求

世界に無数の言語があるように、ユーザーのマインドモデルにも多様性がある。人の身体から生み出される制約や、歴史や文化といった様々な要因が、操作体系を決定づけている。しかし、そのプロセスはまだまだ発展途上であり、開発者やデザイナーたちの実践により、その有り得るべき形も常に変化し続けている。このパートでは、そのようなデザイナーたちの実践の一端を見せていく。

01

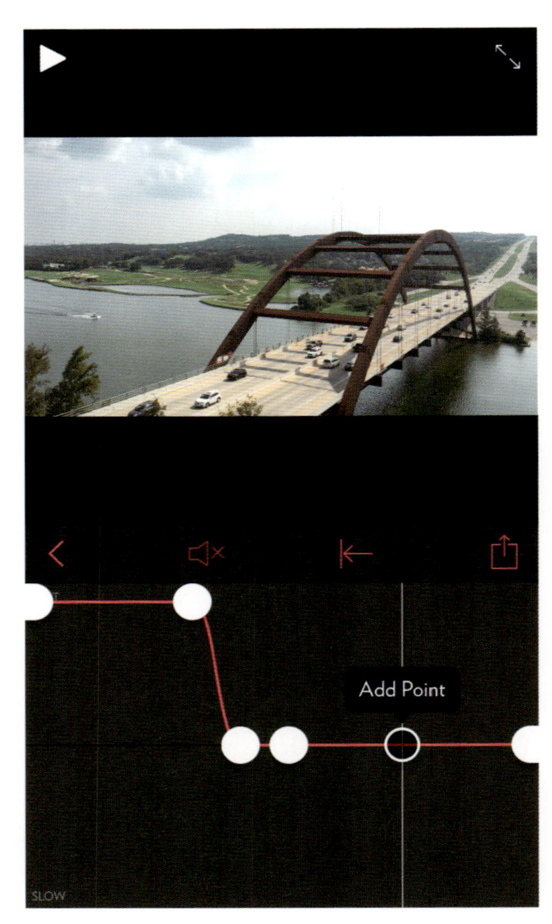

02

02 __ グラフィカルなUIで、直感的な操作を可能にする

シンプルでグラフィカルなインターフェイスにより、直感的に操作できる動画編集アプリ。ライン上にポイントを追加しながら曲線を描くことで、動画のスピードを自在に制御できる。画面の上半分をプレビューに、下半分をメインの UI として使用することで、視覚と指でインタラクティブにコントロールできる操作性を実現した。

Studio Neat
Developer & Designer: Tom Gerhardt, Dan Provost

03

04

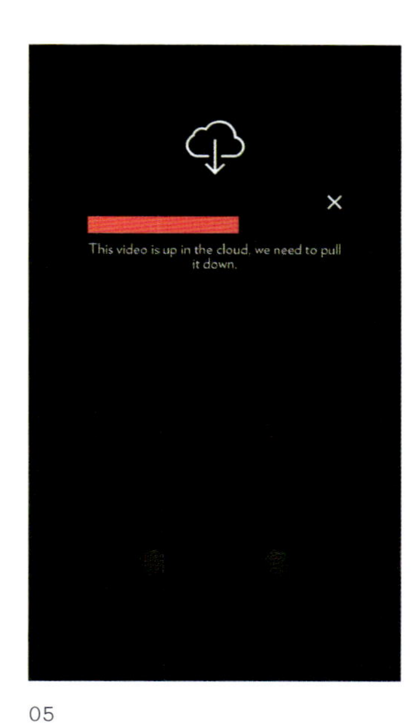

05

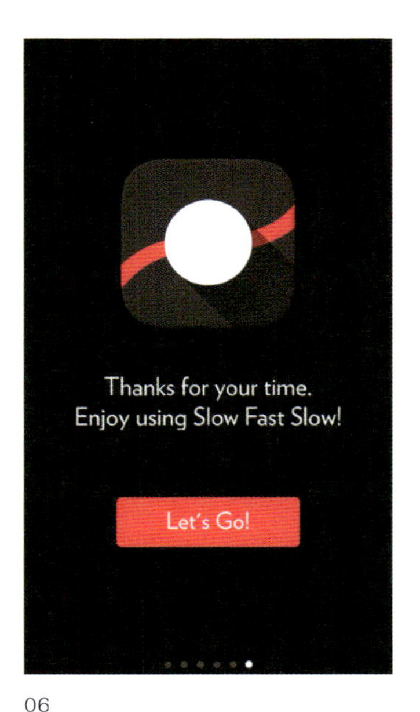

06

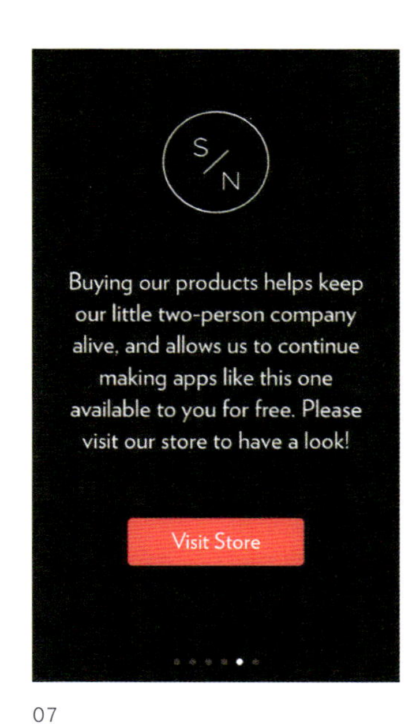

07

08

SLOW FAST SLOW

https://www.studioneat.com/products/slowfast

シンプルで直感的なインターフェイスを用いて、iPhone で撮影した動画の速度を操作できる iPhone アプリ。グラフのようなラインにポイントを追加し、上下に動かすことで再生スピードを自由にコントロールできる。

01-03　インタラクティブなタイムラインで動画の速度を制御。タイムライン上のポイントを追加および削除して、ビデオの速度を変化させられる
04-05　元の画角、またはスクエアフォーマットでクラウド上にエクスポート
06-07　オンボーディング画面
08　ロゴをタップすると自社製品の販売ストアへ遷移

GROWTH POINT　アプリ自体は無料で配布し、自分たちの制作した他のアプリなどのプロダクトを購入できる販売サイトへと誘導している。

01

02

03 _ 直感的なUIで「塗り絵」を豊かな創造体験に変える

塗り絵というシンプルな行為を創造的な体験に変えるUI。245色の色彩を持つグラデーションカラーホイールにより、即座に美しい色を引き出すことができ、ユーザーは「塗る」という行為に集中できる。質の高いイラストの印象を損なわない有機的なモーションと、美しくデザインされたホイールUIが特徴。

Design: Goran Ivašić, Development: Luka Orešnik, Timotej Papler, Concept: Katarina Lotrič, Community & content: Anja Renko, Ana Fonda

03

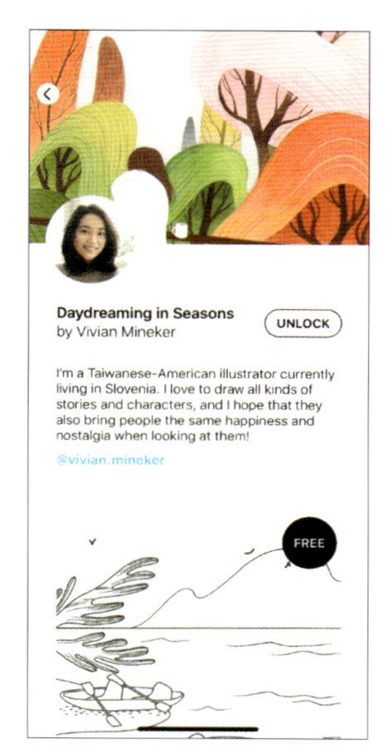

04

05

06

07

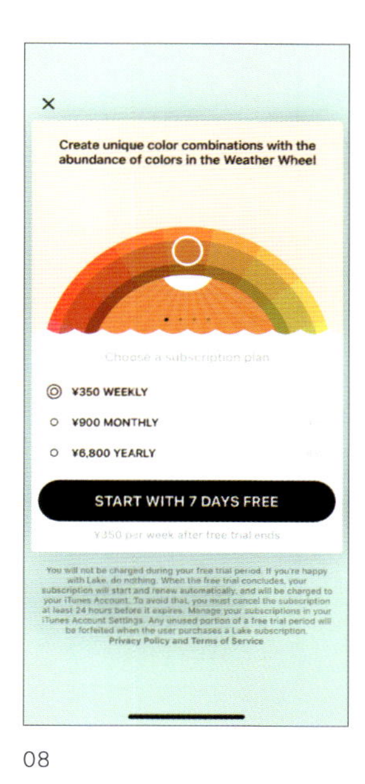

08

Lake Coloring Books:
Art therapy to reduce stress

www.lakecoloring.com

無限の色彩表現を可能にする「塗り絵」アプリ。シンプルなカラーパレットにより、あらゆる年齢層のユーザーが遊び心ある世界と一体になれる。地元の有名アーティストの作品から選ばれた高品質なイラストも特徴のひとつ。

01-02　様々なペイントツールが用意されている。Apple Pencil と 3D Touch もサポートされており、より豊かな着色体験が可能

03-05　アーティストたちの作品。自分が塗った作品はギャラリーに入る

06　アプリ立ち上げ時に表示されるおすすめの塗り絵

07　専用の塗り絵パックが利用できるようになる、シェア用のコーナー

08　有料購読で特別なパレットを使用できる

GROWTH POINT　アプリは無料で使用できるが、ユーザーがアプリ購読することにより、アーティストのサポートに繋がるという循環を作り出している。

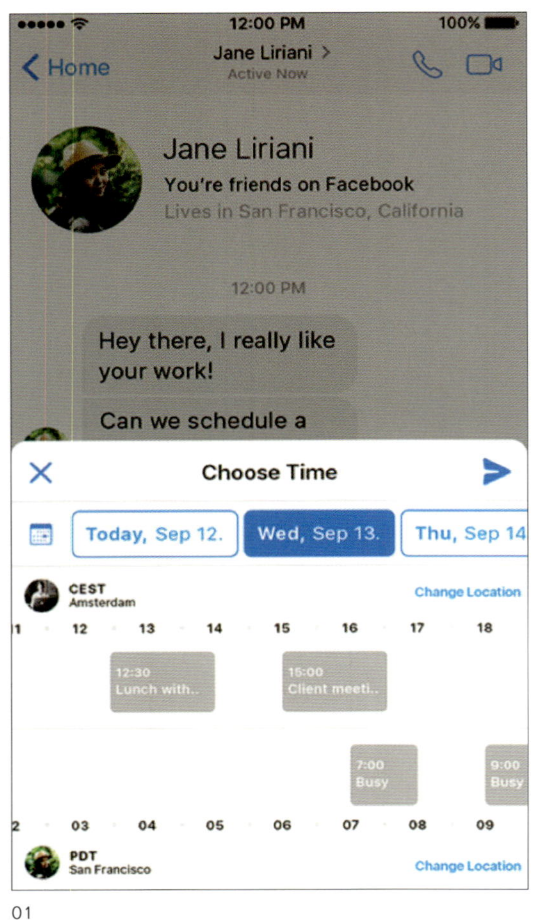

01

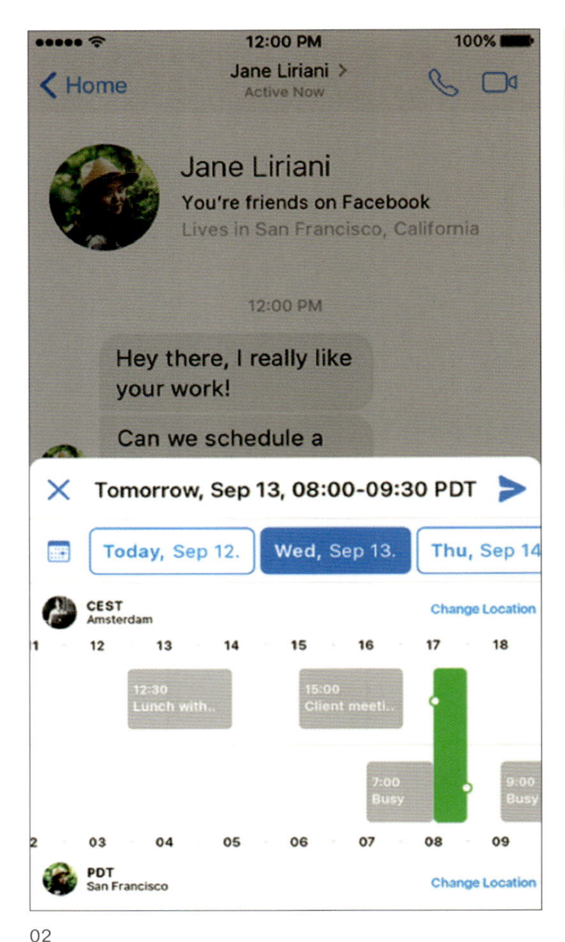

02

04 __ アプリから離脱せずスケジューリングの機能を提供する

スケジューリングするプロセスの間、ユーザーがチャットアプリを離れないで済むよう、エクステンションの形で提供されるアプリ。様々なタイムゾーンへ変更できるほか、会議を開催できる空きスロットを検索できるようカレンダーの表示も行える。スマートフォンで使用しやすいように、画面の下部のみを使用してデザインされている。

Designer: Daniel Korpai

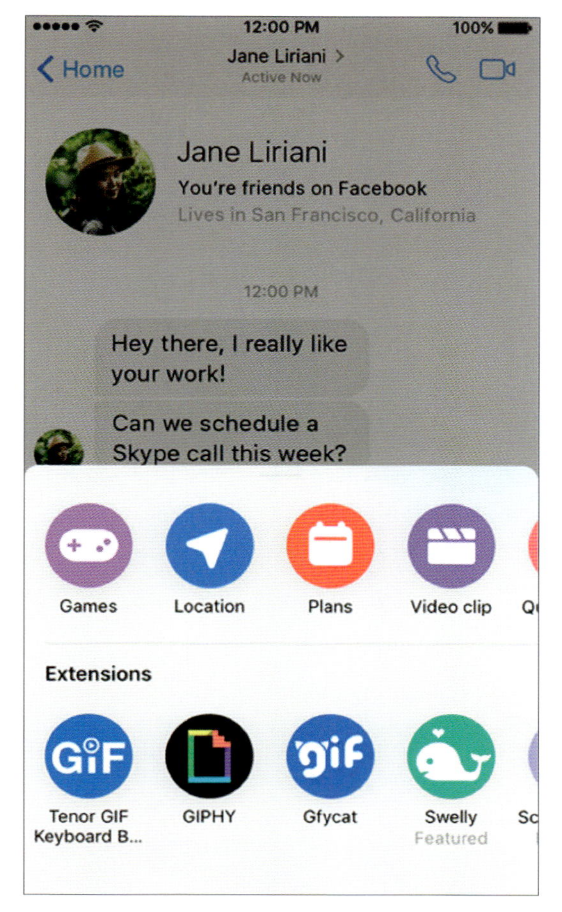

03

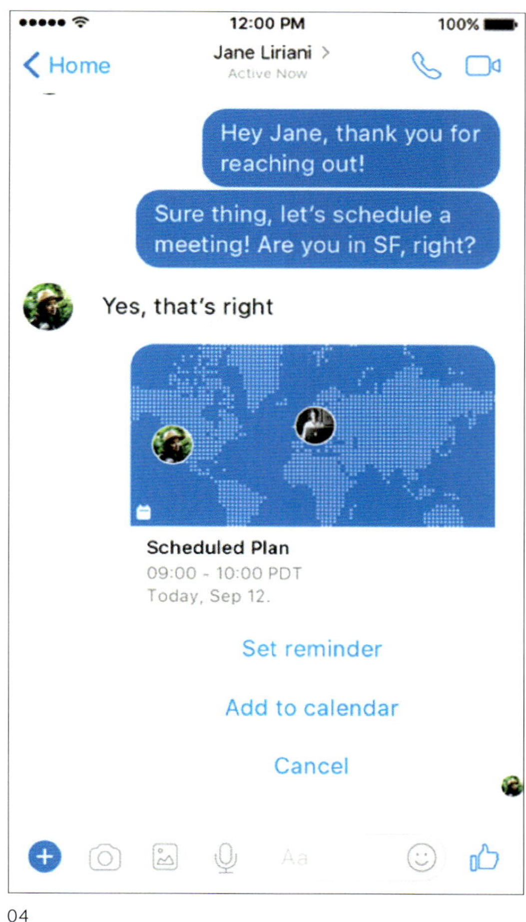

04

Time Zone Messenger Extension

dribbble.com/shots/3798420-Time-Zone-Messenger-Extension

様々なタイムゾーンにいる人とのミーティングのスケジューリングが可能になる、メッセンジャーのための拡張アプリのケーススタディ。チャットしながら、異なる地域の時間帯に切り替えたり、カレンダーのイベントをチェックすることができる。

01-02　エクステンション内でのカレンダー表示。この画面内でタイムゾーンを切り替えたり、スケジュールの調整を行える
03　メッセンジャーで日程を送信する
04　メッセンジャーからエクステンションにアクセスする

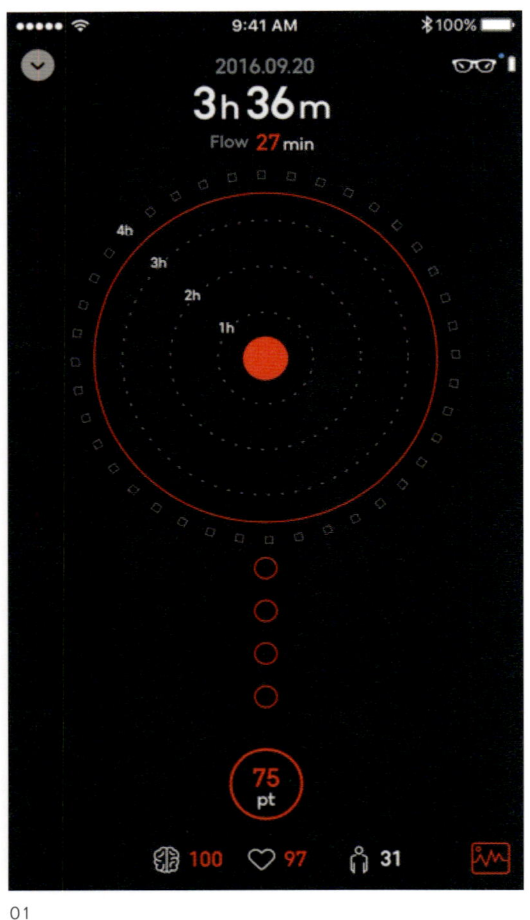

01

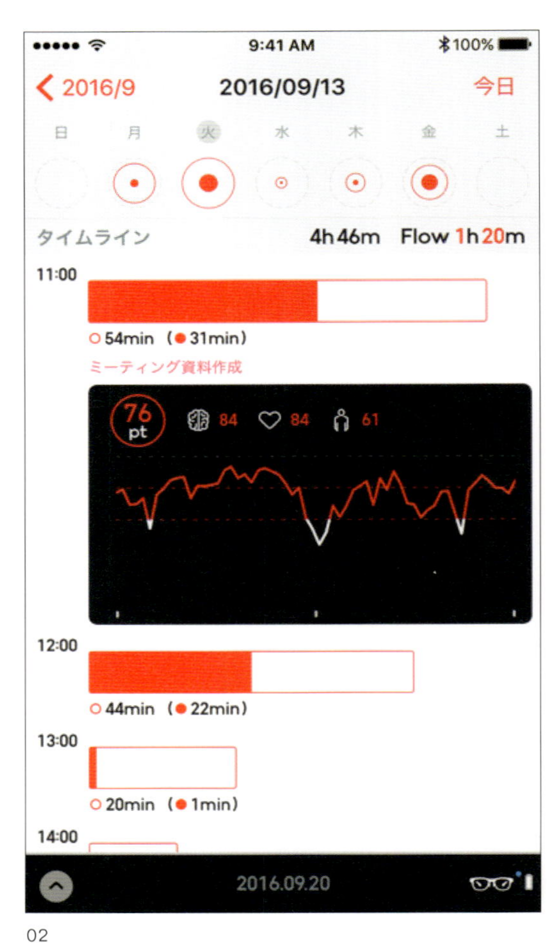

02

05 _ 画面の分割によって、異なるユースケースに対応する

「リアルタイムで計測状況を確認する」「過去の計測結果を振り返る」。異なる２つのユースケースを実現するため、擬似的にマルチウィンドウにするという設計を考案。「計測」を主目的としたウィンドウと、「閲覧」を主目的としたウィンドウに分けることで、ユーザーはそれぞれのタスクを同時に実行できる。

Client: 株式会社ジンズ
Production: 株式会社グッドパッチ
Designer: 株式会社グッドパッチ
UI Designer: 三橋正典
Application Designer: 石井克尚
UX Engineer: 重田桂誓

03

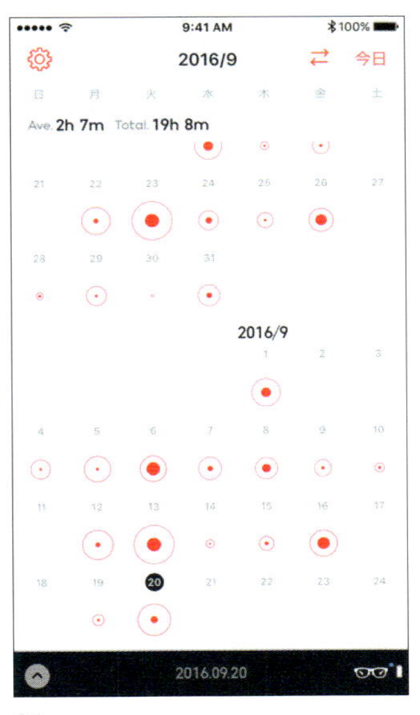

04

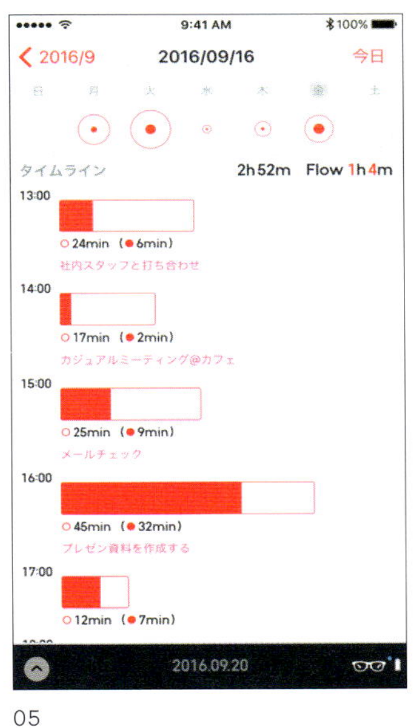

05

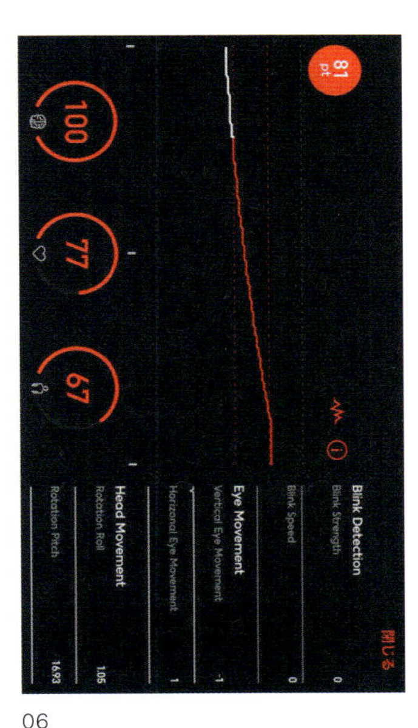

06

JINS MEME OFFICE

jins-meme.com/ja/office/

株式会社ジンズが開発したメガネ型デバイス「JINS MEME」。JINS MEME OFFICE はその JINS MEME の機能を活かした、人々のポテンシャルを最大限に引き出す、初めての「集中力計測アプリ」。計測データを振り返ることで、集中を使いこなすための勝ちパターンやルーティンを見つけることができる。

01 フォーカスした時間の合計をリアルタイムで計測
02 タイムラインとカレンダーという 2 つに分割された UI
03 Apple Watch 版の UI
04 月ごとのカレンダー表示。計測データが円の形でビジュアライズされる
05 タイムラインではイベントごとの集中の度合いを可視化。自分の状態をチェックすることができる
06 ランドスケープ表示をするのに最適化されたビジュアライズ画面

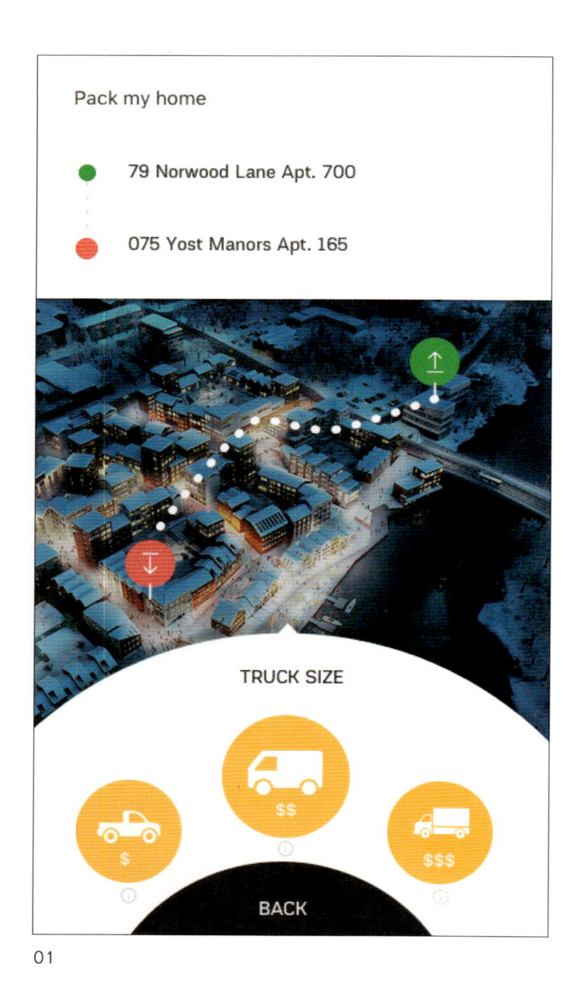

01

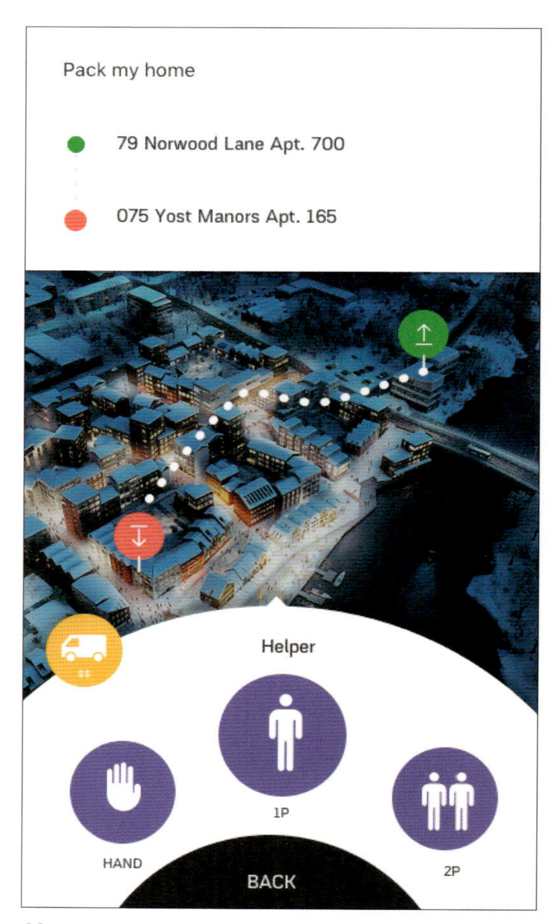

02

06 __ シングルスクリーンでの進行によりスムーズな手続きを促す

最大の特徴である円形のUIにより、ひとつの画面で引っ越しの移動手配のプロセスすべてが進行できるようになっている。画面遷移を行わないことで、一貫したビジュアルを保っている。変更が生じた場合も、画面をキープしたままの操作が可能。選択した項目がアイコンとなって並んでいくことで、文脈を常に把握できるプロセスとなっている。

Designer: Johny vino

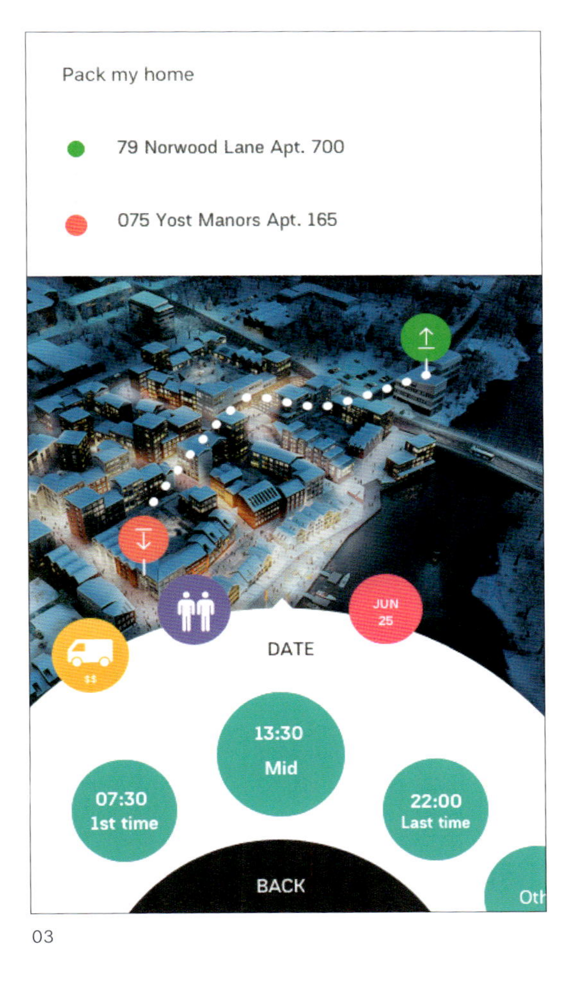

03

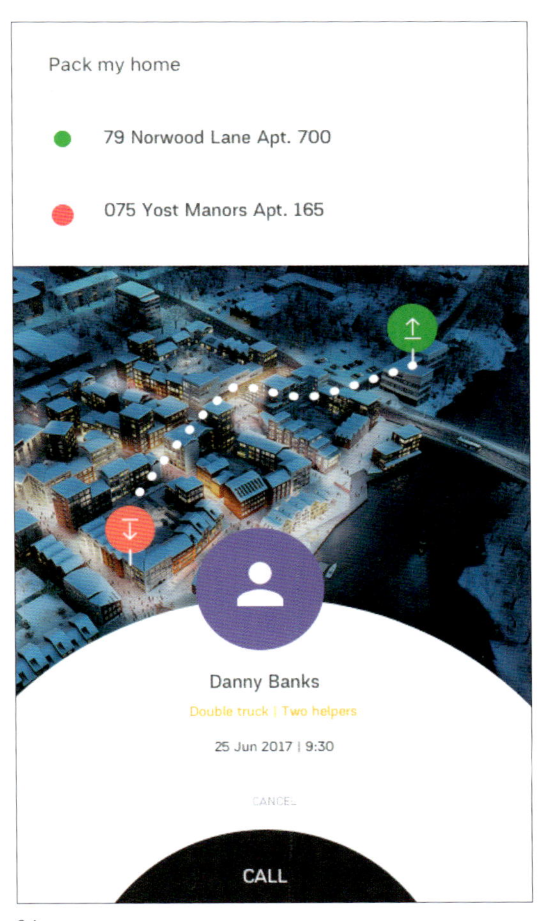

04

Move your home app Case Study

dribbble.com/shots/3579844-Pack-my-home-app

引っ越しの際に必要な移動手配を簡単に行えるサービスのケーススタディ。移動手段やトラックのタイプ、リクエスト人数、日程と時間などをスムーズに決定でき、ユーザーに余計な時間や労力が発生しないように構成されている。

01　必要なトラックのサイズを選択
02　何人の手助けが必要か選択する。すでに選択した項目のアイコンが並ぶので、ユーザーは簡単に再選択が可能
03　選択項目の中から都合のよい時間を選ぶ
04　すべての項目を選択すると金額が表示され、引っ越し業者の連絡先が表示される

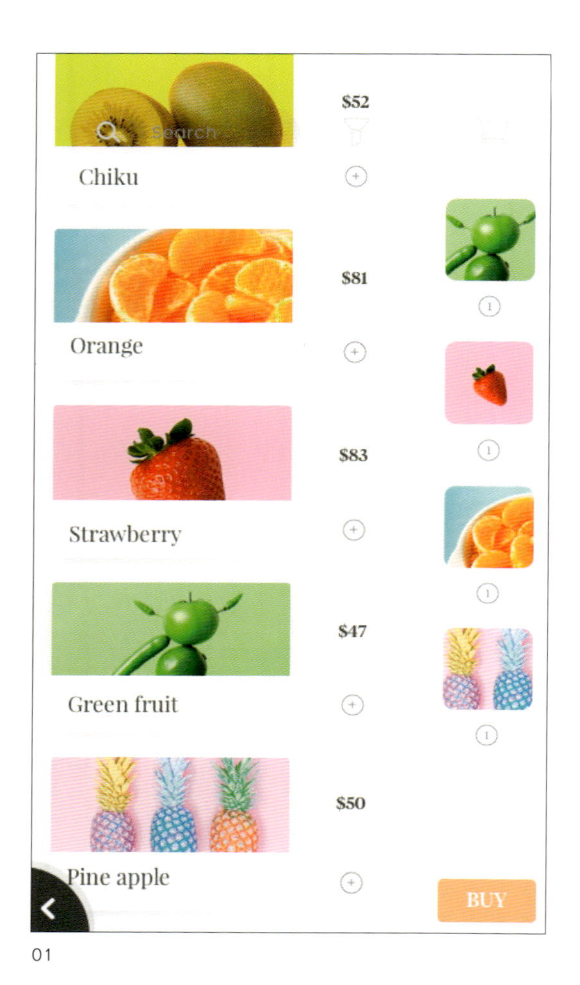

01

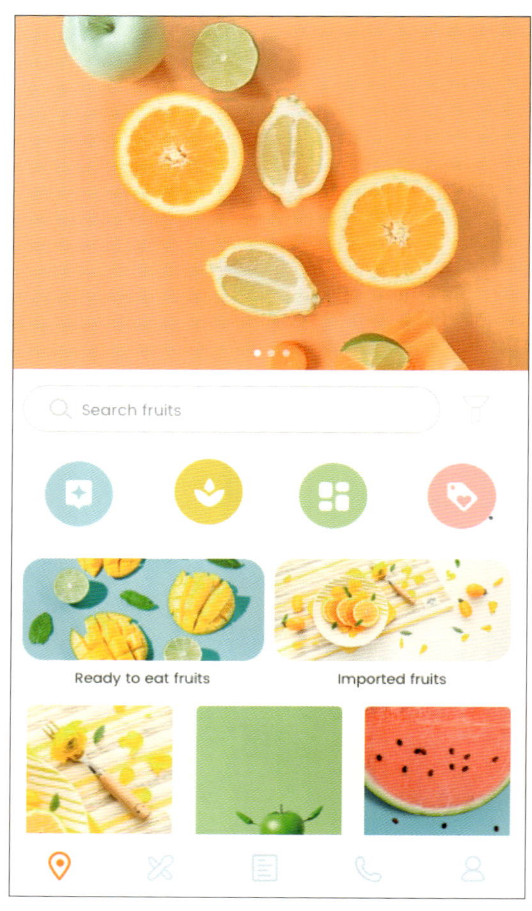

02

07 __ カート内を可視化してショッピング体験をスムーズにする

色鮮やかなフルーツが並ぶスタイリッシュなデザイン。「カートに追加」ボタンを押すと、同画面上の右サイドにフルーツのアイコンが並び、リストを見ながら買い物を続けられる利便性を持つ。購入画面ではバスケットのイラストに選択したフルーツのアイコンが収められる様子が表示され、実生活の買い物と一続きになっている印象を与える。

Designer: Johny vino

03

04

Multi-Fruits Ordering

dribbble.com/shots/3605694-Fruits-app

気軽にフルーツを購入できるショッピングアプリのケーススタディ。アプリを開くとカテゴリー別に色鮮やかなフルーツが並んでおり、その中から食べたいものを簡単に選べる。名前と写真だけのシンプルな構成で、購入のプロセスでも無駄を省略。健康的な生活に必要なフルーツの購入を促進する。

01　選択したフルーツは、同じ画面内の右サイドにアイコンが移動。ショッピング中は常に表示されている
02　フルーツのリストはグループにまとめられており、より簡単に選択画面へアクセスできるようになっている
03　遊び心の詰まったカート画面。確定すると決済へ進む
04　上部には検索とカートの表示が、フルーツの横には価格が、見やすく表示されている

01

02

08 _ 高い精度でデザインを最適化し、シンプルな体験を豊かにする

写真に注釈を付けるというシンプルな行為が楽しいものになるよう精巧にデザインされているアプリ。引き出し線が移動すると、写真やテキストエリアが重なり合うのを避けるために、ラインがゆるやかな弦のように曲がる。また、写真の複雑な領域にテキストを配置すると、テキストの下の領域がぼやけて見やすくなるなどの工夫が施されている。

Created by Tinrocket, Published by Tinrocket

03

04

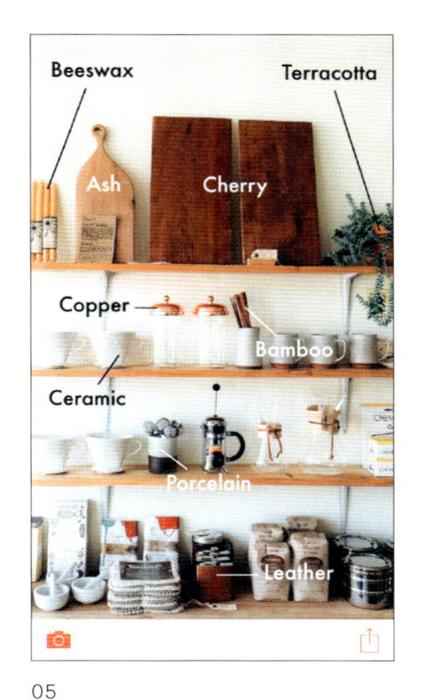

05

06

This

www.tinrocket.com/apps/this/

写真に注釈、ラベル、説明、コメントを追加できるアプリ。写真に注釈を付けるという行為を、最も速く、最もシンプルでエレガントに行うことができる。最小限のインターフェイス、美しいタイポグラフィ、そして常に見やすいグラフィックポインタを用いて、写真の情報を簡単にハイライトできる。

01-02　iPad 用のアプリデザイン
03　文字の大きさなどを簡単に変更できる
04-06　パーソナライズされた注釈を追加することで、写真が即座に意味のあるストーリーに変換される

GROWTH POINT　アプリの機能と動作がユーザーの期待に一致するまで、広範なユーザーテストを実施。また、アプリの名称にも遊び心を込めている。

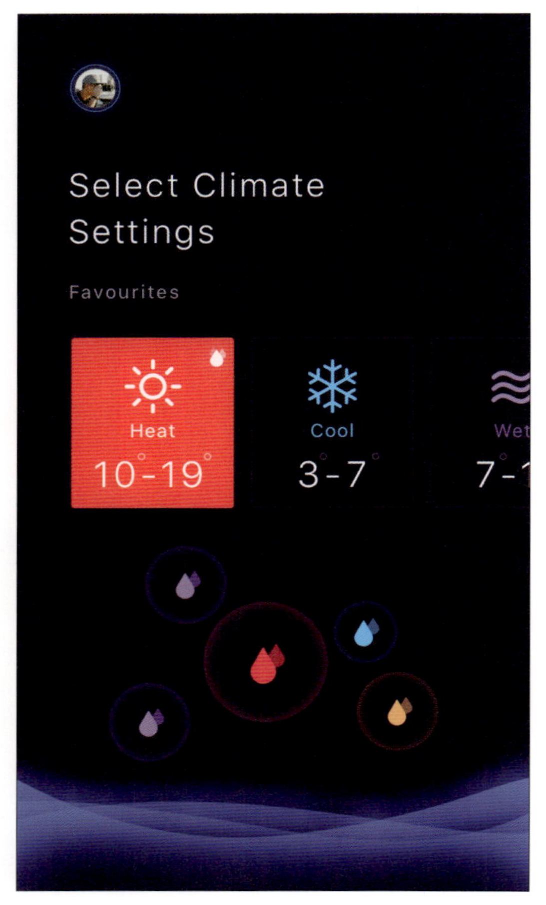

01

02

09 __ 有機的なアニメーションが、シンプルな操作を楽しくする

シンプルなタイポグラフィと配色の工夫で、煩雑になりがちなスマートホームの多様な機能を 1 つの画面に収納。画面のモードの変化だけでなく、ユーザーが引き起こすアクションに有機的なアニメーションを割り当てることにより、温度を調整する、明るさを変更するなど、退屈なアプリの操作を、想像力を刺激する豊かな体験に変えている。

UX: Stan Nevedomskis, Anton Mihalcov
UI: Anton MIhalcov
Iconography: Julia Packan
Animation: Alex Vasilyev

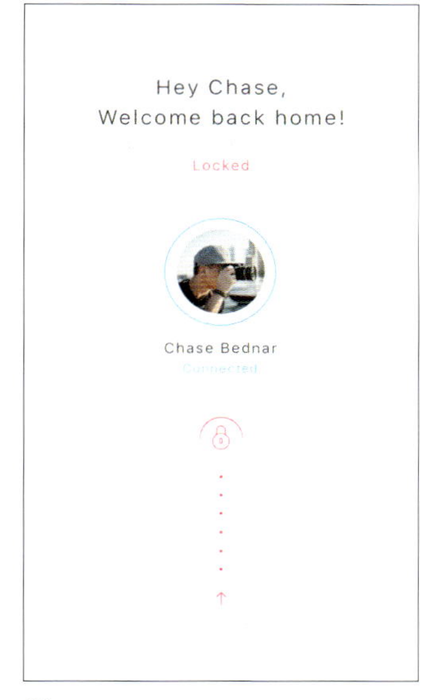

03

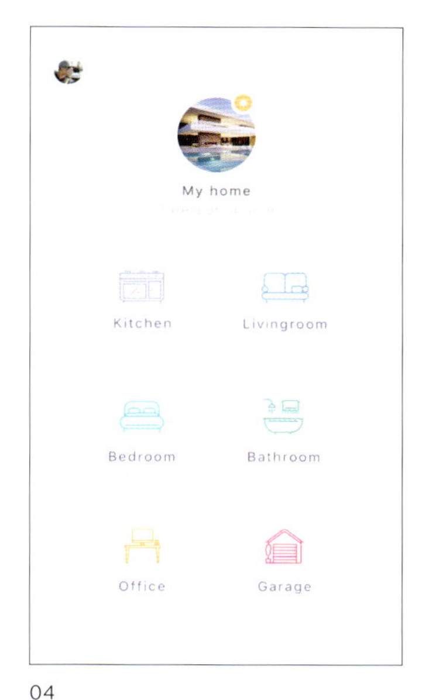

04

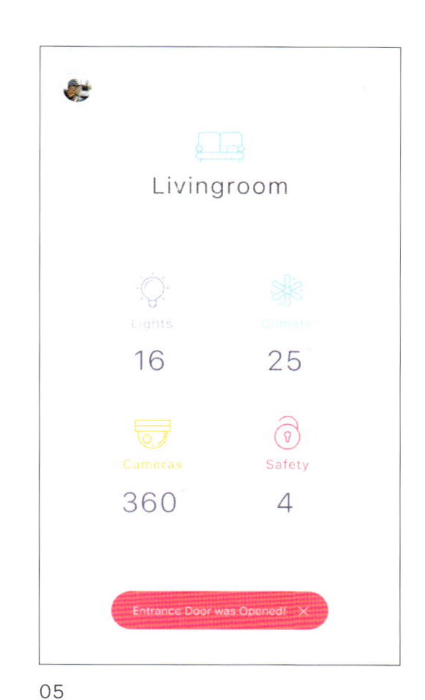

05

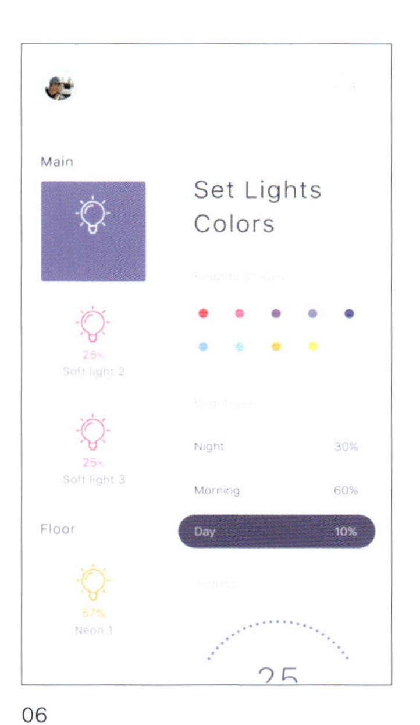

06

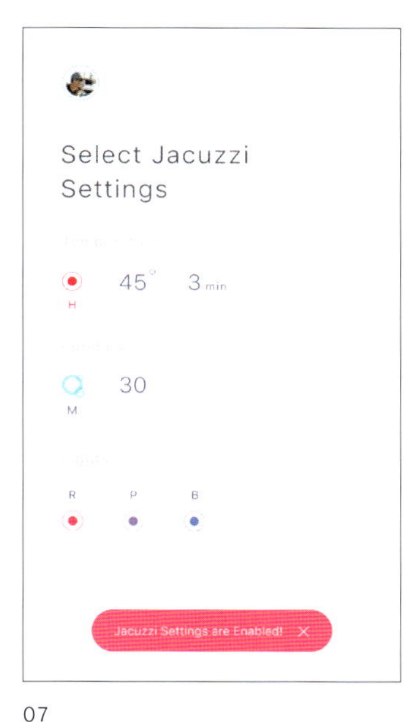

07

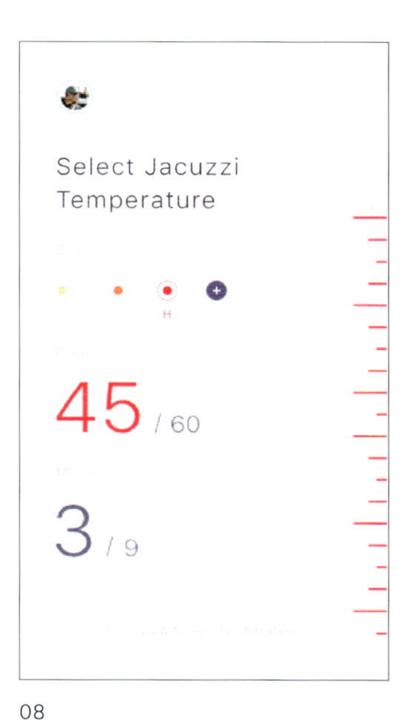

08

Smart Home Control app

www.behance.net/gallery/45816045/
Smart-home-control-app

家にある複数のデバイスをコントロールできる、スマートホームアプリのコンセプトデザイン。リビングルーム、バスルームなど、使用する部屋ごとに細やかな設定が可能。温度やライトの色や明るさなどをシンプルな操作で簡単に調整することができる。

01-02　昼のモードのデザイン。様々なオプションがセレクトできる
03　起動画面。スワイプアップでロックを解除する
04-05　部屋ごとに複数のデバイスをセッティングできる
06　照明のセッティング。明るさから色彩まで細やかな設定が可能
07-08　ジャグジーのセッティング。直感的に理解できるアイコンやメモリを配した温度設定のデザインが特徴

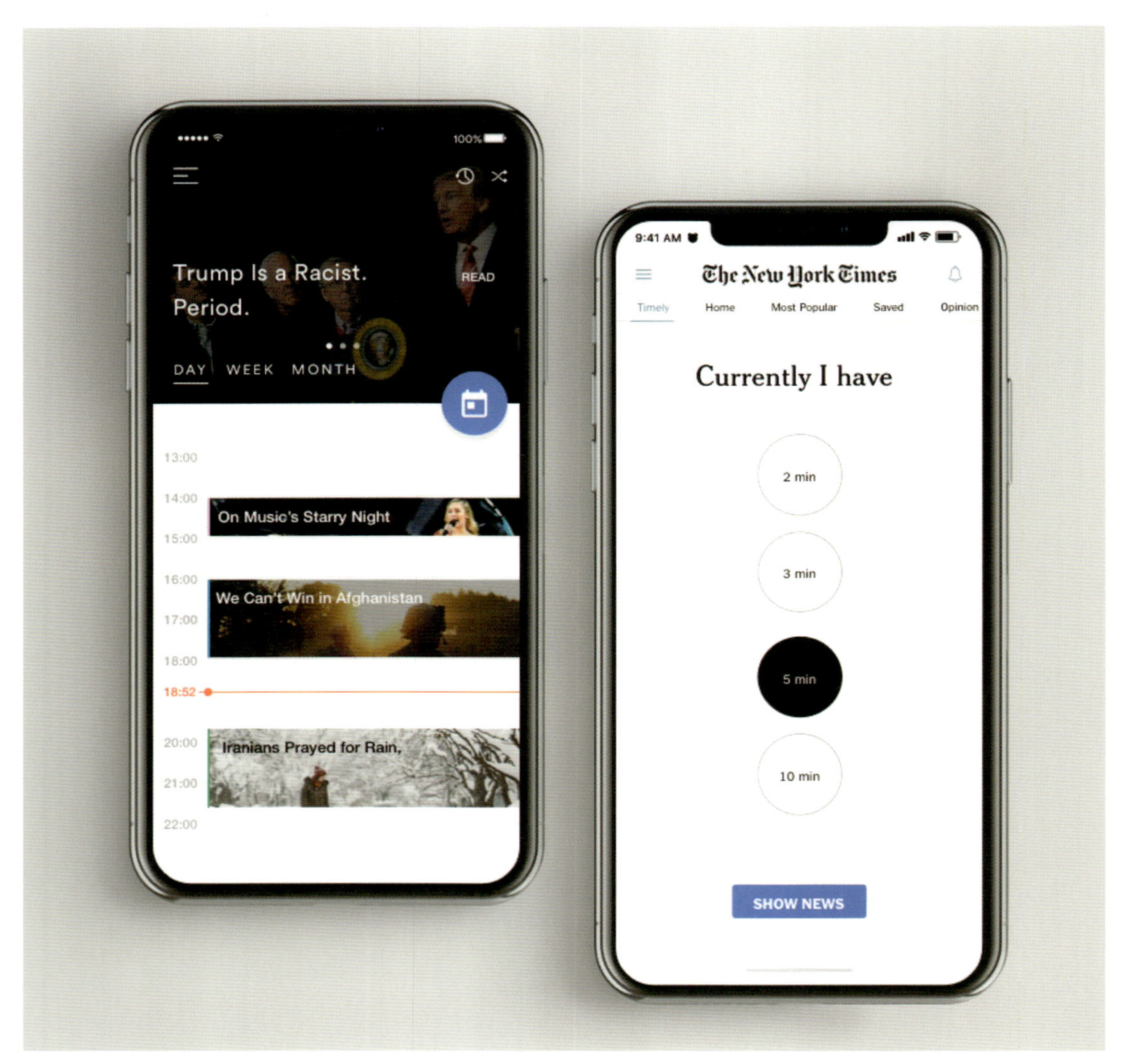

01

10 _ 毎日の生活に合わせて、ニュースチェックを習慣づける

Google カレンダーと同期させることで、起床や就寝時、ランチタイムや会議の待ち時間などに通知を受け取り、短い時間でニュースをチェックできる。ユーザーが使用できる時間をあらかじめ確認し、コンテンツをパーソナライズ。複雑なステップを踏まずにアクセスできるシームレスな UI が、忙しい生活と記事チェックの習慣をうまく統合している。

Designer: Johny vino

02

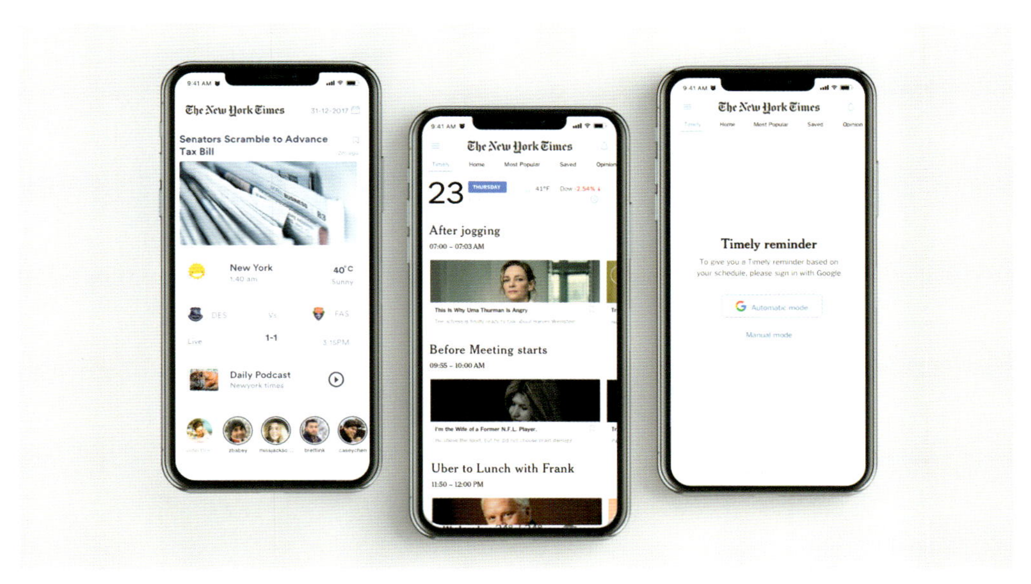

03

The New York Times App

https://dribbble.com/shots/4212627-The-New-York-Times-Timely

生活と照らし合わせながら、「New York Times」の記事リーディングを促進するアプリのケーススタディ。1 日のスケジュールに合わせて記事が自動的にピックアップされ、ユーザーは隙間時間に手早くチェックできる。「選ぶ」というプロセスを省略し、ニュースを読むという習慣づけをアシストする。

01　読むのに使用できる所要時間をユーザーに尋ねる。その情報に基づきパーソナライズされたニュースを提供する
02-03　自動モードでは、Google カレンダーとシームレスに統合。 ユーザーの生活を把握し、適切なタイミングでニュースを提供する

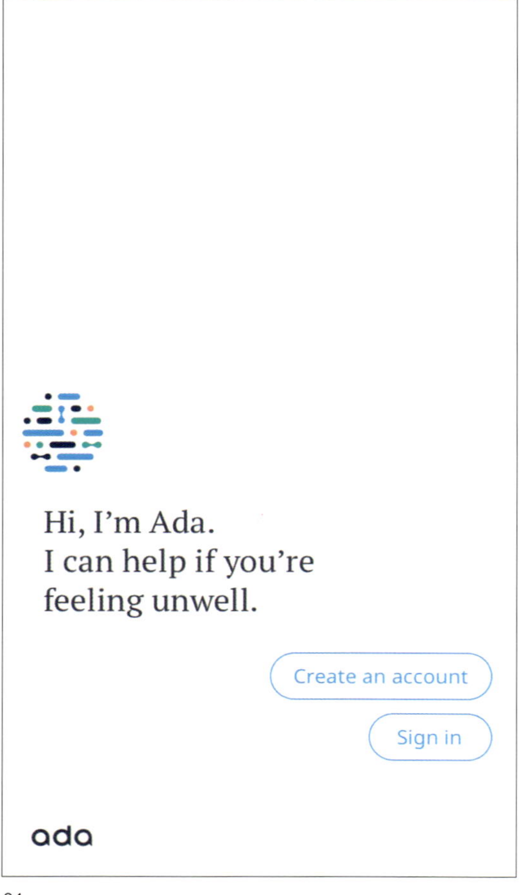

01

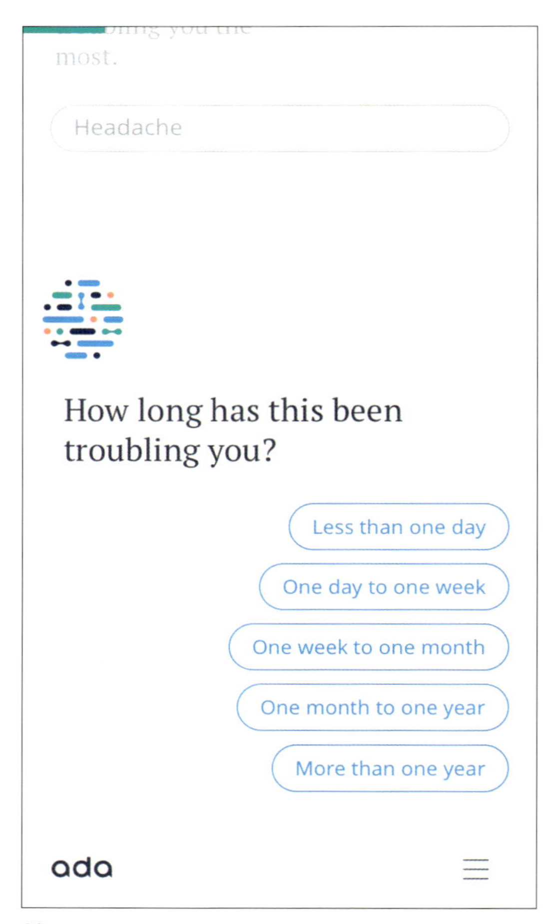

02

11 __ 対話型UIにより、医療のエキスパートが持つ知識にアクセスする

症状をアプリに伝えると、様々な質問が返ってくる。パーソナライズされた質問に答えていくだけで、症状の原因となっている病に関する情報を入手してくれる。最大の特徴は、シンプルな対話型のUI。かかりつけ医の質問に答えているのと同じような体験をもとに、自分の症状の原因を知ることができる。

Published by Ada

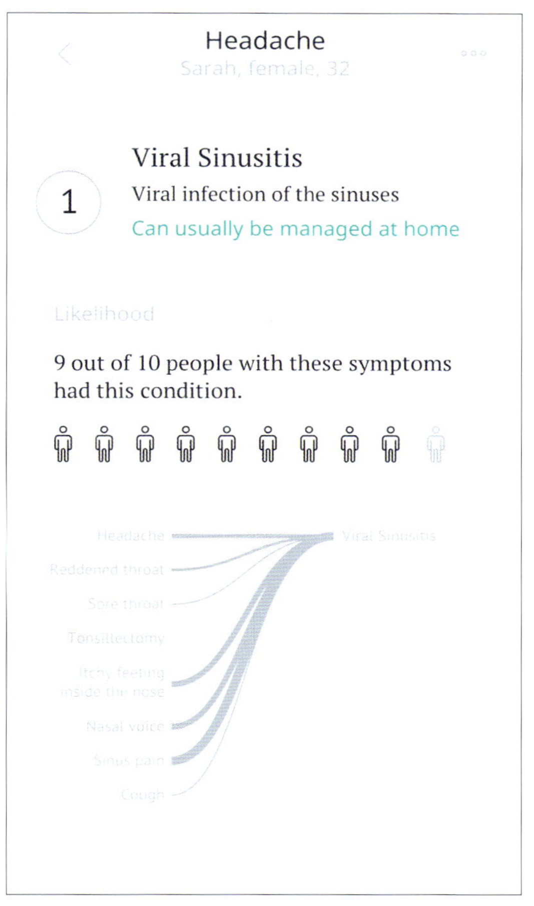

03

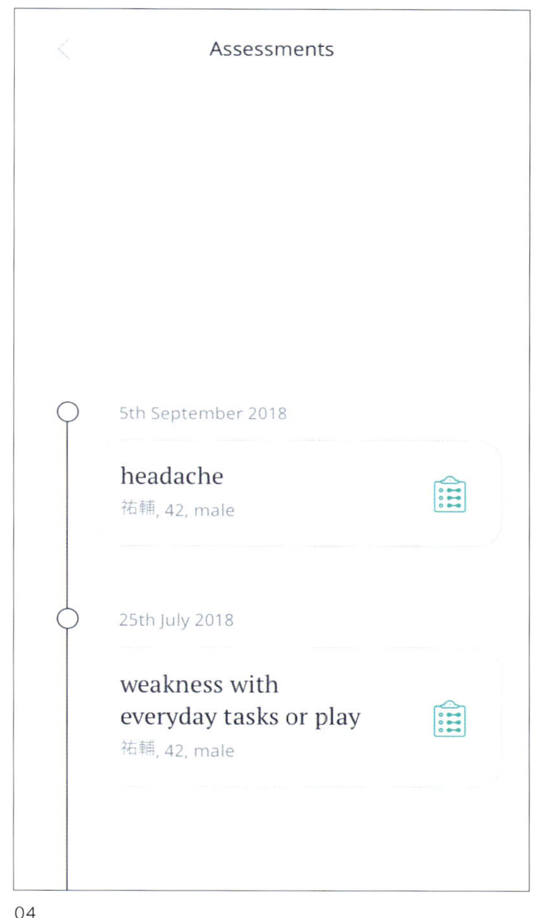

04

Ada - Your Health Guide

ada.com/app/

かかりつけ医と対話するように、どこが悪いのかを見つけ出してくれるアプリ。100人以上の医者と科学者によって開発された。一般的な風邪などの病気から、珍しい疾患に至るまで、何千もの症状や状態に関する情報を保持している。データを医師と共有するなど、医療につながる必要な機能を揃えている。

01　アカウントの作成からはじまり、すべてのプロセスを対話型UIで進める。体験が一貫したものになるようデザインされている
02　簡単な質問に答えていくだけでプロセスが進んでいく
03　症状に対する詳細な分析結果と、統計の情報がビジュアライゼーションによりわかりやすく表示される
04　症状はアーカイブされ、病に関する個人の記録が作られていく

01

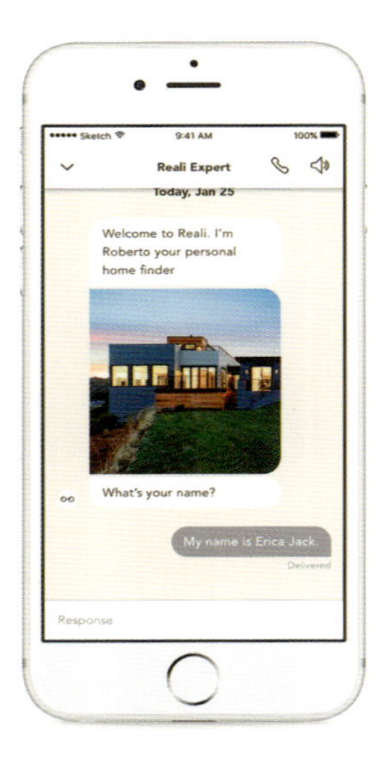

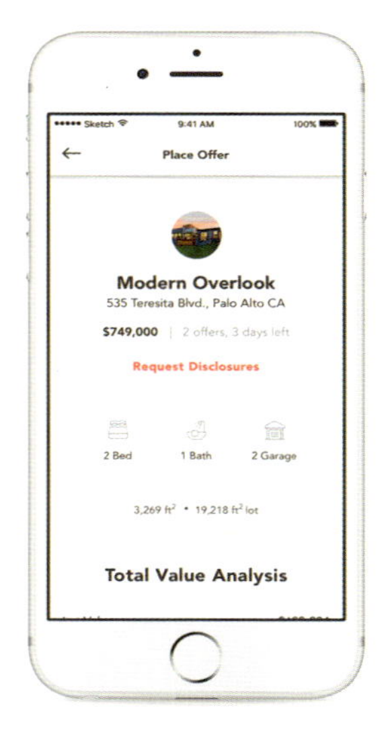

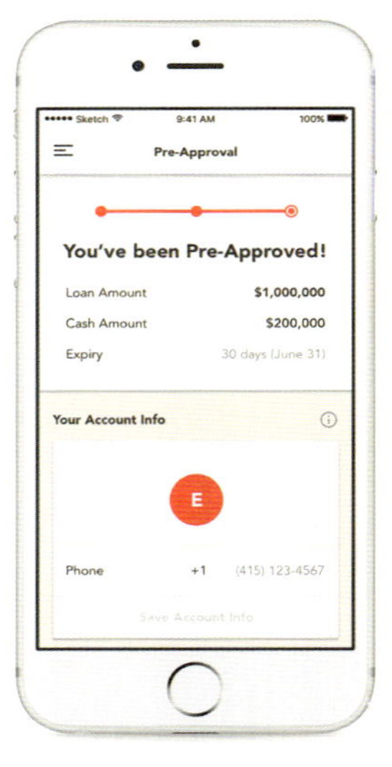

02

12 __ 擬人化したUIで、ユーザーを対話へと導く

パーソナルな専門家がすべて無料で質問に答え、提案やアドバイスを提供してくれる不動産アプリ。伝統的なサービスと差別化するため、親しみを感じさせるアニメーションアイコンをアプリ内に配置。ライブエージェントで選択肢をタップするか、電話アイコンをタップするだけで、直接対話することができる。

Designer: NewDealDesign

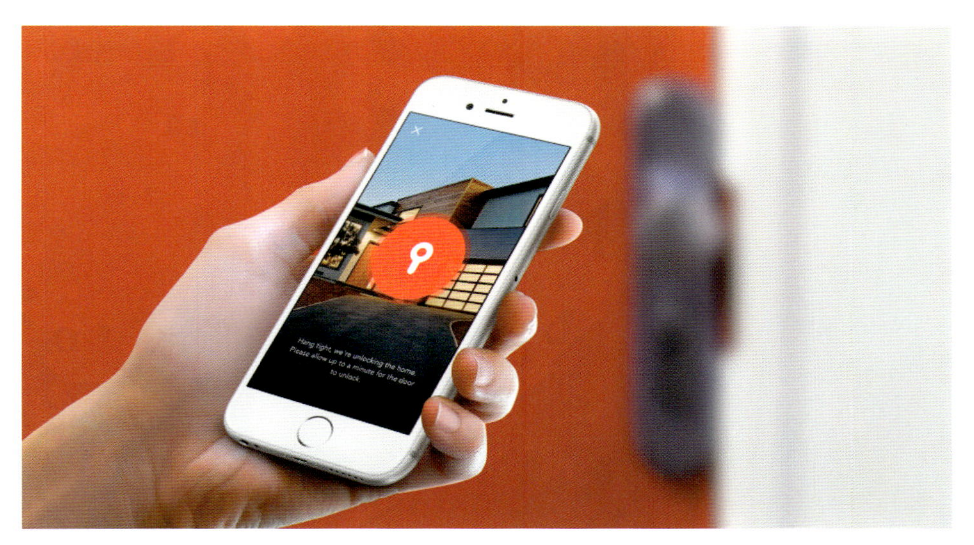

03

04

Reali

www.newdealdesign.com/work/reali

買い手と売り手をコントロールするデジタル／モバイルファーストの不動産マーケットプレイス。ブランディングから、アプリ、オープンハウスなど一連の体験を再定義するデザインとなっている。鍵、鏡、あるいはサーチツールなどを連想させるアイデンティティに、サービスのデジタル性を反映している。

01-02　時間の予約から、専門家と会話できるチャット画面など、一貫してモダンかつクリーンなテイストのデザインに貫かれている
03-04　鍵としての機能から、家の中に置かれたスマートビーコンが空間の詳細を伝えるツアーまで、アプリを介してデジタルでもフィジカルでも一貫した体験を提供している

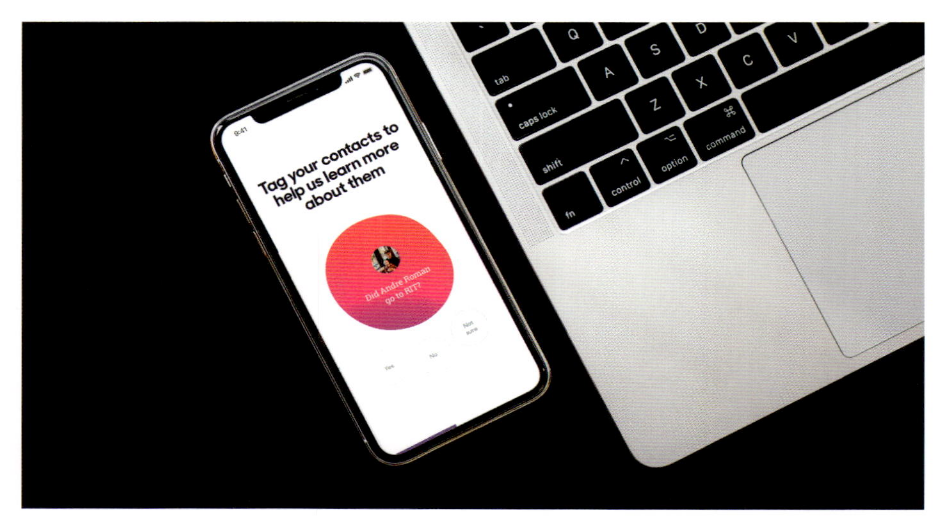

01

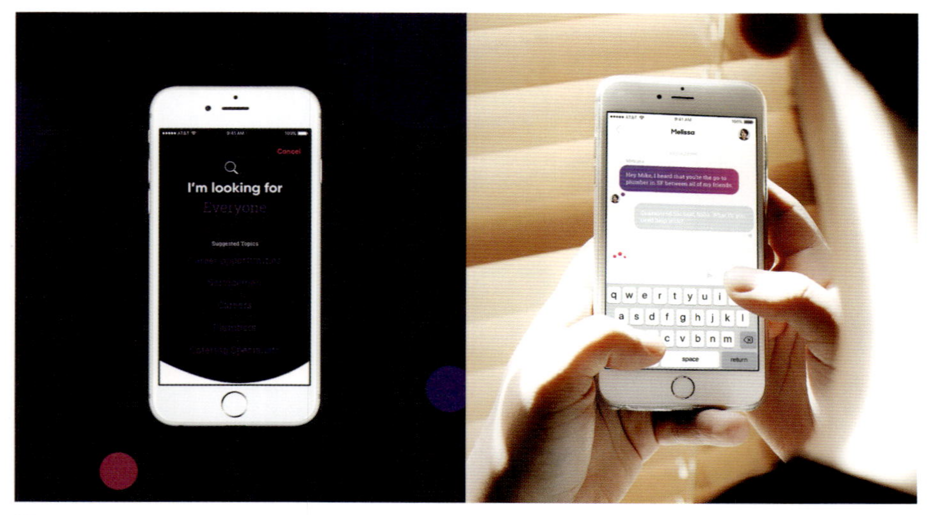

02

13＿ 膨大なデータを、AIの力でわかりやすくビジュアライズする

生命のように変化するというコンセプトのもとにブランディングされた連絡先アプリ。単体のマークを作るのではなく、相互作用する球と泡の空間からなるデザインを生み出した。泡には相互に接続できるポイントがあり、様々なアトラクションや興味に応じて人々をつなぐ。圧倒されるほどの膨大なデータを、シンプルで直感的なものとして表現している。

Designer: NewDealDesign

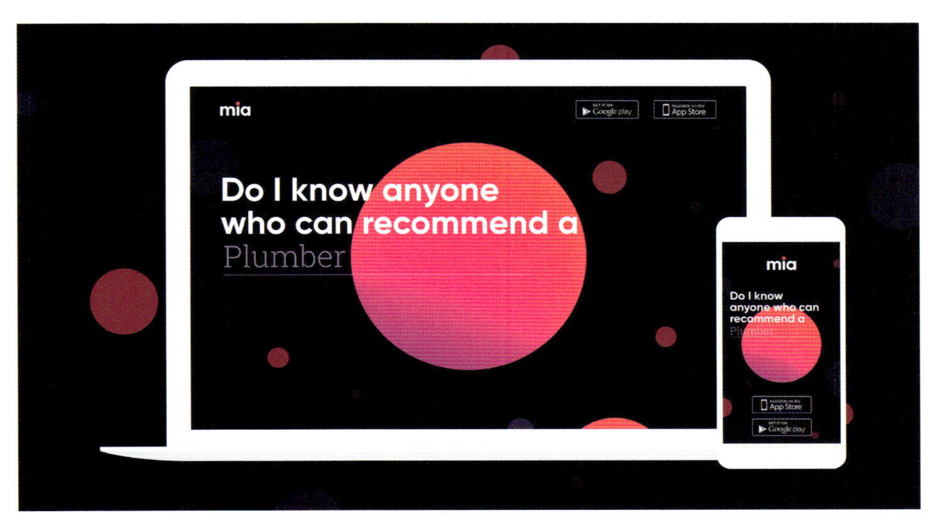

03

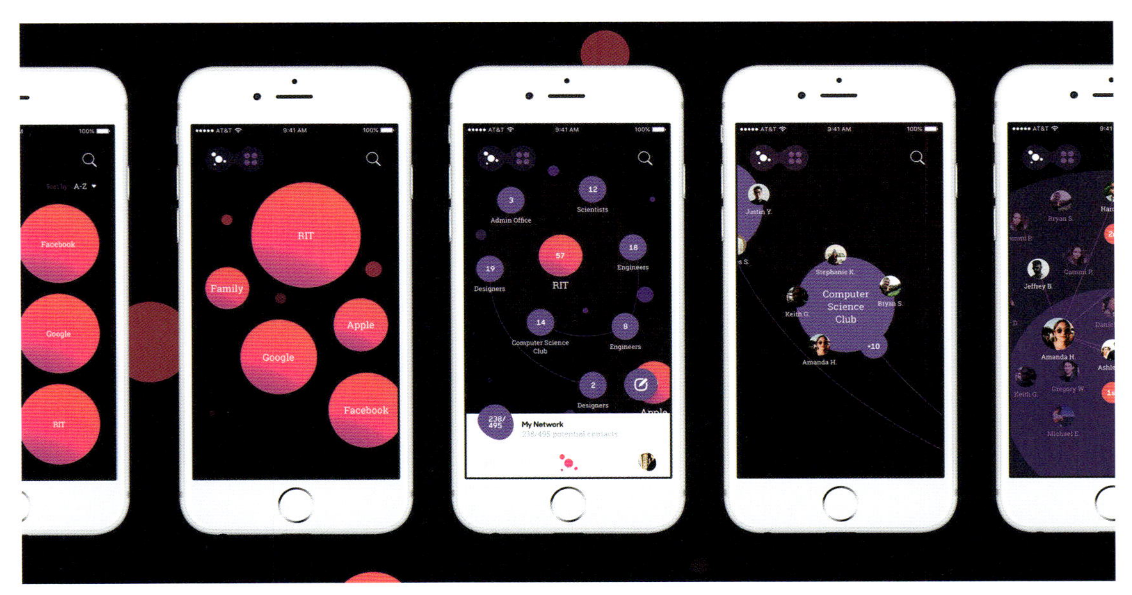

04

mia

www.newdealdesign.com/work/mia

人々のネットワークを見つけ出す、インテリジェントな連絡先アプリ。連絡を取りたい人に、コンタクトする方法を見つけ出してくれる。AI を元にしたアルゴリズムをベースに、アプリの概念として発表された。強力な機能により、連絡先にタグを付ける方法に応じてネットワークが洗練されていく。

01　有機的に変化する円形をモチーフにブランドが構築されている
02-03　スマートフォンや PC での使用を想定
04　強力な AI 技術を用いて、関連性とサイズによってグループは視覚的に並び替わる。遊び心と触覚要素を追加するため、データが形作る泡はカスタマイズ可能で、タッチとドラッグで簡単に移動することが可能になっている

14＿ 思考とジェスチャーとのあいだの微細なインタラクションがマインドをつくる

文・水野勝仁

石斧とiPhone

アップルのインターフェイスデザインチームが発表した「Designing Fluid Interfaces[1]」には、石斧とiPhone Xを持ったふたつの手のスライドがある［Fig. 1］。このスライドは、石斧というプリミティブな道具から続く、ヒトとモノとの関わりのなかでiPhoneを考える必要があることを示している。そして、このスライドが示されたのがプログラマーなどを対象にした世界開発者会議（WWDC）であったことを考えると、このスライドが示すのは、プリミティブな道具である石斧のつくられ方とiPhone Xという現代の道具をいかにつくっていくかに、考えるべき問題があるということになるだろう。

Fig. 1　Designing Fluid Interfaces

そこで、認知考古学者のランボロス・マラフォーリス〔Lambros Malafouris〕が『モノはどのようにマインドを形成したか――マテリアルとの関わりについて理論〔MIT—A Theory of Material Engagement〕』で提唱した、ヒトとモノとが絡み合う関係から石斧のかたちなどが生まれてきたとする「マテリアルとの関わり理論」を参照したい。

これまでの考古学ではデカルト的な心身二元論に基づいて、ヒトとモノとを明確に区切って考えてきたが、この理論のもとでは、ヒトとのモノとのあいだに明確な区切りはなく、その役割は常に変化するものだと考えられる。

人間と物質的世界との関わりにおいて、決められた役割もなければ、行為する存在と行為を受容する存在とのあいだに鮮明な存在論的隔たりがあるわけでもない。むしろ、そこには志向性とアフォーダンスとで構成された絡み合いがある[2]。

マラフォーリスの理論から考えると、石斧から続く道具は、ヒトの志向性とモノのアフォーダンスとは明確に区別できるものではなく、それらは絡み合っている存在となる。「志向性」とは、ヒトの意識はつねに何かについての意識であることを表す現象学の用語であり、「アフォーダンス」は、モノを含んだ環境と生物とのあいだに存在する行為についての関係を示す。ヒトはモノに対しての意識を持ち、モノはヒトに対してどのような行為が可能なのかを示す。ヒトとして考えれば、石斧が「石斧」のかたちになるのは、ヒトがそれを使う場面を想定しながら完成形をイメージして、そこに近づけていくからということになる。対して、石斧というモノから考えると、モノがヒトに対してある行為、ここでは「割る」「打ち付ける」などの可能性を示し、ヒトがその行為をした結果として、「石斧」のかたちになる。いずれにしても、行為の主体はヒトであり、行為を受容するのが石斧と考えるのが普通である。しかし、マラフォーリスは、ヒトだけが行為をするのではなく、モノもまた行為をするとしている。ヒトが石斧をつくろ

水野勝仁
1977年生まれ。甲南女子大学文学部メディア表現学科准教授。「ヒトとコンピュータの共進化」という観点からインターフェイス研究も行う。また、メディアアートやネット上の表現を考察しながら「インターネット・リアリティ」を探求している。ブログ：http://touch-touch-touch.blogspot.jp

うと石を割るとき、石はヒトの行為をアフォードして、ヒトがある志向性のもとで石を割ったそのときの石の割れ方が、石の「志向性」を示す「行為」として、ヒトに作用すると考える。ヒトは石の割れ方を見て、さらに割ろうとしたり、そこでやめたり、一度考えたりする。このように、ヒトと石との関わりにおいて双方から発生する志向性が充満する場において行為が起こり、「石斧」が完成していく。そこでは、ヒトと石とがともに行為者であり、行為の受容者となっている。このようなモノとの動的な関係のなかで、ヒトは行為の志向性などを持ったマインドを形成していったと考えられる。

では、iPhoneはどうだろうか。これまでのスマートフォンは、iPhoneのホームボタンが象徴するように、ヒトの志向性のもとで生まれた行為の意図によって、ホームボタンが押されたり、アイコンがタップされたり、スワイプなどのジェスチャーが行われたりして、その後は、コンピュータが行為に対しての結果をディスプレイに表示してきた。これを繰り返しながら、ヒトはスマートフォンを操作してきた。ここでは、ヒトの志向性

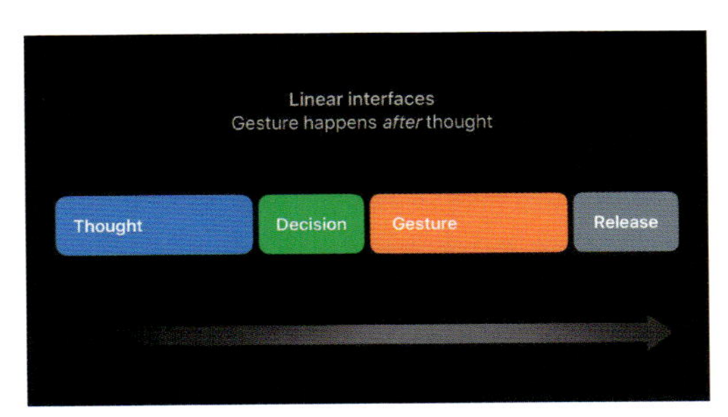

Fig. 2　Designing Fluid Interfaces

とモノのアフォーダンスの関係は絡み合うというよりは、整理されたものになっているといえる。「Designing Fluid Interfaces」のスライドでは、この流れは単線的なものとして示されている[Fig. 2]。

ある志向性のもとで「思考（Thought）」が生じて、「決定（Decision）」が下されたのちに、行為として「ジェスチャー（Gesture）」が行われ、指がディスプレイを離れた「瞬間（Release）」をトリガーにして、コンピュータが入力された情報に対しての処理を始め、瞬時に、結果をディスプレイに表示する。これは石斧をつくるプロセスに比べて、整然としている。これを道具の進化として捉えることもできるかもしれない。例えば、ホームボタンを押せばホーム画面に戻るという明確なルールは、困ったらホームボタンを押せばいいという安心感を道具の作成者にも使用者にも与えるものである。しかし同時に、これは道具を作成・使用する際に、その可能性を制限するものだともいえる。

石斧の制作が示すように、行為におけるヒトとモノとの関係はもっと複雑なものであり、ボタンのオン／オフで決定できるものではない。キーボードやボタンによる入力は、オン／オフを決定するだけで、そのあいだがない。ヒトとモノとの関係において、ボタンは押すことをアフォードし、ヒトは行為の志向性のなかで押すという行為を意図するため、途中で何か別の行為をすることはできない。そこには「押す」か「押さない」しかない。なぜ、スマートフォンをはじめとするコンピュータのインターフェイスは、ヒトとモノとの関係がつくる複雑性を捨てて、単線的な流れになっているのであろうか。それは、ヒトが「ソフトウェア」

というあたらしい存在に慣れるための期間であったと考えられる。哲学者の東浩紀は、「パソコンの父」と呼ばれるアラン・ケイのテキストを精読しながらGUIの利用体験の本質を次のように書いている。

指の動きがイメージの動きを生み出し、イメージの動きが指の動きを誘導する。触覚が視覚を生み出し、視覚が触覚を誘導する。GUIの利用体験の本質は、この視覚と触覚を往復する感覚横断的な双方向性にある。GUIのデザインは、たとえタッチパネルに出力されておらず、現実にはアイコンやウィンドウに「触る」ことができなかったとしても、入力装置と出力装置の関係においてそもそもの触視性（可視性＋可触性）を志向しているということができる。だから現代は、たとえまわりにタッチパネルが一枚もなくとも、触視的なデザインに取り囲まれているかぎりにおいて、触視性の時代だと言えるのである[3]。

東はGUIが可能にし、タッチパネルがその体験をダイレクトにした「動くイメージに触れる」ことの重要性を「触視性」という造語をつくって示す。「触視性」というあたらしい言葉が必要なほど「視覚と触覚を往復する感覚横断的な双方向性」に対するヒトの感覚の経験値はまだ少ない。そして、ディスプレイに「触視性」を実現するのは、ハードウェアと組み合わされたソフトウェアである。入力装置と出力装置とのあいだで情報を処理するソフトウェアに、ディスプレイが示すイメージを介して、ヒトは触れている。ヒトは瞬時に形態を変えることが難しいハードなモノだけではなく、形態を変化し続けるソフトなイメージに触り始めたのである。しかし、この体験はヒトにとって、石斧から続く道具の体験とは異なり、未知のものであった。だからこそ、ハードウェアとソフトウェアとがつくるアフォーダンスとヒトの志向性とを整然と並べて、ボタンのオン／オフという最小化された行為のみが生じる環境を整え、ディスプレイに表示したのである。さらに、iPhoneはGUIがもたらした「触視性」をタッチパネルによってダイレクトにイメージに触れる体験に推し進めることになった。ほぼ全てのことをディスプレイ上のイメージに対するジェスチャーで行えるようになったからこそ、iPhoneでは馴染みあるハードウェアとしての「ボタン」が、あたらしい存在であるソフトウェアで何か起こったときに帰る場所として「ホーム」という名前が象徴として与えられていたと言えるだろう。

A tool that feels like an extension of your mind
(あなたのマインドの延長のように感じられる道具)

Fig.3　Designing Fluid Interfaces

アップルのインターフェイスデザインチームが発表した「Designing Fluid Interfaces」は、整理され最小化した行為の象徴でもあったホームボタンをなくしたiPhone Xの登場を機に、改めてインターフェイスデザインを言語化したものと考えられる[Fig.3]。そのなかで、アップルのデザインチームは、ジェスチャーを基本とするタッチパネルのインターフェイスが私たちの行為と連動するだけでなく、「A tool that feels like an extension of your mind（あなたのマインドの延長のように感じられる道具）」という視点を示している。

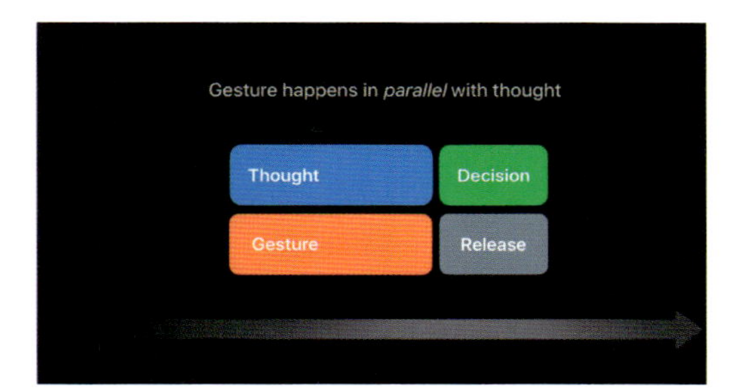

Fig.4 Designing Fluid Interfaces

Fig.5 Steve Jobs MacWorld keynote in 2007

マインドの延長としての道具ということを考えるために、アップルが提示した「ジェスチャーは思考とともに並行して起こる」と書かれたスライドを考えたい[Fig.4]。iPhone Xでホームボタンを失った指は、これまでホームボタンで行っていた操作もホームバーを起点として、様々なジェスチャーで行うようになる。そこでは東が「触視性」として指摘したように、アニメーションが指に連動し、指がアニメーションに連動するようになっている。例えば、ホーム画面に行きたいと思って、ホームバーを上に引き上げて動かす指に連動して、アプリ画面が小さくなっていくのを見ているときに、元のアプリに戻りたいと思ったら、指を下に戻せば、元のアプリに戻れる。もしくは、ホーム画面に戻る途中で、別のアプリを選ぶジェスチャーに切り替えることもできる。初代iPhoneを発表したスティーブ・ジョブズがホームボタンを押して「ブーン」と言いながら、アプリを表示していた画面を瞬時にホーム画面に戻したときとは異なり[Fig.5]、iPhone Xではホーム画面に戻るというジェスチャーは途中で行為をキャンセルしたり、別のことができたりする。このように思考がジェスチャーと連動するアニメーションと動的な関係にあることを、「Desiniging Fluid Interfaces」のスライドは「思考」と「ジェスチャー」とが重なり合って行為を「決定」していく流れとして示すのである。

ジェスチャーに連動するイメージの動きとともに思考が変化し、その変化がジェスチャーを変化させて、イメージの挙動を変えていく。思考とジェスチャーとイメージとの複雑で動的な関係は、石斧を作成する際のヒトと石との関係に近いものになっている。ボタンのオン／オフから引き伸ばされた行為は、思考の流れとパラレルになっていく。思考の延長としてアニメーションがあり、アニメーションの延長として思考があり、そこにさらに行為の流れが重なる。そして、ディスプレイ上のイメージの動きに伴って、思考とジェスチャーとのあいだに微細なインタラクションが生じる。スライド上の矢印が示すヒトとコンピュータとのあいだに生じる行為を決定していく水平方向のインタラクションが起こっているまさにそのとき、タッチパネルというハードウェアを基底面として、イメージをつくり出すソフトウェアとヒトの思考とジェスチャーとが重なり合って、垂直方向で作用し合うようになっているのである。その結果として、思考とジェスチャーとが重なり合うようにデザインされたインターフェイスでは、行為の途中で引き返すことができたり、止めることができるようになり、「石斧」を作成する際に見られるようなヒトとモノとがつくる複雑で動的な関係性を示すのである。

ヒトとインターフェイスのあいだで生じる複雑で動的な関係性は、インターフェイスを構成するヒトとハードウェアとソフトウェアに自律性をもたらすようになる。デザイナーの鹿野護は、イメージの動きによってインターフェイスに自律性が生まれるとしている。

もちろんGUIに生命は必要ない。しかし命とはいかないまでも、ユーザーの操作に適切に反応し、振る舞ってくれる存在でなければならない。それがより自然かつ聡明な反応で、ユーザーを適切に導けるような自律的な機能を持っていたらなお良いであろう。

モーションのデザインによって、こうした自律性を表現することが可能だ。すなわち、操作対象のシステムに表情の変化や身振り手振りを与えるのである。いわばこれは、無機物に命を宿らせるようなものである。動くことによって、捉えどころのないブラックボックス的なシステムにキャラクター性を与えるのだ[4]。

鹿野の指摘は、思考とジェスチャーとが重なり合うようになったFluid Interfacesではさらに重要度を増すであろう。しかし、Fluid Interfacesでは、モーションのデザインによるインターフェイスの自律性はコンピュータ単体が生み出すものではなく、ヒトとコンピュータとが複合した状態が生み出すのものになるだろう。Fluid Interfacesは、イメージのモーションを細かくデザインするソフトウェア、イメージに繊細に触れることを可能にする精密なハードウェアとヒトの思考およびジェスチャーとのあいだに動的で微細な垂直方向の関係を構築しながら、水平方向にインタラクションの大きな流れをつくっていく。その流れのなかで、タッチパネルを基底面として、ヒトの志向性とコンピュータの志向性とが重ね合わされていき、ヒトとコンピュータとの連合体のためのあらたな「マインド」が発生する。このマインドは、ヒトとコンピュータとの連合体のものであり、ヒトとコンピュータそれぞれからは自律したものとなっている。そして、この自律したマインドのもとで「操作対象のシステムに表情の変化や身振り手振り」があらたに発生し、ヒトとコンピュータの連合体のための「流れるような（Fluid）」行為が生まれるのである。

このように考えると、Fluid Interfacesはヒトとコンピュータとが合同で行為を遂行していくように、ヒトの志向性とコンピュータが示す志向性とを合流させて、ひとつの大きな流れをつくることを目指していると言えるだろう。このときにできあがる大きな流れは、アメリカの哲学者のウィリアム・ジェイムズが「意識の流れ」と呼ぶものに近いと考えられる。哲学者の清水高志は「意識の流れ」について、次のように書く。

「意識の流れ」は、実際に単純に線型的なものではない。ある経験にもとづく予期は潜在的なまま（検証されることなく）宙吊りになっているかもしれないし、繰り返し充足、検証されるかもしれない。後から回顧的、遡及的に繰り返し見出されることによって、「意識の流れ」は流れになるのであり、ある主体の意識になる。しかしそれを実現する後の経験は、いまだ主体ではない。この意味で主客未分の経験としての純粋経験は、いわば匿名的な他者なのである。「意識の流れ」は、回顧的に見出された対象〔オブジェクト〕というバトンが次々に引き継がれていくことによって成立する、一種のバトンリレーであり、そこでは複数の走者、つまり意識が繰り返し現れてはリレーを繋いで流れを作っていく。しかし対象〔オブジェクト〕＝バトンそのものは、さまざまな期間を隔てた後の経験とすら接続し、厳正化しようとする、いわば無時間的な媒体なのだ[5]。

スマートフォンはハードウェアとソフトウェアとで構成されているが、それらはスマートフォンを使うヒトを含めて、それぞれが「複数の走者」になっている。そして、ヒト、ハードウェア、ソフトウェアという複数の走者は単線的に走るのではなく、引き返したり、止まったりしながら、「行為」というオブジェクトを担い、意識の流れをつくっていく。そして、三者それぞれの意識の流れが、思考とジェスチャーとのあいだで垂直的に発生する微細で動的なインタラクションのなかで絡み合って、あたかもひとつの流れのように合流していく。そこではヒトとコンピュータとは明確に区別できる存在ではなく、石斧を作成するときのヒトと石とのあいだに起こったような変化が生じている。Fluid Interfacesはヒトの志向性とコンピュータの志向性とを動的に重ね合わせながら、ヒトとコンピュータとがひとつの行為の行為者であり受容者であることを可能にする自律的な「マインド」を、ヒトとハードウェアとソフトウェアという三者が合流する「意識の流れ」としてつくり、そこに「流れるような」行為を生み出そうとしているのである。

ホームボタンを喪失したiPhoneは、コンピュータが石斧のようなインターフェイスを持たない道具となり始めたことを示している。コンピュータはジェスチャーベースのタッチパネルを備えることによって、はじめてプリミティブな状態になったといえる。道具が複雑性をなくすようにボタンを備えたのとは逆に、コンピュータは整理された状態から複雑性を獲得しようとしている。石斧がなぜあのようなかたちになったのかは、実はまだわかっていない。スマートフォンのデザインはこれまでは整理された状態であったが、ハードウェアからボタンが排除されたこれからこそ、ハードウェアとソフトウェアとで構成される道具としてプリミティブな状態になっていくと言える。それゆえに、これからのインターフェイスデザインは、ヒトの志向性とモノのアフォーダンスとが曖昧な領域で、ヒトとコンピュータとを含んだ意識の流れを形成していくことになるだろう。そこにはまだ解明されていない大きな謎があるにちがいない。だからこそ、コンピュータの開発に携わる者、特にインターフェイスデザイナーは、これからヒトと道具の関係や「意識の流れ」といった哲学的な問題に踏み込んでいかなければならないのである。

参考文献・URL

1. Designing Fluid Interfaces、https://developer.apple.com/videos/play/wwdc2018/803/（2018/09/17アクセス）
2. Lambros Malafouris “How Things Shape the Mind—A Theory of Material Engagement”(Kindle)、MIT Press、2013、p.150
3. 東浩紀「観光客の哲学の余白に　第12回　触視的平面の誕生(3)」、『ゲンロンβ27 人文とシネマの彼方へ』(epub版)、ゲンロン、2018、p.16-17/222
4. 鹿野護（1）／森田考陽（2）「UIとモーションの関係」、『UI GRAPHICS 世界の成功事例から学ぶ、スマホ以降のインターフェイスデザイン』、ビー・エヌ・エヌ新社、2015、p.195（本書p.212）
5. 清水高志『実在への殺到』、水声社、2017、p.74-75

図版出典

Fig.1-4 Designing Fluid Interfaces
Fig.5 iPhone 1 - Steve Jobs MacWorld keynote in 2007 - Full Presentation, 80 mins, https://www.youtube.com/watch?v=VQKMoT-6XSg（2018/09/17アクセス）からのスクリーンショット

Minimal & Clean

最小のデザイン

小さなスクリーンから溢れ出す情報の渦に秩序をもたらすこと。フラットデザインやマテリアルデザインのガイドラインが示した新たな価値観に基づき、いかに要素を少なく見えるようにレイアウトするかが多くのデザイナーの課題となった。このパートでは、グリッドをうまく用いて情報を見やすく整理し、美しくレイアウトしている事例を見せていく。

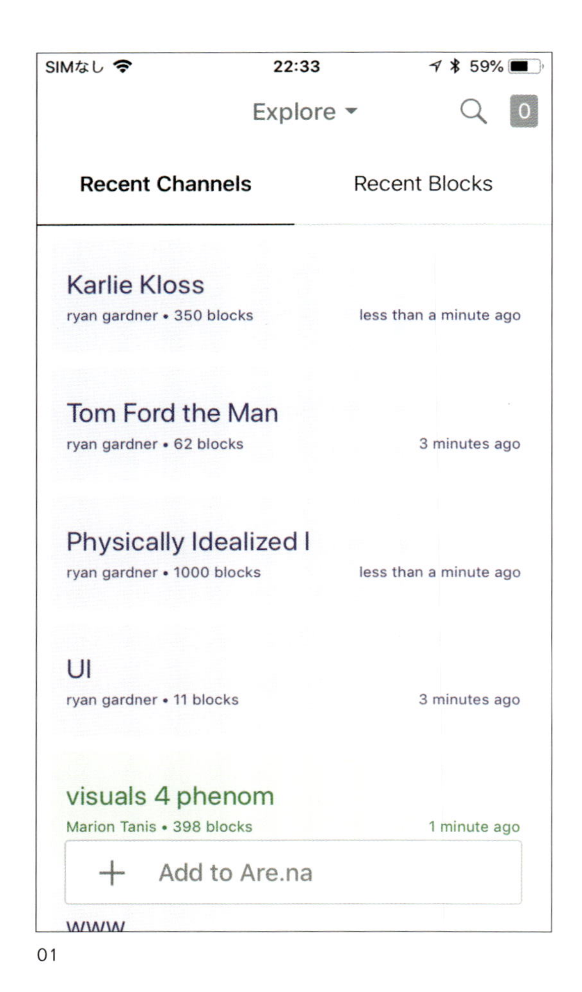

01

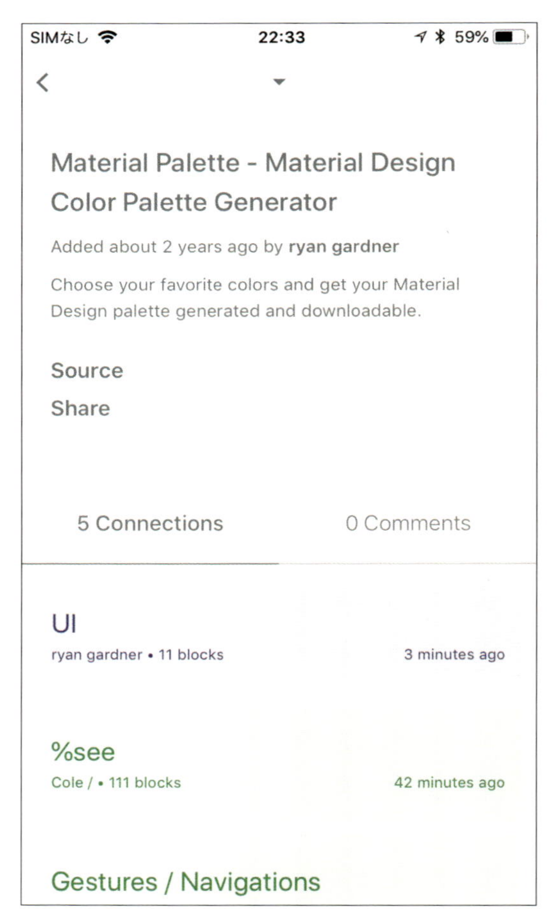

02

15 __ 機能を削ぎ落とし、思考のための空間を作り出す

大きな特徴は、余計な要素を排したシンプルなインターフェイス。広告なども一切ないので、純粋にコンテンツのブラウズに集中することができる。「いいね」など、SNS 的な要素を搭載しないというあえて時勢に逆行した作りになっている。サービスの構造は、ユーザーが作るカテゴリー「チャンネル」と、コンテンツに相当する「ブロック」からなる。

Published by Are.na

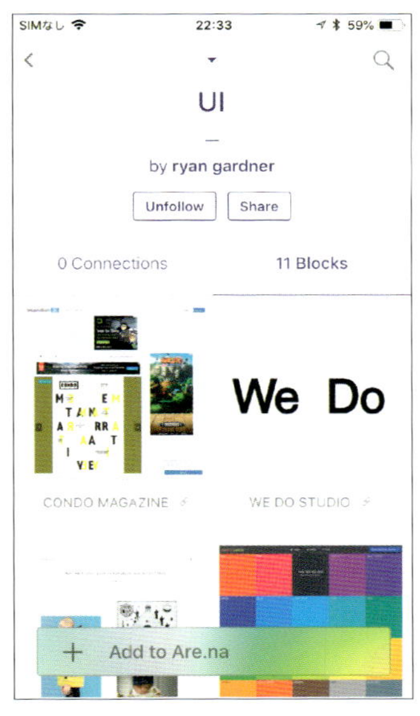

03

04

05

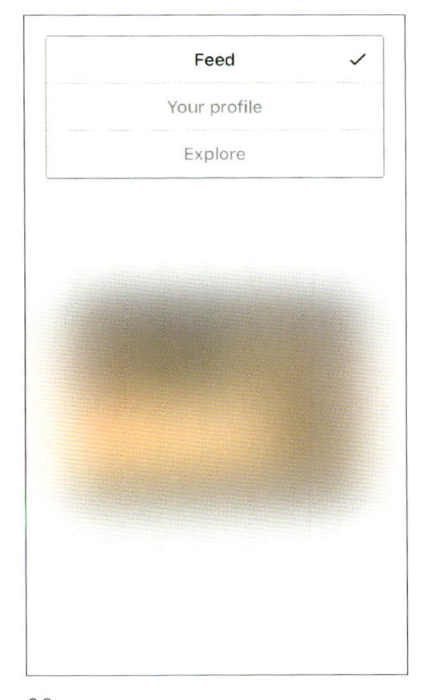

06

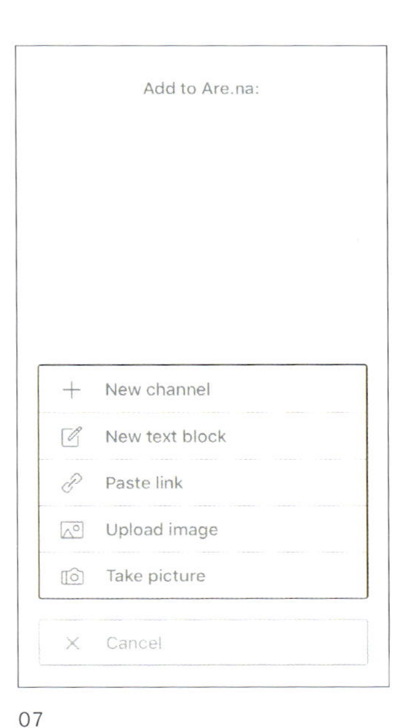

07

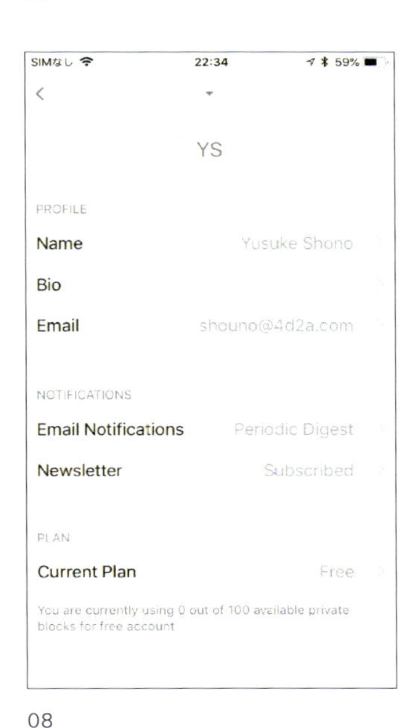

08

Are.na

www.are.na

アーティストが開発した、オンラインリサーチのためのソーシャルプラットフォーム。画像、映像、PDF、テキストなど、様々なメディアを投稿することができる。「好奇心が尊重され、コラボレーションが自然発生し、様々な形の創造的思考が展開するスペース」を目指し、立ち上げられた。

01-02　チャンネルはユーザーが作ったカテゴリーのような括り
03-05　ブロックはユーザーがアップしたコンテンツのこと。各ブロックはそれぞれがチャンネルに紐付く
06-07　表示フィードと投稿コンテンツの選択を行うセレクタ
08　プロフィール情報の設定

GROWTH POINT　個人利用できるコンテンツを無制限にアップロードする機能を持つ、プレミアムアカウントを販売することで収益を得ている。

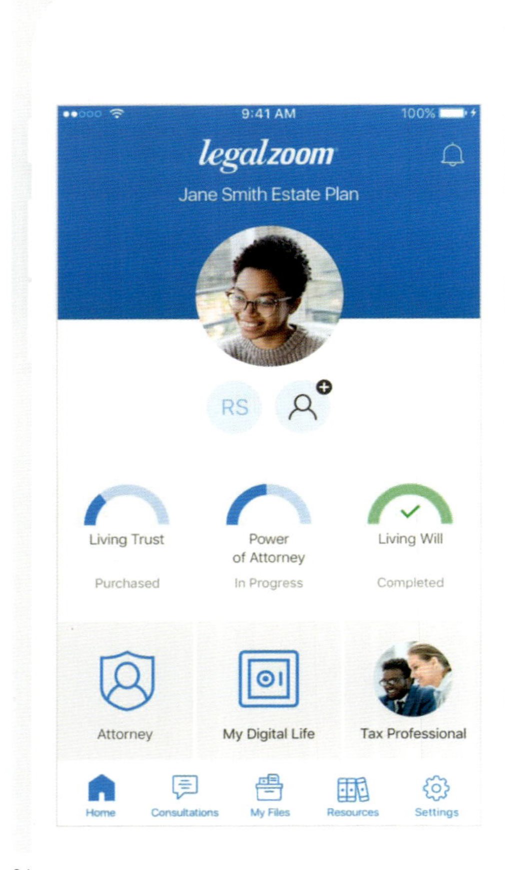

01

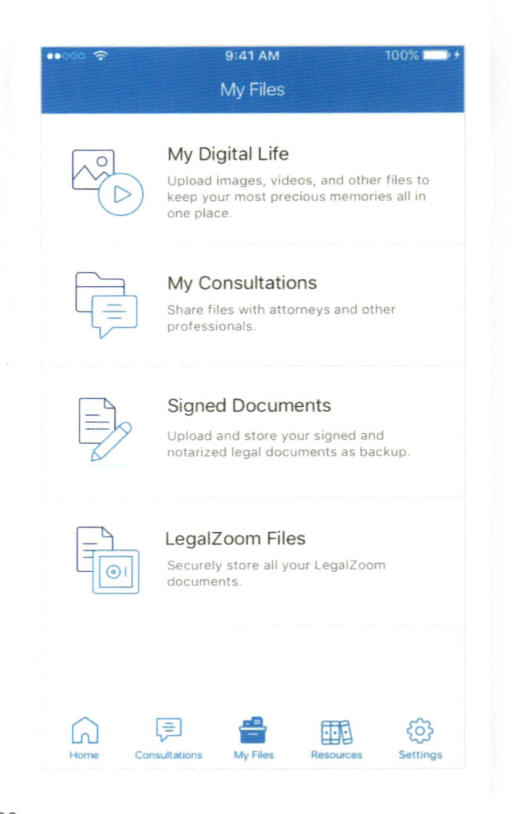

02

16 __ 整ったダッシュボードで、進捗状況を一目で確認する

煩雑になりがちな法務関係の多くのプロジェクトをダッシュボード上に集約。モジュール化されたデザインにより、まとまった印象を作り出している。青と白で構成されたシンプルな色調や、各項目の進捗状況が簡単に確認できるグラフなども、複雑な内容を整理するのに一役買っている。コンサルタントへの連絡が簡単に行えるのも特徴。

Designer: STRV

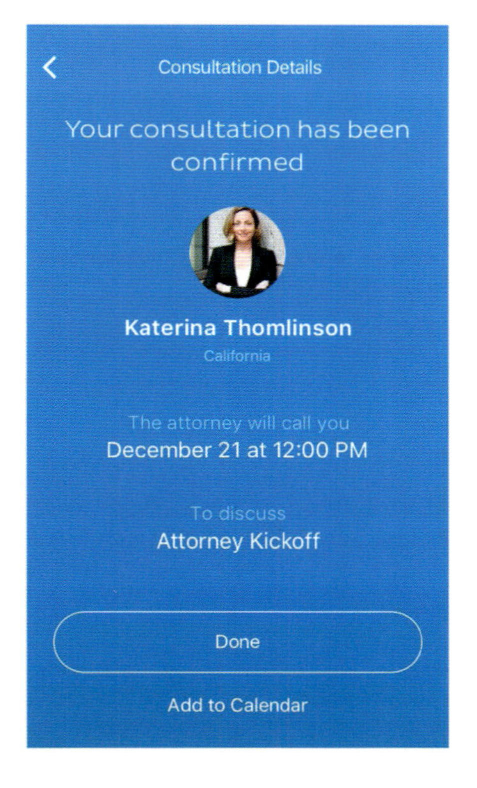

03

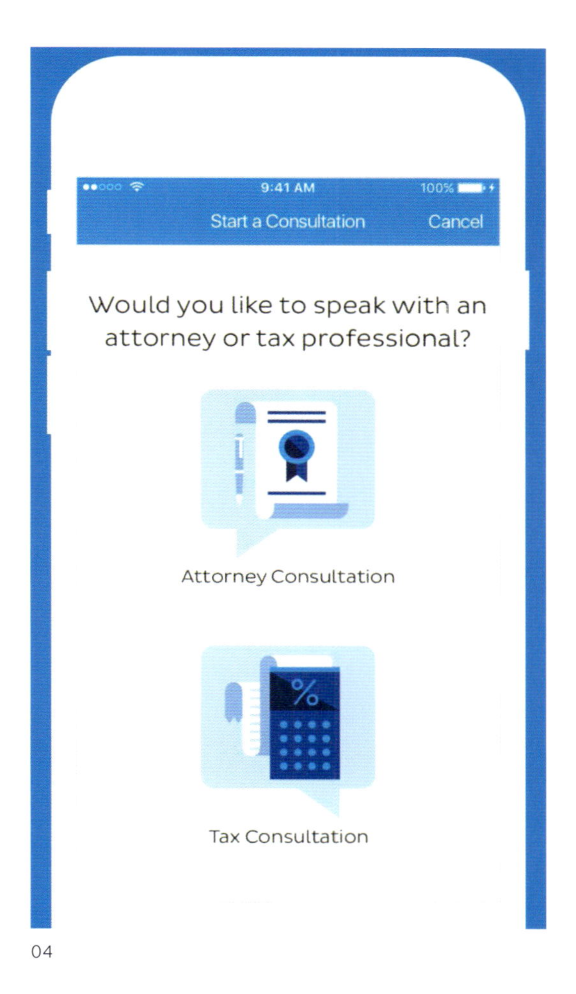

04

LEGAL HELP AT YOUR FINGERTIPS

www.strv.com/our-work/legalzoom

法務サービスを提供するリーガルテック企業のモバイルアプリケーション。顧客との親密な関係性を築きつつ、グローバルな展開を図る会社の方向性に応えられるよう、安心感を感じさせるデザインでまとめられている。扱う内容の性質上、信頼性が高く堅牢なサービスを遂行できるよう設計されている。

01　生前信託の委任状などの、制作の進捗度が可視化されているホーム画面
02　メンバーは非開示、賃貸契約、約束手形など、160 以上の法的書類にすぐにアクセス可能。不動産計画やその他の重要なファイルを安全に保管、閲覧、共有することができる
03　認定された独立弁護士にオンラインでアクセスし、新しい法的事項に関する 30 分間の相談が受けられる
04　コンサルタントの開始画面。イラストによりコンサルティングの内容を伝えている

01

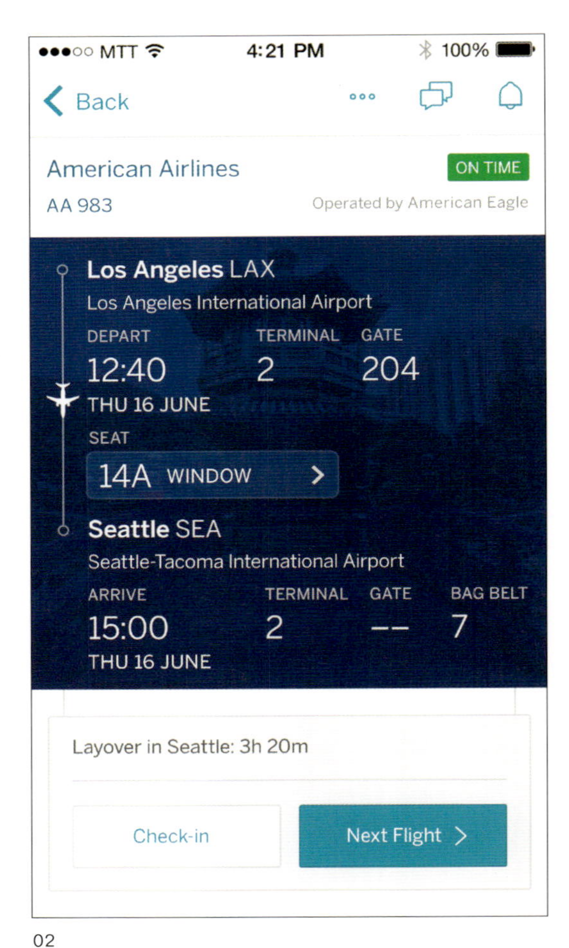

02

17 __ グラフィカルに出張のルートを視認する

ビジネスユースのため、端的かつシンプルを極めたUIが一貫して導入されている。徹底的にユーザー利便性が追求されており、余計な機能の実装や、混乱を招くようなデザインは極力排除されたアプリとなっている。画面スクロールは最小限に抑えられ、グラフィカルに旅程を視認できる作りとなっている。

Designer: Versett

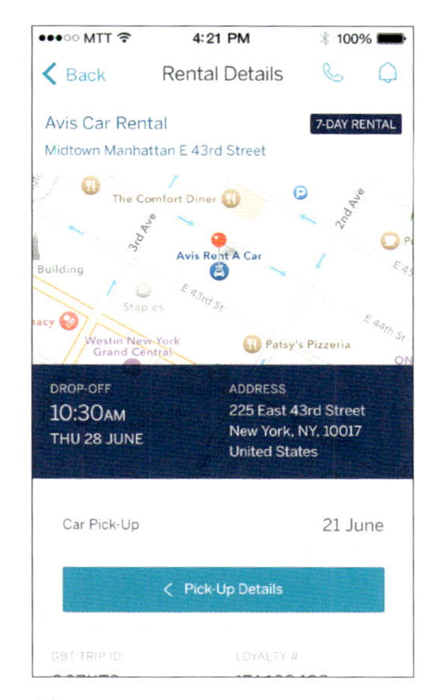

03

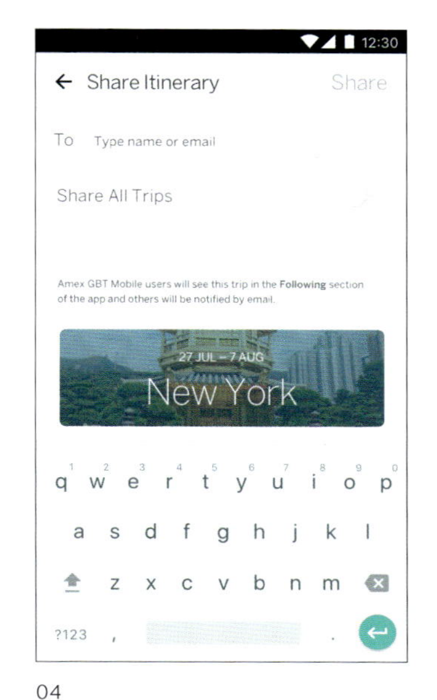

04

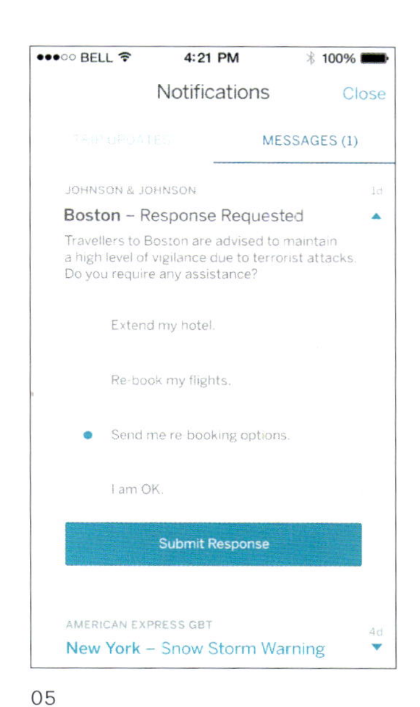

05

06

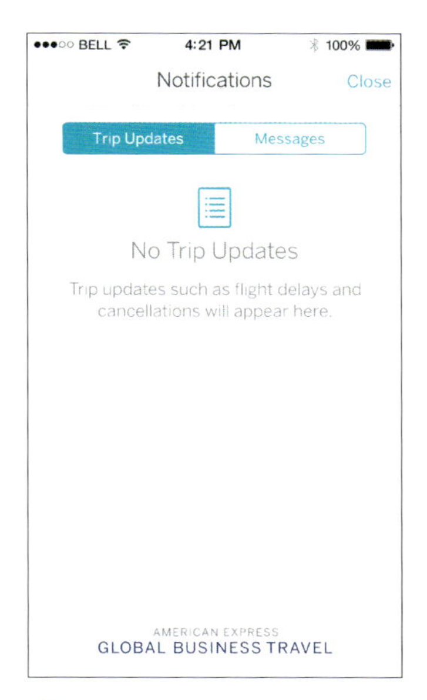

07

08

American Express GBT

versett.com/case-studies/amexgbt

海外出張のルートを把握・管理できる、ビジネスシーンで利便性を発揮するアプリ。わかりやすさを徹底的に意識した機能とデザインで、ユーザーの移動を適切にサポートする。ユーザビリティはもちろんのこと、タイポグラフィや写真を活かしたデザインにより、旅をイメージさせるアプリとなっている。

01　予定を確認できる画面。写真を大きく使用してスタイリッシュな印象に仕上げている
02　フライトの詳細。背景に写真を用いて画面の退屈さを避けながらも、多くの情報を見やすく整理している
03　レンタカーの詳細画面。すぐに目的地にたどり着けるよう、マップ表示をメインの要素として用いている
04　メールで旅の詳細を共有することができる
05　遷移せずに内容を確認することができる通知画面
06　アカウントを登録するための画面
07-08　コンテンツが空のときのために用意されている画面

01

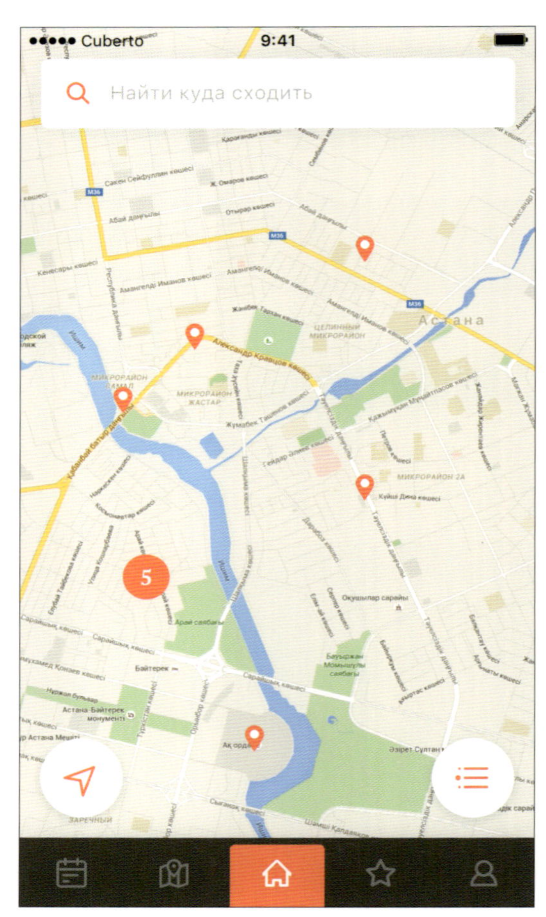

02

18 _ ローカルな情報をマップで簡単に探索する

その日の魅力的なイベントが紹介されるトップ画面で、それぞれにタグ付けされたカテゴリーから自分の好みのものを選択する。掲載されているイベントの情報がGoogleマップにマッピングされて表示されるため、現在地と照らし合わせながら、自分の近くで起きているイベントを見つけ出すことができる。

Designer: Cuberto

03

04

05

06

07

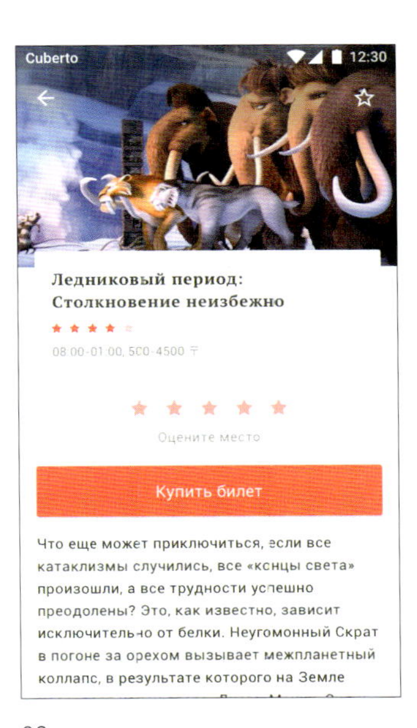

08

sxodim

cuberto.com/projects/sxodim/

カザフスタンのローカルな施設やイベントを統合する情報アプリ。フェスティバルやコンサート、展示、演劇といった毎日のイベントから、レストランやエンターテインメント施設など、地元のホットなスポットも掲載。イベントの主催者が情報を知ってもらう機会を設けるプラットフォームとしても機能する。

01　ホーム画面には魅力的なイベントが並ぶ
02　イベントが開催される場所を表示するマップ表示
03　アプリ開始時に地域を選択。その地域のイベントが表示される
04　選択したアクティビティを簡単に表示。お気に入りに登録できる
05-07　イベントの詳細画面。気分に合わせて新鮮なコンテンツを見つけることができる
08　アカウントを作成すると、プロフィールなどの情報を登録できる

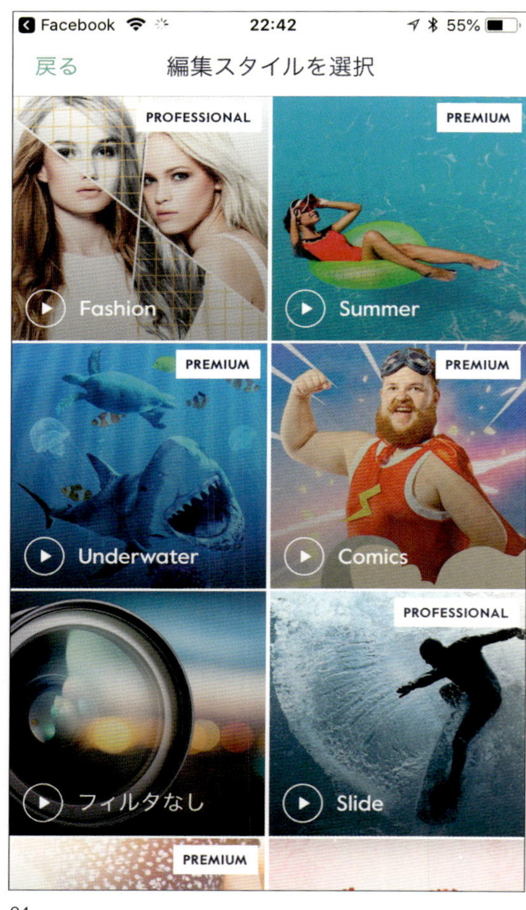

01

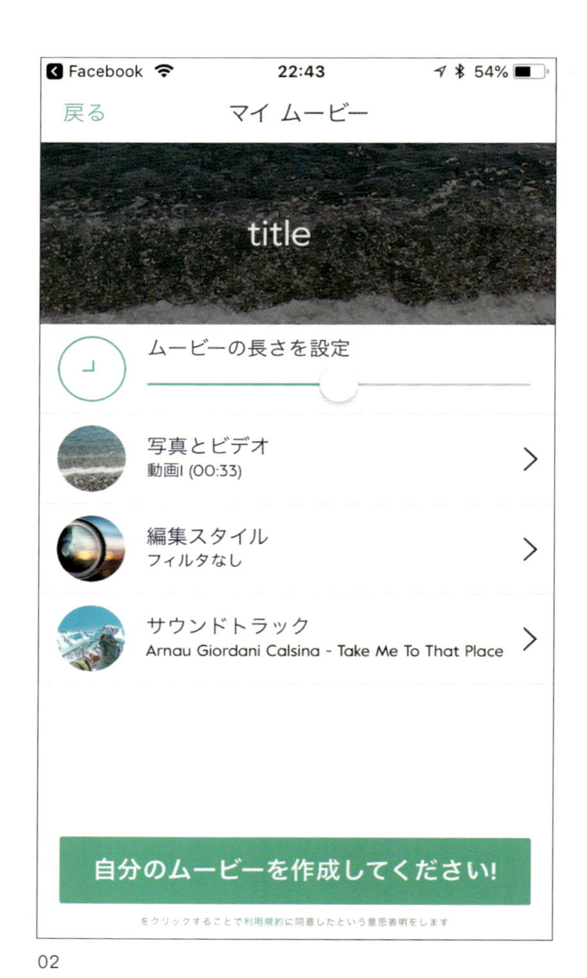

02

19 __ AIによる解析技術で、エディットなしで動画作成を可能に

動画編集ソフトにつきものの複雑なインターフェイスを廃し、選択のみの手軽さで魅力的な動画を作成することができる。AIによる解析技術を駆使して、動画のより良い部分のみを抽出。静止画もまるで最初から動画だったかのように変換してくれるなど、少ない素材と簡単なプロセスで、まるでプロが手がけたような動画ができあがる。

Published by Magisto

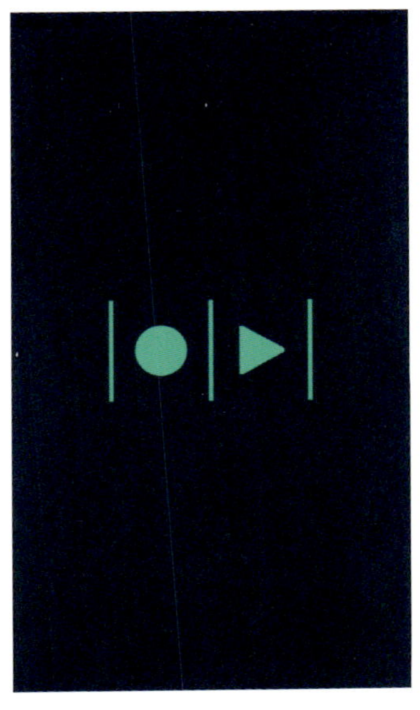

03

04

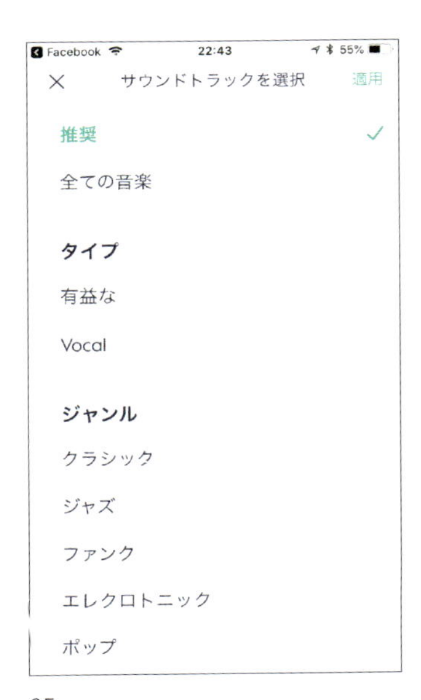

05

06

07

08

Magisto

www.magisto.com

ソーシャルメディアで共有するための動画を簡単に生成できるアプリ。ユーザーはテンプレートを選択し、BGM を選ぶだけでよい。また手元に動画がない場合でも、スマート動画作成機能を使えば、静止画をスライドショーやコラージュにすることで、元から動画だったかのようなムービーを作ることができる。

01　テンプレートの選択で、様々なスタイルの映像が作成できる
02　ムービーの長さを決めて作成ボタンを押すだけ。作成完了の通知が届く
03-04　立ち上げ時の画面。パーソナルユースとビジネスユースの両方に対応
05　映像で使用するサウンドトラックを選択する
06　動画の作成を開始。静止画と映像、両方の素材に対応している
07-08　動画はプライベートに使用することも、すぐ公開することも可能

GROWTH POINT　アプリの特性を活かし、旅行会社との協働で動画コンテストを行うなどのプロモーションにより、ユーザーの拡大を試みている。

01

02

20 __ 新しいサービスの創出で、実店舗とアプリをつなぐ

アプリにより店舗型のビジネスと、オンラインのサービスを結合し、複合的で豊かな体験を作り出す。試着できないというオンラインショップの弱点を、実店舗に誘導することで補完。アプリを介して検索や決済ができるだけでなく、ファッションの情報から、スタッフによるアドバイスまで、ユーザー体験をひとつのエコシステムとして作り出している。

Designer: ARCHECO

03

04

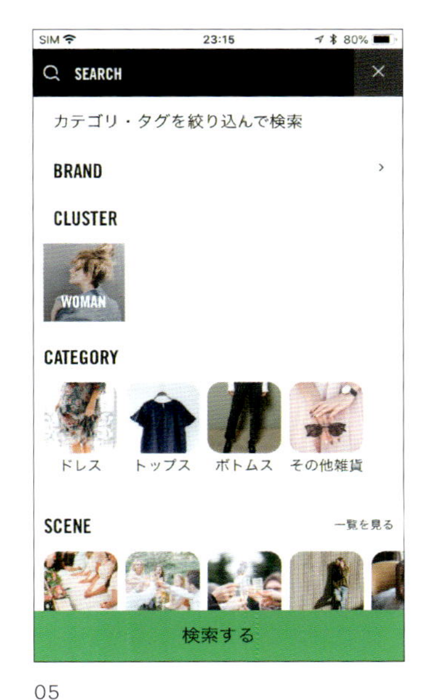

05

06

07

08

CARITE

www.miguide.jp/carite/info/

銀座三越をユーザーのクローゼットにがコンセプトの、レディースウェアのレンタルサービス。様々なドレスの利用シーンに合わせて、アプリで予約から決済まで簡単にドレスをレンタルできる、その他、ファッションに関する機能も満載。UX/UIは富士通と株式会社アルチェコのタッグにより設計・デザインされた。

01-02　レンタルできる商品が並ぶメインのスクリーン。スクロールした下部には、スワイプでモデルを着せ替えることができる画面も
03　会員登録／ログイン画面
04　商品詳細画面。商品の着用イメージと商品切り抜きの画像をうまくレイアウトしている
05　検索画面。カテゴリーだけでなく、シーンごとに検索することが可能
06-08　色のグリッドをポイントにしたオンボーディング画面

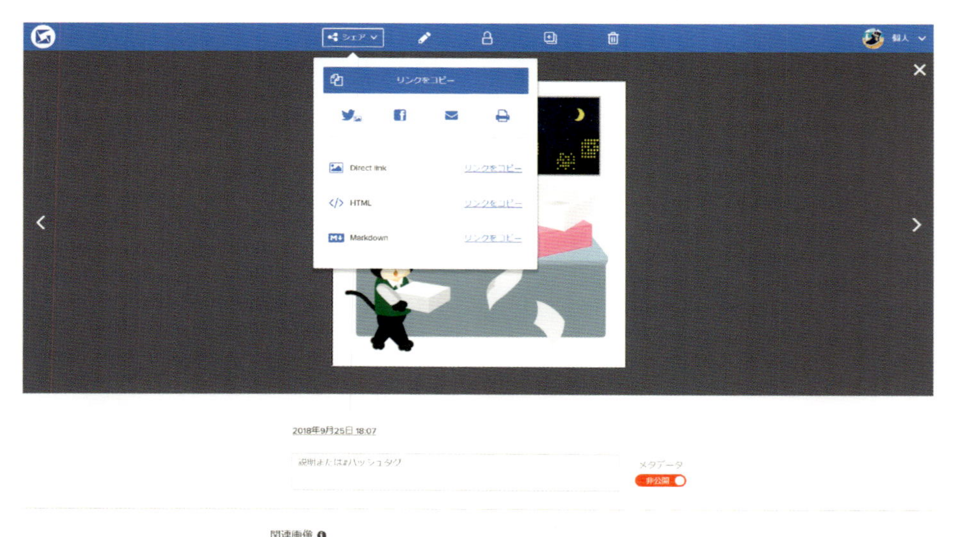

01

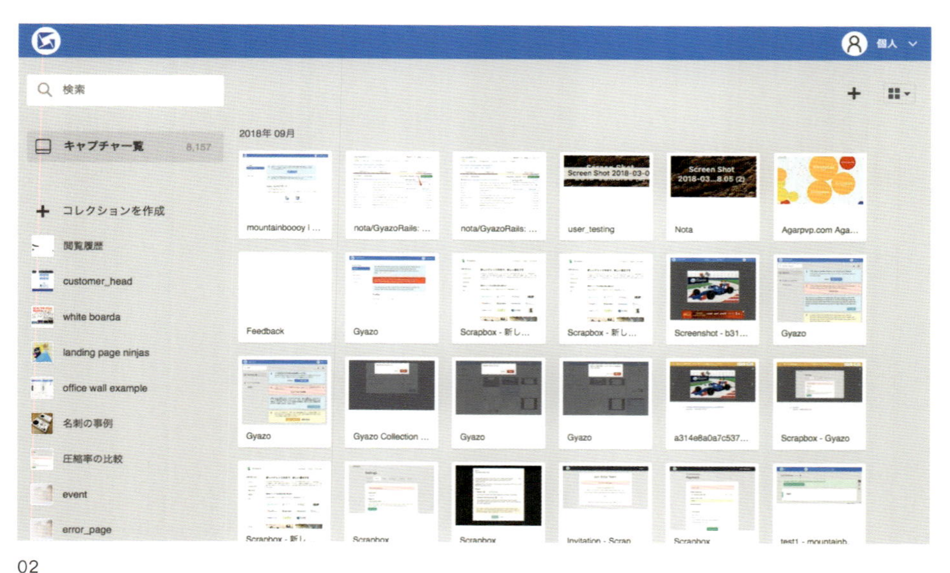

02

21 __ 画像を主役に、使用シーンに応じて最適な体験を提供する

主役はあくまでもユーザーが扱う画像コンテンツ。スクリーンショットや動画などを投稿する使用シーンに応じて最適な体験を提供するため、実際に利用されるリアルなコンテンツの種類を綿密に調査して分類。UIデザインといえば部品やアニメーションの美しさに目が行きがちだが、ユーザーの用途に特化したデザインに仕上げている。

Adviser: 増井俊之、VP of Engineering: 秋山博紀、Engineer: 斉藤宏、Designer: 吉原建、Designer: Tiro Swaby、Engineer: Pasta-K、Engineer: 久我山菜々、株式会社DELC、Engineer: 徳田裕典

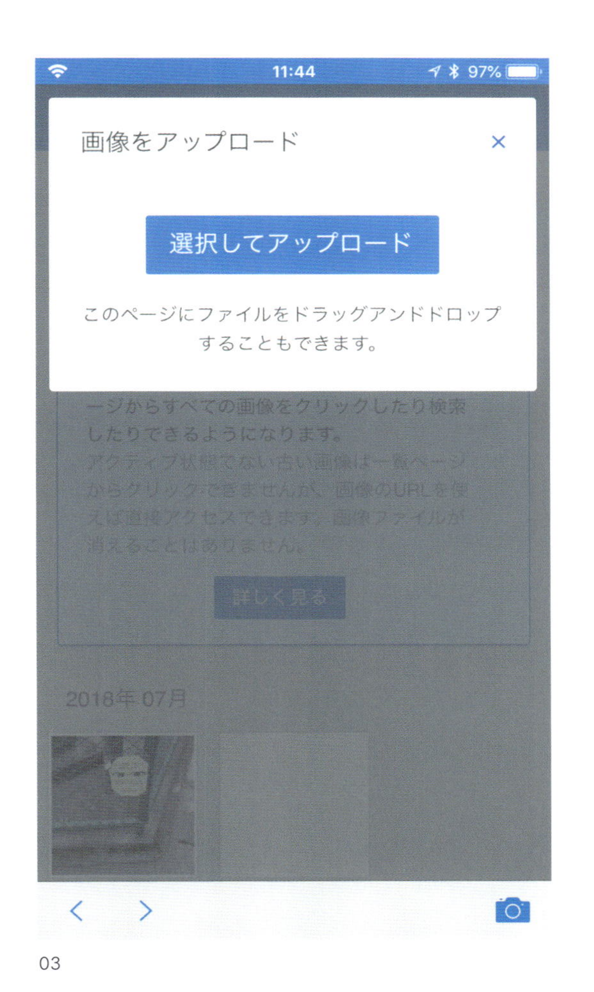

03

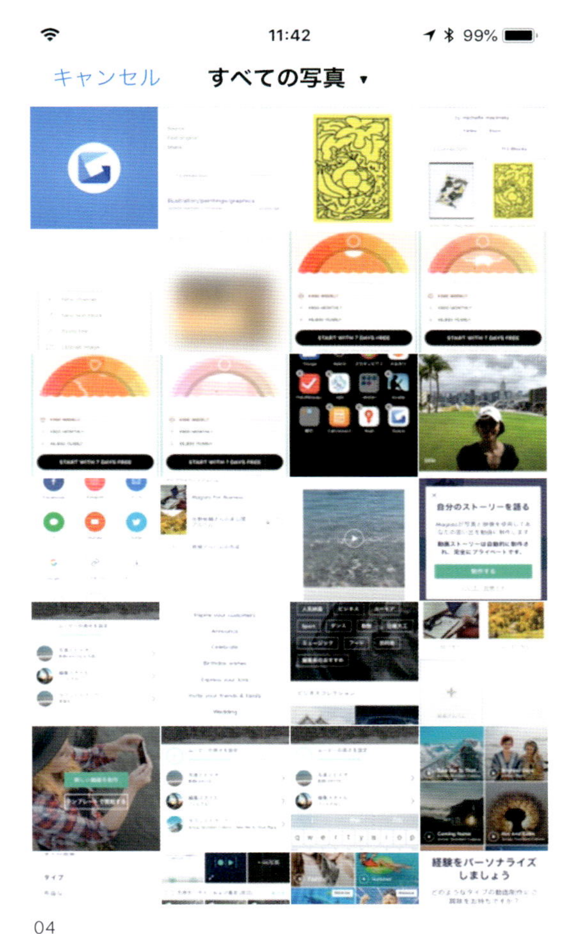

04

Gyazo

gyazo.com

Gyazo は、スクリーンショットや動画を素早く共有できるアプリ。リアルタイム性が重視されるビジネスや SNS 上でのコミュニケーションには欠かせないツール。 ユーザー構成は北米約 33%、ヨーロッパ約 37%、日本 14%、ロシア 3% と世界中で利用されているサービス。

01-02　Web 版の UI。画像を介したコミュニケーションを円滑にするため、様々なシェアの形式に対応している

03-04　アプリ版の UI。アプリを立ち上げると、撮影画面に。そのまま撮影するか、ライブラリあるいはクラウド上にある画像を使用することもできる。撮影を行うと即座にアップロードされる

GROWTH POINT　常にベストな環境を提供するため、開発イテレーションの短縮を工夫。施策の効果測定の体制を整え、修正を毎ヨデプロイしている。

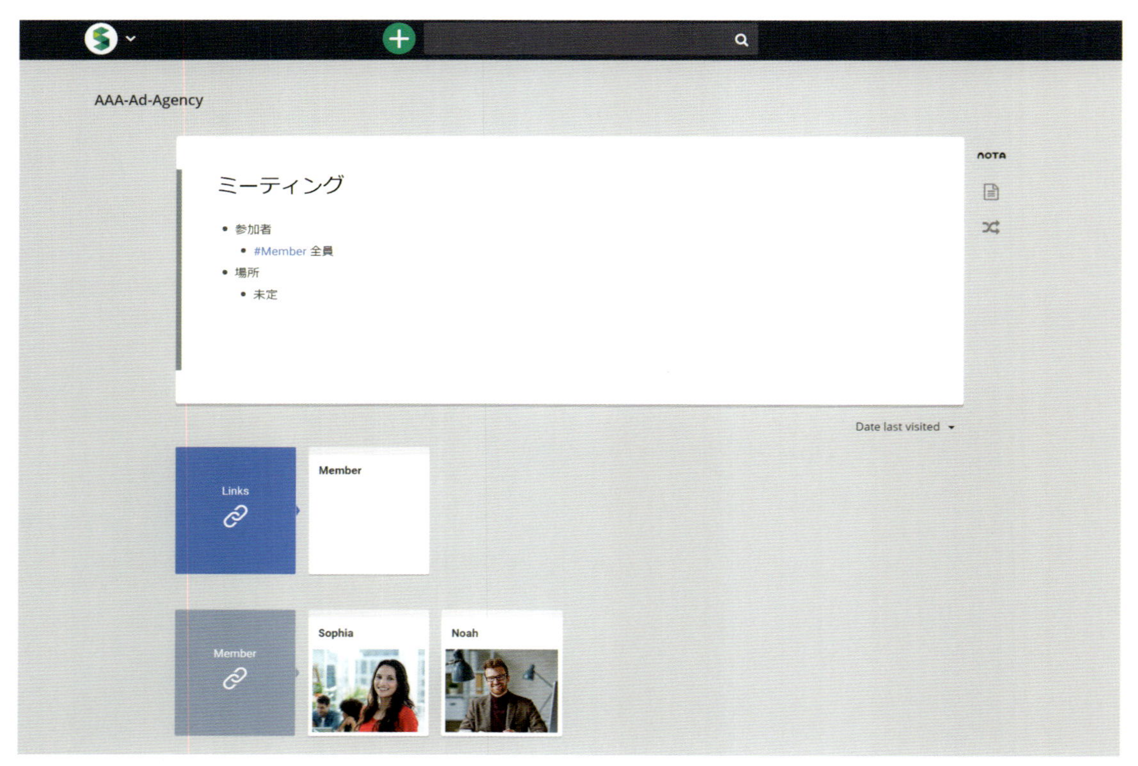

01

22 __ UIパーツの洗練が文書編集を気軽な体験にする

かしこまった単一の文書ではなく、複数の文書をリンクでつなぐことで意図を伝えるサービス。楽しく気楽に書ける機能と、未完成でも恥ずかしいと思わないようなデザインがポイント。ページの作成時や編集時にワクワクできるパーツ形状やカラーコンビネーションなど、フォーマルなドキュメントに見られないための工夫が施されている。

Engineer: 洛西一周、Adviser: 増井俊之、
Engineer: 橋本翔、Engineer: 飯塚大貴、
Designer: 吉原建、Designer: Tiro Swaby

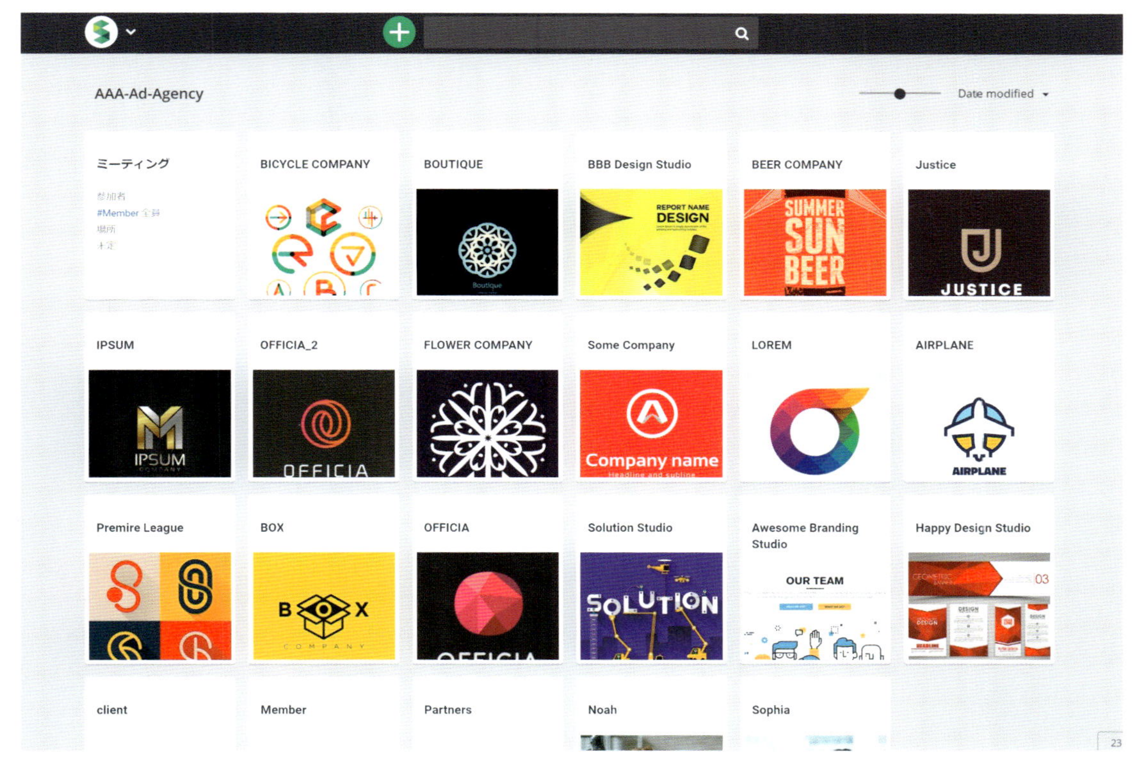

02

Scrapbox

scrapbox.io

Scrapboxはあらゆる情報を自動で整理することができる知識共有サービス。企画書、社内マニュアル、議事録など、チームに必要なドキュメントを共同で瞬時に作成できる。ドキュメント同士の関連性を元に自動で繋がり合い、何千、何万ものドキュメントを管理する苦労から解放してくれる。

01　余計な装飾などが一切ない執筆画面。タグの追加や画像やリンクの挿入、WYSIWYG編集にも対応している
02　サムネールとともに制作したメモが並ぶ一覧画面

GROWTH POINT　本当に必要だと思われる尖った機能だけを実装。常にユーザーと対話しながら、その中で見落としている用途を見つけ、改善していく。

23 _ 個人的なインタラクション

文・萩原俊矢

2007年にiPhoneが発売されてから10年以上が経ち、私たちが日々ふれる情報は、高速に、細かく、画像、映像、音声がまざり合って多様化し続けている。

情報がメディアを横断し、複雑に絡み合う時代をむかえた今、ユーザーインターフェイス（以下、UI）に対して、単に視覚面だけで考えることが難しくなってきているように感じている。人間と情報はどのくらいの距離で接して、どう関わるといいか。「SNS疲れ」なんて言葉が生まれたり、スマートフォンが手から離れなくなっている今だからこそ、人間と情報の心地よい関係を想像する力が、私たちに求められているのかもしれない。

あらゆるツールが再利用可能に

私は普段、ウェブサイト開発やウェブサービス運営を中心に活動している。たまに自分自身でイベントを企画したり、作品を発表したりもするが、主に「情報を発信する人たち」を支えることが仕事となっている。

十数年にわたってウェブ開発を行ってきているが、私たち作り手にとっても、最近の環境の変化は著しい。プロトタイピングからデザイン、コーディング、そしてアクセス解析まで、ウェブやアプリ開発に便利なツールが、以前とは比較にならないほど急速に充実してきている。

それには、GitHubを代表とする開発者向けのプラットフォームの貢献が大きい。今となっては、フレームワークやライブラリといったプログラム群はもちろん、「アイコン画像」や「おしゃれな配色パターン」、はたまた「気持ちのいい動き（を表す計算式）」まで、あらゆるものが再利用可能な部品としてオープンソース化されている。プログラムの世界では、ゼロからつくらなくても「ありもの」の組み合わせで、効率よく、安全に、複雑な表現をつくれるようになりつつある。世界中の誰もが、誰かの創作物をn次利用できる今の状況は、とてもインターネット的で、これはよいことだと思う。でも、グローバルにあっという間にトレンドが広がる時代だからこそ、あえて個人的な感覚や考えから、これからのUIについて思案してみたい。

精神的な相互作用

当たり前だけれど、「ユーザーインターフェイス」とはユーザーと情報の「あいだ」にあるものだ。そして、ユーザーと情報のやりとりの際に、相互に影響をおよぼすもののことを「インタラクション（相互作用）」といったりする。私はこのインタラクションには、大きく分けると2つの側面があると考えている。ひとつは「物理的な相互作用」、もうひとつは「精神的な相互作用」だ。

たとえば、ウェブページ上で「画像のスライドショーに、マウスカーソルを近づけると、矢印が表示され、カーソルが指のアイコンに変化する」というインターフェイスがあるとする。マウスの動きにプログラムが反応してデザインが変化するのは、（画面の中とはいえ）物理的な相互作用といえるだろう。同時に、ユーザーの心の中でも「おや、クリックすると次の画像が見られそうだ」と認知や予測が起こる。私はこのようなユーザーの内面で起こる反応を「精神的な相互作用」と呼ぶようにしている。

精神的な相互作用にはもう少し続きがある。も

萩原俊矢
1984年神奈川生まれ。プログラムとデザインの領域を横断的に活動しているウェブデザイナー／プログラマー。2012年、セミトランスペアレント・デザインを経て独立。ウェブデザインやネットアートの分野を中心に企画・設計・実装・デザイン・運用まで、制作にかかわる仕事を包括的に行う。多摩美術大学統合デザイン学科非常勤講師。IDPW.org 正会員として文化庁メディア芸術祭新人賞を受賞。雑誌『疾駆』にて連載。

し、このスライドがFacebookなどのソーシャルメディア上に表示された、誰かの旅行の写真だったとする。すると、ユーザーは「クリックすると次の画像が見られそうだ」と感じるのとほぼ同時に、「あ、山田さんまた海外旅行に行って、うらやましいなぁ」などと感じるかもしれない。これはただの嫉妬心ともいえるし、こういう反応が起こるかどうかはユーザーの性格や状況によるだろう。でも相互作用という点からみたとき、この反応はマウスオーバーの延長上にある心の動き、といえるのではないだろうか。

私は子供のころ、真新しいノートのまっさらな最初のページに文字を書く瞬間が、たまらなく好きだった。新しいノートをおろした時には、自分のできるかぎり最高にきれいな文字を書こうと意気込んだものだ（残念ながら、字はあまりうまくないのだが…）。逆に、何年も前に買ったトレーナーをなんとなく気に入って、くたくたになってもそれが気持ちよくて、ずっと部屋着として着続けている人もいるかもしれない。ノートの1ページ目にペンが触れる瞬間や、体になじんだトレーナーに袖を通す瞬間の安心感は、同じように心がつくり出すインタラクション的なものだと私は考えている。

けれど、こういった心のうごめきは、物理的な相互作用よりもずっと些細で、変化に長い時間を要する場合もある。感じ取り方も人によってまちまちだから一般化しづらく、確実につくり出せるものではない。それでも、私はUIやインタラクションについて考える時、このような、ユーザーの内面に変化をもたらすものに妙に惹かれてしまう。

そういえば、先日読んだNintendo Switchのゲーム『ゼルダの伝説　ブレス オブ ザ ワイルド』の開発秘話が面白かった。このゲームはユーザーが思いのままにフィールドを歩き回れるオープンワールドになっている。だから、いきなりラスボスのいる城に向かうこともできたり、逆に延々と狩りをして時間を潰すような遊び方もできる。では、ユーザーまかせで自由度が高い状況で、どうやってストーリーに沿って冒険させるのか。その鍵をにぎるのは「引力」だという。

たとえば、ユーザーがいる地点から、すこし離れた場所に「塔」や「山」が見えると、ユーザーはそこへ向かおうとする。「山」に近付いてくると、途中に「ほこら」や「村」が見えてくる。そうやってユーザーは自ら発見し、寄り道をしていくのだが、その結果、製作者の意図に近いかたちで順に冒険していくことになるよう設計されているという。山や村といったオブジェクトは、人の興味を喚起する「引力」を持っているから、バランスよく配置することで、ユーザーをゆるく目的地へ導くことができる。このゲームは私もかなりやりこんだのだが、あらためてごく自然に、製作者の意図通りに、冒険していたことに気付かされた。

コンテンツとインターフェイスの関係

2017年に友人と私で「TRANS BOOKS」というイベントを主催した。目まぐるしく変化する今の書籍の「メディア性」について探求するという趣旨で、20名ほどのアーティストやデザイナーに参加していただき、すこし変わった形式の「本らしきもの」の展示と即売を行うイベントである。

私がウェブサイトを担当したのだが、はじめに断っておくと、これはあまり読みやすいサイトではない。ただサイトを閲覧しているだけなのに、数秒経つと、表示された領域が自動的にゆっくりと縮まり始め、次第にPCサイズだったウェブページがスマホサイズまで小さくなってしまう。それが数秒経つと、ゆっくりと深呼吸するように元のサイズに戻るという、「勝手にレスポンシブ」するサイトなのだ。地図で会場の場所を確認しようにも、じわじわサイズが変わってしまいクリックしづらい。住所をコピーしようにも、画面幅に押しつぶされるようにテキストがどんどん改行されていき、ほとんどまともに選ぶこともできない。

このサイトには、自動で伸縮するだけで、派手なインタラクションはない。けれど、変容し続ける書籍のメディア性を問うイベントだからこそ、ユーザーに「なぜサイトが勝手に伸縮するのか」を疑問に感じてもらえるよう心がけた。

TRANS BOOKSではイベントのコンセプトをUIに取り込むようなアプローチを試みたが、そもそもコンテンツとインターフェイスは切っても切れない関係にある。

UIと物語の関係

pixivが運営する「チャットストーリー」は、SMSやLINEのような会話形式のインターフェイスで物語を紡いでいく、一風変わったサービスだ。書き手は小説を書く前に、まず登場人物とそのアイコン画像を設定する。物語は基本的に吹き出しの中で会話によって進行するので、普通の小説に比べるとずいぶんおしゃべりなものになる。それに三人称の「神視点」が入り込みにくいので、読み手は登場人物と同じ地平にいるように感じる。チャット形式でしか入力できない、というアーキテクチャが、表現に強く影響をあたえ、独自の物語を生み出すプラットフォームとなっている。

作家の京極夏彦氏は、出版する書籍のサイズに合わせて自身で執筆とデザイン作業の両方を行うという。その彼が2008年のインタビューで、書籍のレイアウトツールAdobe InDesignについて、こんなことを語っていた。

「江戸時代の出版物は木版画だから、作品に合わせた字、合わせた形のイラスト込みで作品だった。そのような出版物の本来の姿に戻してくれるのがInDesignだ」（「マイナビニュース」インタビュー記事より）

彼はデザインと物語（コンテンツ）を分けず同時に考えることのできる非常に稀有な作家だが、そのバランス感覚はウェブをつくる私にとっても参考になる。UIはただそれだけで存在することはなく、常にコンテンツと合わさって成立するものだし、コンテンツもただそれだけで存在することはできず、常にUIとともにある。デザイナーが見た目についてだけを考え、ライターが用意されたWordPressなどのCMSに、好き勝手にテキストを流し込むだけでは、お互いが成立することは難しい。どちらが上でも下でもなく、お互いが補完的にユーザー体験を考えることで生まれる表現もあるはずだ。

TRANS BOOKS

個人的体験の重要性

「蔦屋書店のおみやげ」は、プロダクトデザイナーの小宮山洋さん、写真家のGottingham（ゴッティンガム）さん、翻訳家の坂本和子さんらと制作したウェブサイトだ。全国各地の蔦屋書店で販売される「物語性のあるおみやげ」と「その制作過程」をテキストと美しい写真で紹介している。このサイトでは、「折りたたみテキスト形式の読み物」という風変わりなインターフェイスを実装した。文章内のリンクがはられたテキストをクリックすると、そこから文章が広がり、その言葉のより詳しい内容が表示されるというものだ。

普通、テキストは縦書きなら上から下へ、横書きなら左から右へ読み進むが、このサイトでは、ユーザーが気になったフレーズを掘り下げて読んでいけるようになっている。いわば非線形の読み物体験といえる。

なぜこんなインターフェイスをつくったかといえば、ユーザー自身に物語を発見してもらいたかったからだ。小宮山さんとGottinghamさんが、全国各地の蔦屋書店と周辺を訪ねてリサーチし、人と出会い、さまざまなドラマを発見し、おみやげづくりにつなげていく。そのプロセスをユーザーにも追体験してもらうために、「頭から順番に」ではなく、ユーザー自身の興味によって読み進められる読み物の形式が生まれている。汎用的に使える手法ではないが、このUIでなければ表現できない体験になったと思う。

UIに正解があるか、と問われれば個人的には「ない」と言いたいけれど、サイト上でのユーザーの行動のほぼすべてが、解析とテストにかけられ「最適化」されていく時代に、「最適的」なUIがあるのは確かだ。Googleをはじめとする大企業が、自社のデザインガイドラインを次々に公開したことは、私たち作り手に、少なからず影響をあたえている。もちろんGitHubなどのプラットフォームによって、オープンに、高速に、技術が共有されることの利点は計り知れない。でも、その大きな流れに進むべき方向を与えられすぎると、自分自身が思考停止してしまわないか、すこし怖くなることがある。

世界中で共有される再利用可能な部品や、ノウハウのようなものが充実することで、私たちはひとりではとても完成できないほど複雑なものをつくれるようになった。一方で、今はごく個人的なアイデアや感覚を、じっくりと磨くことが難しくなってきているのかもしれない。

TRANS BOOKSのサイトを見た人からは「わかりにくい」と拒絶されることもあれば、「面白い」と褒めていただくこともあった。人によって感じ方の異なるインターフェイス、毎回異なった効果を生み出すインタラクション、そうしたシェアや再利用が簡単にできないものをこっそり大切に磨いていく。私たちデザイナーがこれからのUIを自分で考える「ものさし」をつくるためには、たまにはそういう遊びがあっていいと思っている。

蔦屋書店のものづくり

01

02

24 __ UIキットで手早くスタイリッシュなデザインを手に入れる

デザイナーや開発者が楽しく容易にデザインできるよう、汎用性を持ちながらも美しく研ぎ澄まされたデザインを制作。テンプレートとして使用できる画面が、30 以上も用意されいる。iOS や Android に対応のクロスプラットフォームで、E コマースやニュースサイトなど、様々な用途に合わせたデザインをドラッグ & ドロップで制作することができる。

Designer: Jana de Klerk

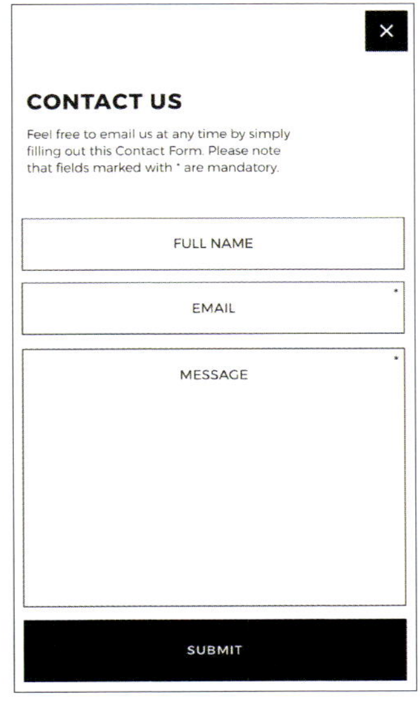

03

04

05

06

07

08

Nova-App-UI
www.behance.net/gallery/31412235/Nova-App-UI

アプリ制作のワークフローを合理化するための UI キット。このテンプレートを使用することにより、デザイナーは短期間でデザインを完成させることができる。アプリをユーザーフレンドリーでより魅力的なものにするために設計された、ミニマルでクリーンなトーンが特徴。

01-02　写真をダイナミックに用いたサインアップ画面。上質な雑誌を読むようなトーンに貫かれている
03-08　E コマースやニュース、ソーシャルメディアなど、様々な機能に対応した 30 以上の画面が存在している

01

02

25 _ デザインの一貫性でブランドの価値を表現する

リーバイスの20周年記念イベントのためにリリースされたアプリ。ユーザーフローの研究の結果、写真をメインに用いたグリッドレイアウトスタイルのデザインが採用された。リーバイスのユニークなブランドを表現するために14個のアイコンが制作され、それぞれが固有のカテゴリーを象徴している。

Designer: Jana de Klerk

03

04

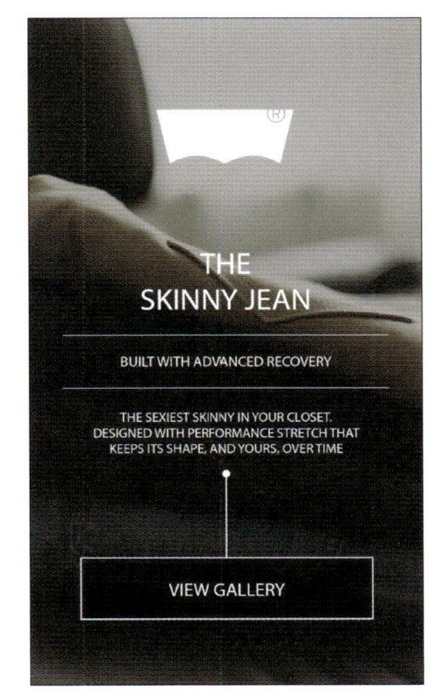

05

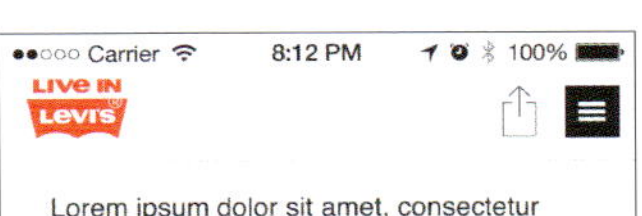

06

07

08

Levi's Mobile App

www.behance.net/gallery/17575915/Levis-Mobile-App

リーバイスの20周年記念イベントのクライアントプロジェクト。過去20年間のリーバイスの南アフリカにおける旅のストーリーに、ユーザーがアクセスできるようデザインされている。メインメニューから目的のエリアを選択するだけで、より多くの情報を見つけることができる。

01　写真をメインに用いたグリッドレイアウトとタイポグラフィで、アプリ全体に一貫したトーンを与えている
02-04　周年ロゴや、カテゴリーのロゴ
05　リーバイスの記念イベントやストアに出席した場合には、毎月さらに多くの情報と特別な商品が提供される
06　旅のストーリーを読むことができるメインコンテンツ
07-08　ブランドのクオリティを表現するため、メニュー内にも写真を配置

01

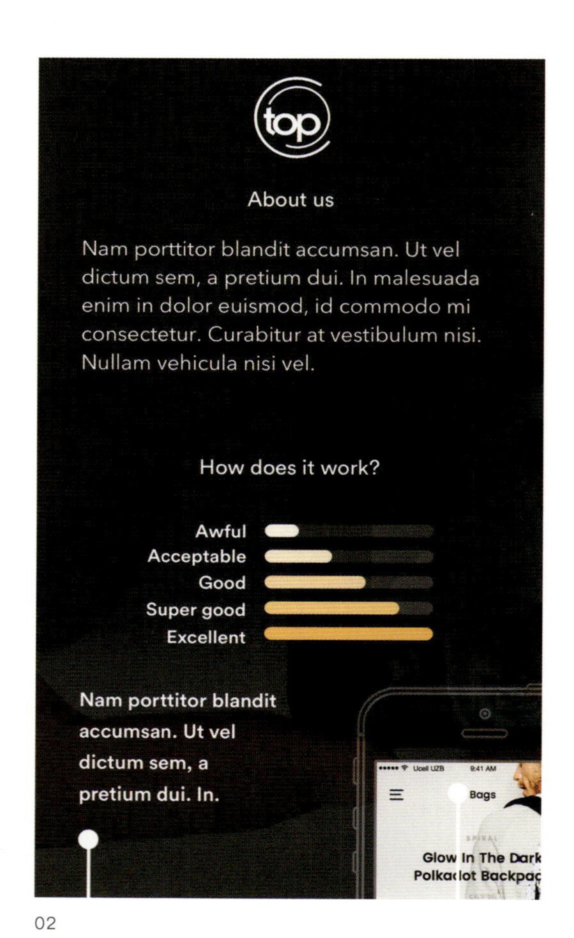

02

26 __ 写真を引き立てる構成要素により、料理の魅力を伝える

料理の写真を引き立てる、引き締まった黒の背景が印象的な、レストランのレビューサイト。文字やタグなど必要な情報を写真上に構成した大胆なレイアウトで、とにかく写真を主役にする。写真の比率に左右されないよう、PC での表示は柔軟なリキッドレイアウトに。ネオンのように光る、目を引くバーにより、食事がランク付けされている。

Designer: Jana de Klerk

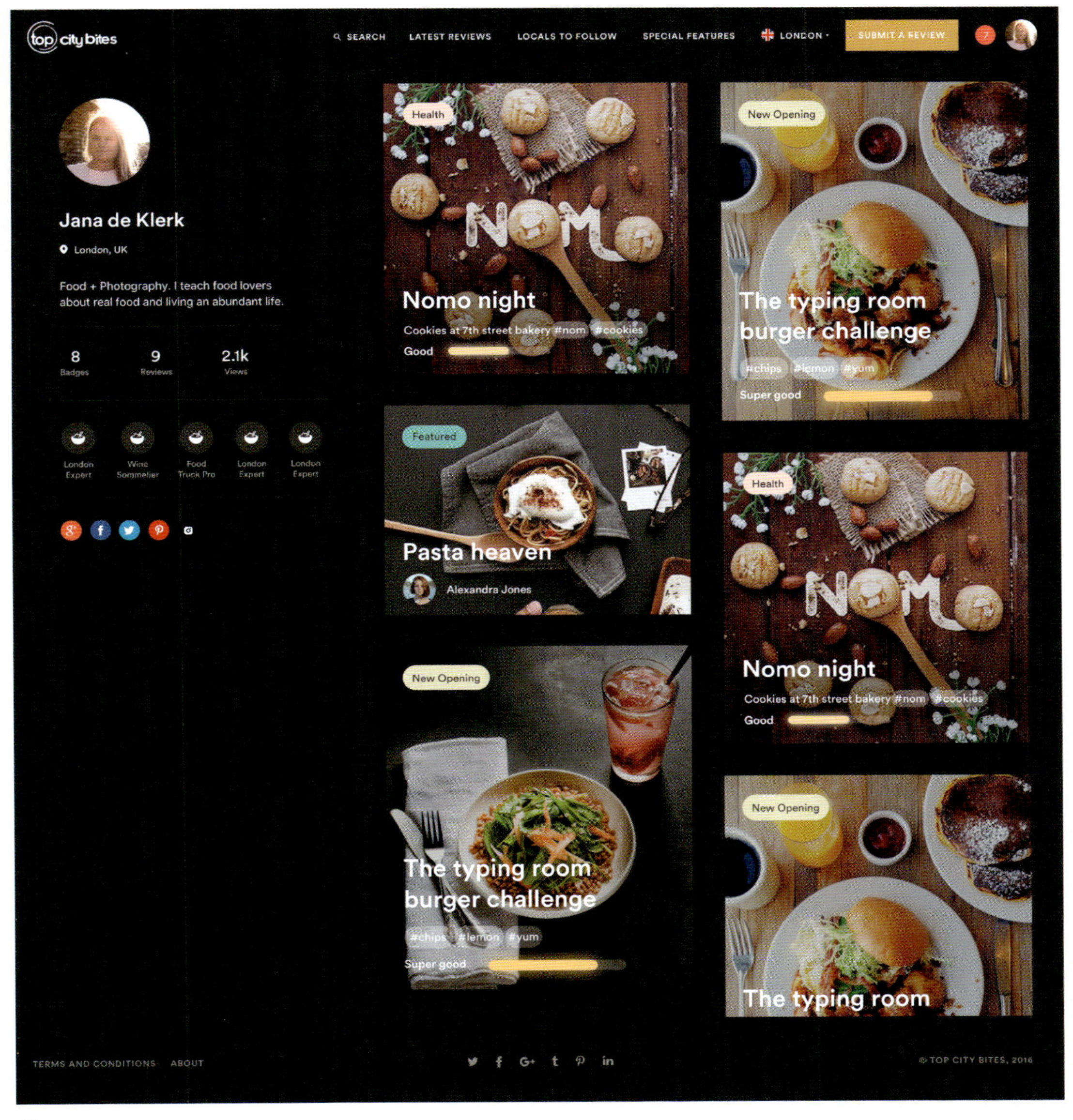

03

Top City Bites

www.behance.net/gallery/49524279/Top-City-Bites

世界中の都市にあるレストランを見つけるのを手助けするために作られた、スタイリッシュなレスポンシブウェブサイトのデザイン。地元のレビュアーたちが投稿した100万ものレストランの情報から、どの地域にいても最高の食事を探し出すことができる。

01　スマホでは1枚の写真を大胆に使用したレイアウト。画面内に1コンテンツが表示されており、スワイプで閲覧していくようになっている
02　一般ユーザー向けに採点の基準などを解説するページ
03　PCでの表示はリキッドレイアウトをベースにしている

01

02

27 __ 驚きのある動きにより、シンプルさにアクセントを加える

実生活でのビジネスマナーに沿うようフォーマルにデザインされたUI。表示されるプロフィールは名刺を模したシンプルなデザインで、相手の名前や会社名、肩書を、統一感のある並びで確認できる。プロフィールの閲覧や画面遷移に工夫を凝らした動きを導入。驚きのある動きにより、全体のクオリティ感を崩さずに、飽きのこないつくりにしている。

Designer: Cuberto

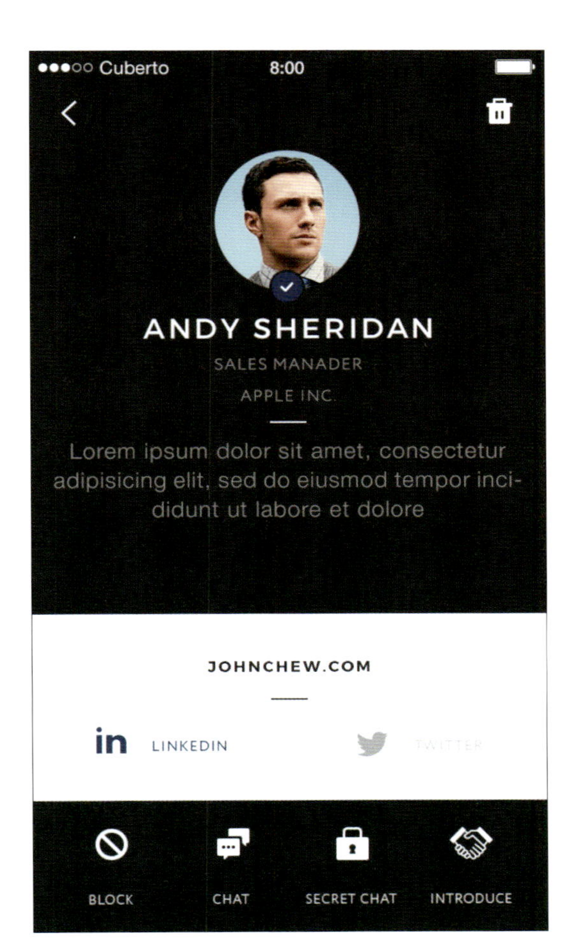

03

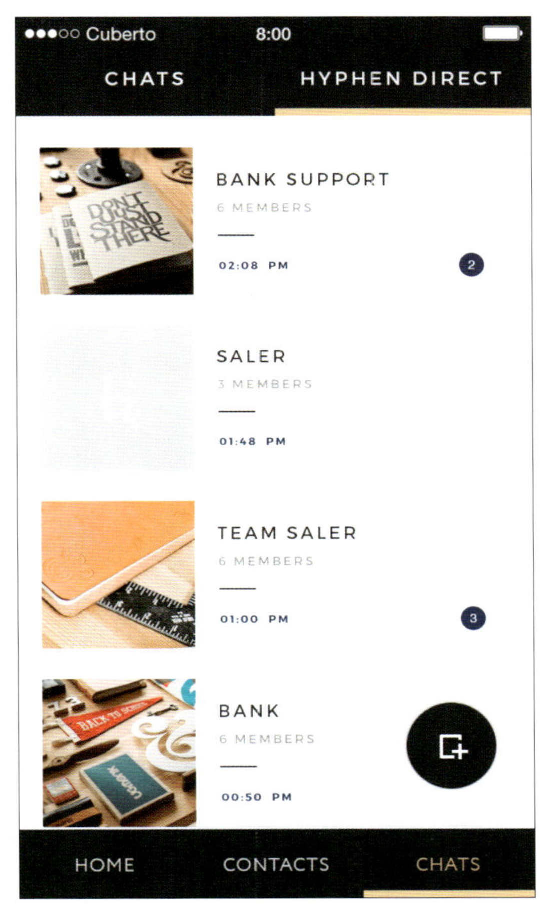

04

hyphen

cuberto.com/projects/hyphen/

ビジネスコミュニケーションに革新性をもたらす拡張型メッセンジャー。所属するチームと個人両方のアカウントを所有することができ、相手連絡先の素早い検索とシームレスなメッセージ交換が可能に。個人の情報は名刺型のデザインで表示され、オンラインとオフラインの境目を繋ぐ役割を果たしている。

01　名刺のデザインを模したホーム画面。メインの機能にアクセスするためのアイコンが並ぶ
02　チャットでは、暗号化をはじめバラエティ豊かな機能を使用できる
03　プロフィール画面には、SNS 上のユーザーの情報を表示するだけでなく、チャットなどのやり取りをするための導線を設置
04　カード型の UI が美しく並ぶチャットルーム

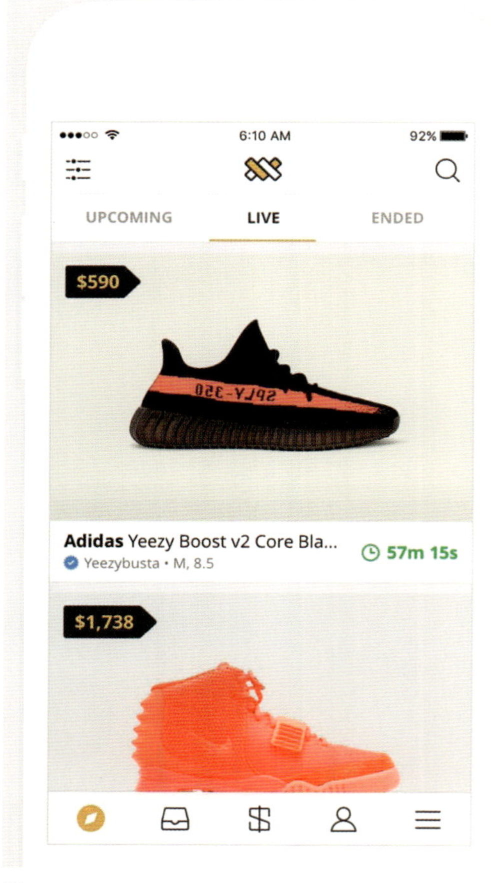

01

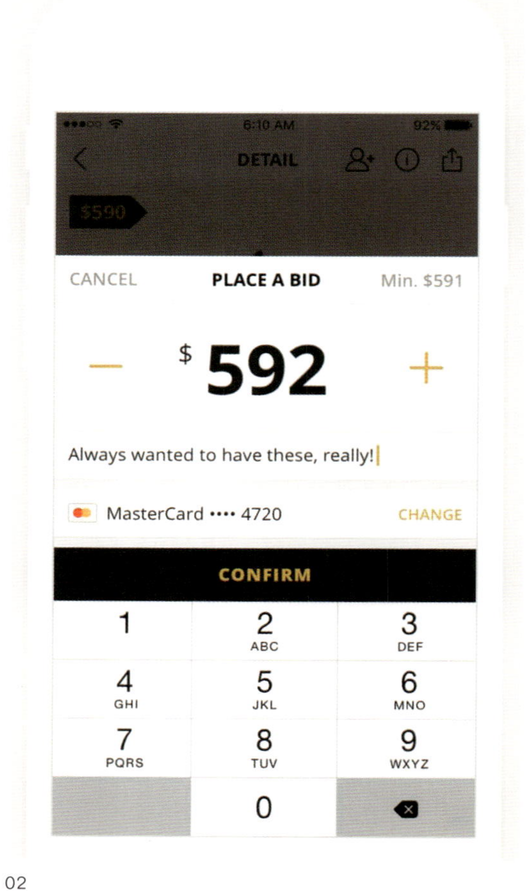

02

28 __ 入札者と出品者の円滑な取引をアシストする

出品商品の画像を中心に据えたホーム画面は、余計な情報を廃したスタイリッシュなデザイン。各商品ページでは、価格やサイズ、コンディションといった細かな項目が横スクロールで設けられているので、自分から探すことなく、必要な情報を一目で確認できる。また、スムーズな取引のために、出品者と入札者はチャットを行うこともできる。

Designer: STRV

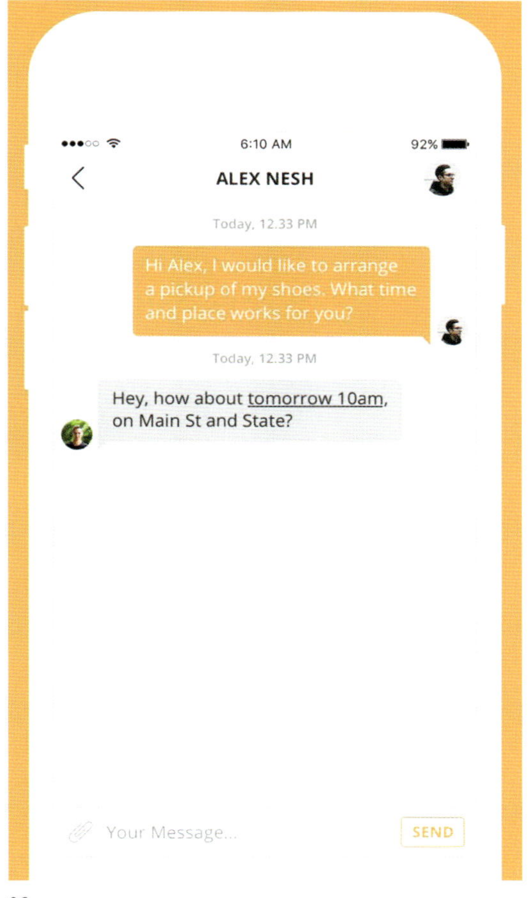

03

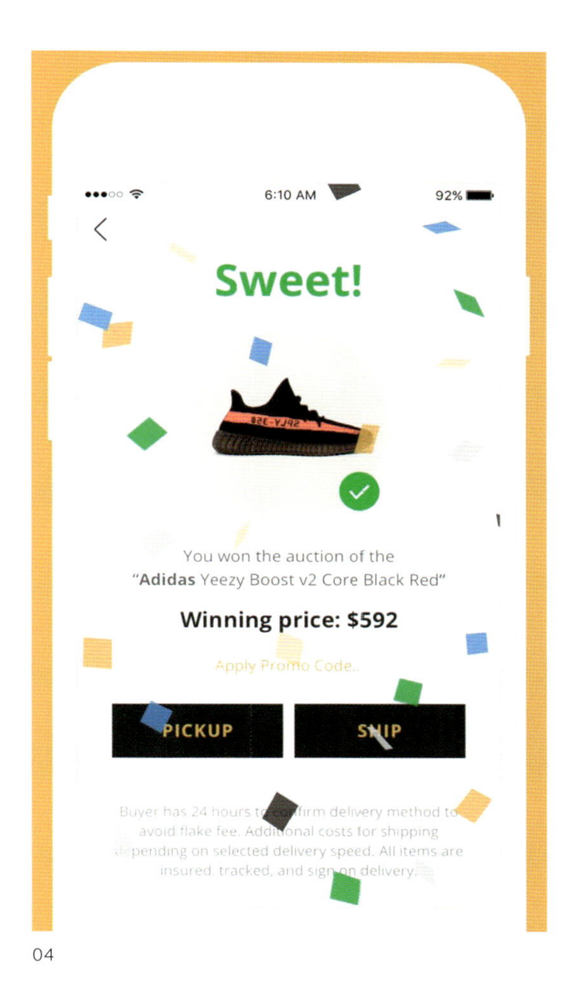

04

FLIP

www.strv.com/our-work/flip

人気の限定スニーカーを手に入れるためのオークションサイト。売り手が素早く商品をマーケットに出品し、買い手がリーズナブルな価格で購入することができるプラットフォームの必要性に応えて開発された。オークションの掲載時間は90分に設定され、迅速かつ適正な価格でのやりとりを行うことができる。

01 スニーカーのラインナップが並ぶ。金額とともに、残り分数が表示されている

02 落札金額を記入する画面。＋ボタン、ーボタンで金額を上げ下げすることもできる

03 チャットで出品者とスムーズなやりとりが可能

04 お祝い感満載の落札画面。スニーカーを手に入れる行為が、よりワクワクする体験となるよう演出されている

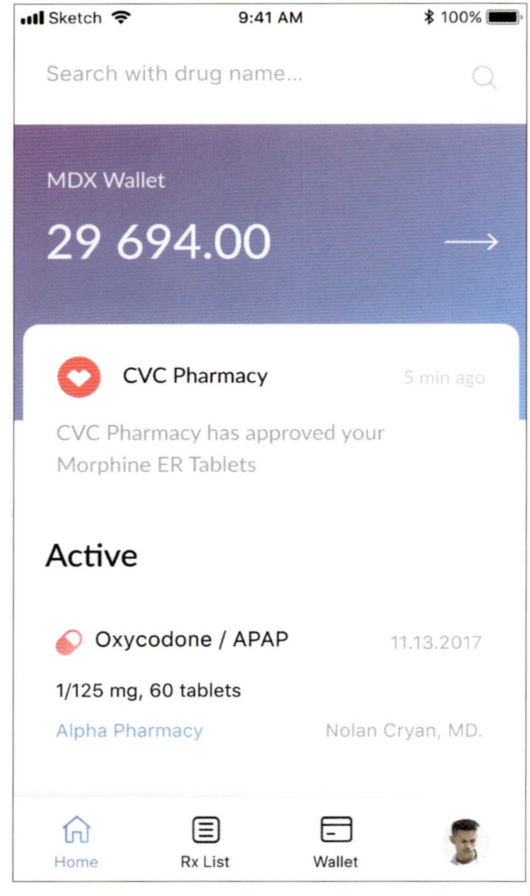

01

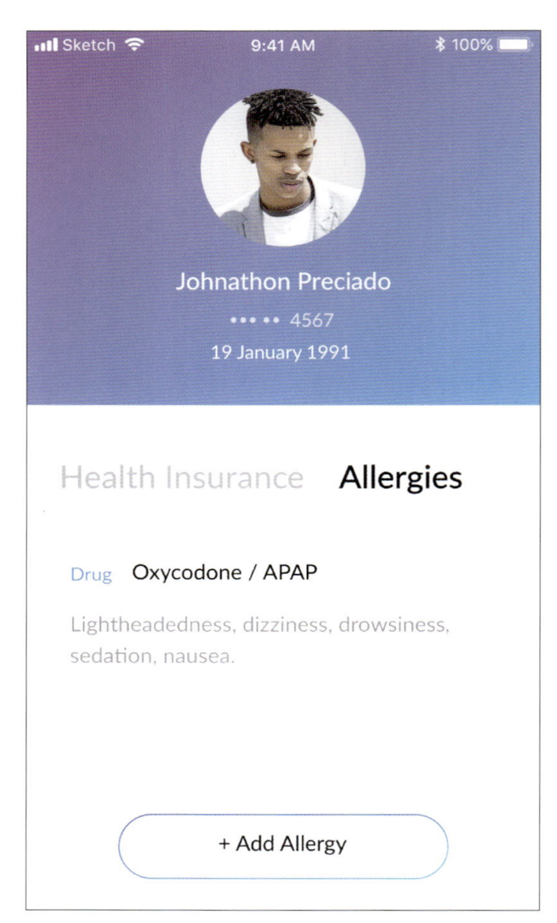

02

29 _ ユニバーサルなデザインで、多様な関係者に対応する

患者や医療関係者の間で、処方箋の情報を共有するブロックチェーンの技術を用いたレスポンシブWebとモバイルアプリ。多様な関係者が使用するという特性に焦点を絞り、基本的なモバイルアプリのデザイン原則を踏襲。可読性、アクセシビリティに優れたユーザーエクスペリエンスとなるよう明快にデザインされている。

Designed by Awesome Design LLC

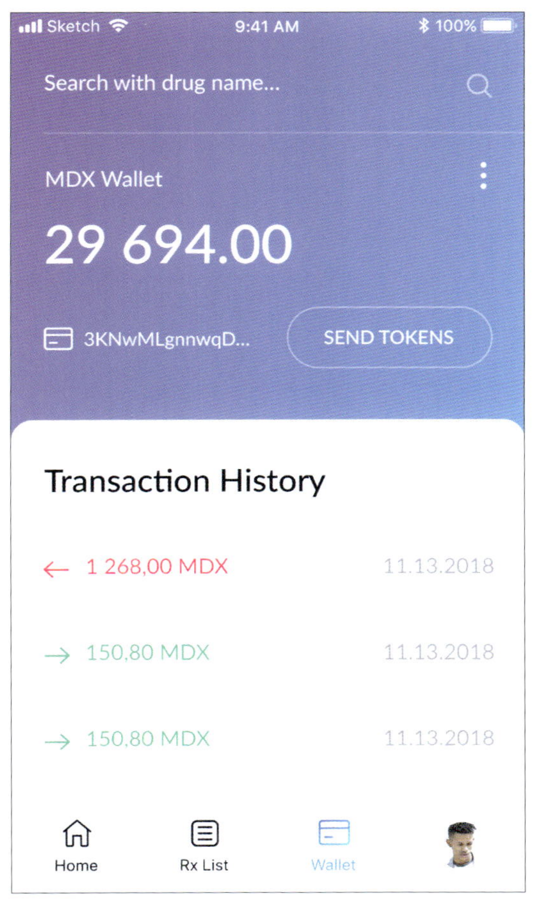

03

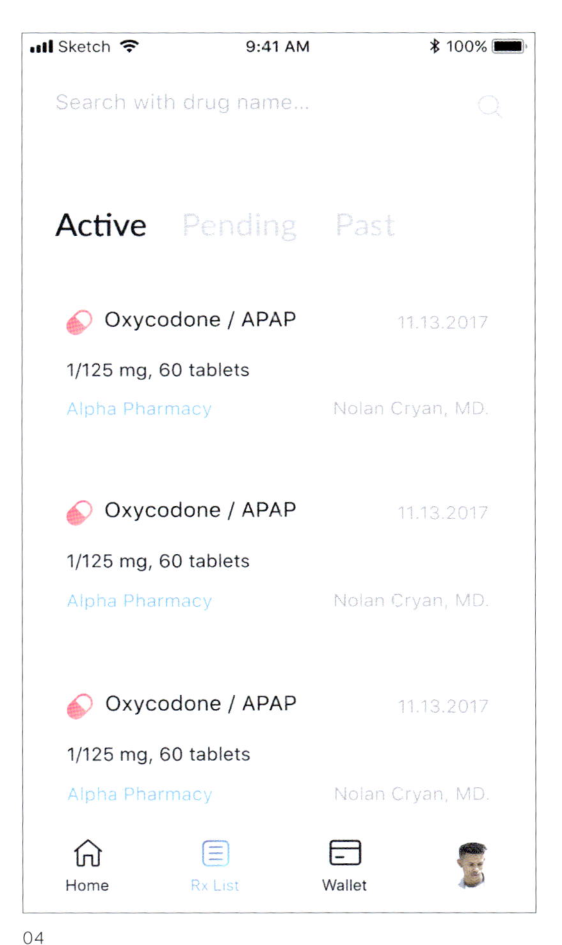

04

Blockmedx
blockmedx.com

米国および世界各地で鎮痛剤オピオイドの乱用を終わらせることを目指したブロックチェーンソリューション。 医師から薬剤師、患者という3者が処方された処方箋を管理するための安全な電子処方プラットフォームを構築している。

01 ホーム画面には、仮想通貨トークンの保持金額と、処方された薬の記録が記載される。また、患者の病歴と処方箋の記録はブロックチェーンに保存され、医療関係者に共有される。患者がアクセスを許可すれば、研究者は医療研究のためのデータを受け取ることもできる
02 プロフィール画面。アレルギー保持者はその情報を加えられる
03 Wallet 画面。保持している金額の合計と、使用履歴が表示される
04 Rx List 画面。処方された薬の履歴が表示される。リアルタイムに処方されているものだけでなく、中断中のものや過去のものなども閲覧が可能

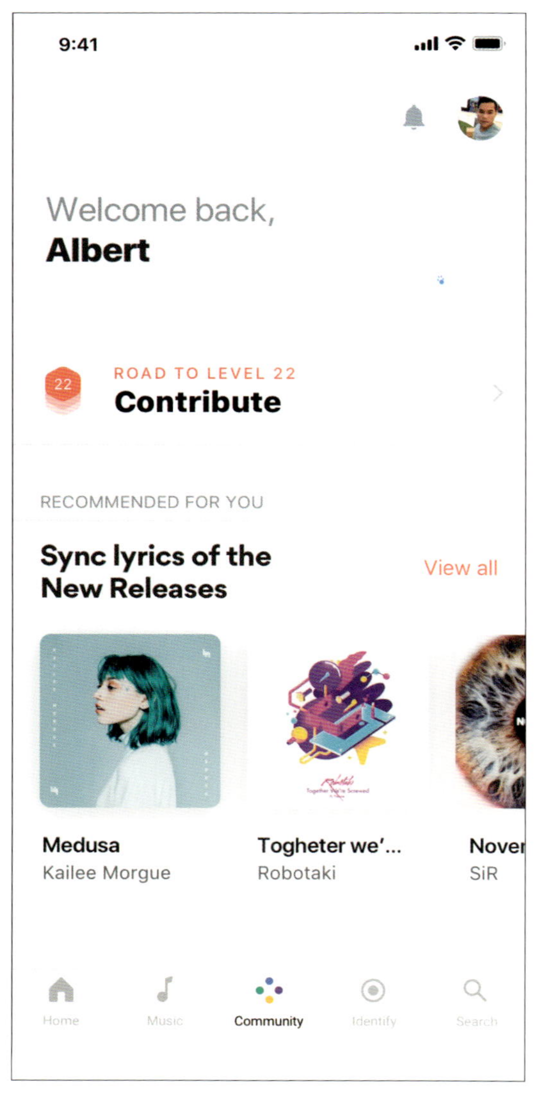

01

02

30 _ グラフィカルなUIが、シンプルな機能に魅力を与える

歌詞を表示するという、アプリのシンプルなコンセプトと機能性に合わせ、文字による説明は最小限に留められている。その代わり、グラフィカルなアイコンで構成された UI で視覚的にアプリの機能をユーザーに理解させる。気軽にタップやスクロールをしていく中で、ユーザーはアプリの持つ利便性と魅力に引き込まれていく。

Created by Musixmatch

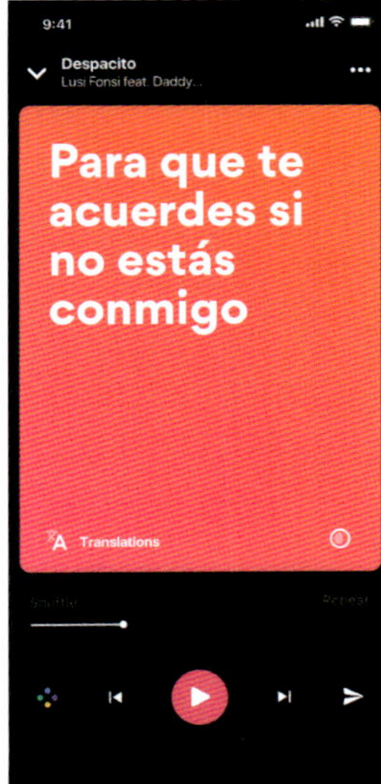

03

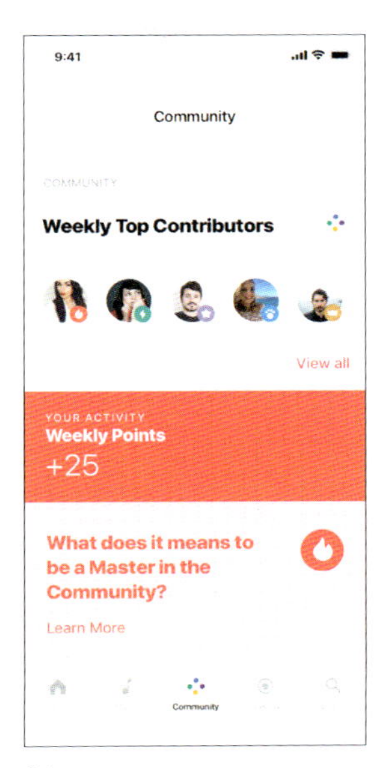

04

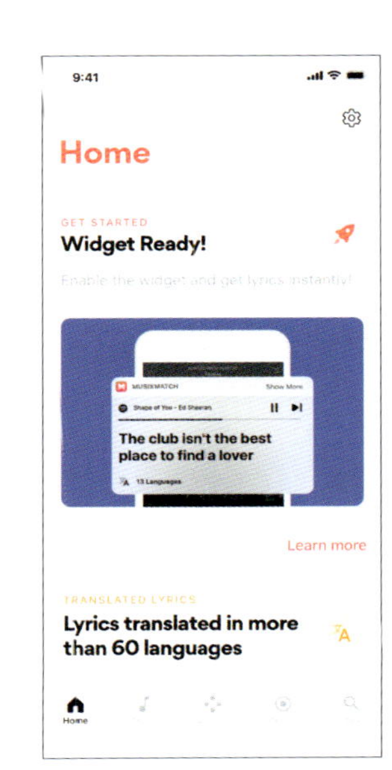

05

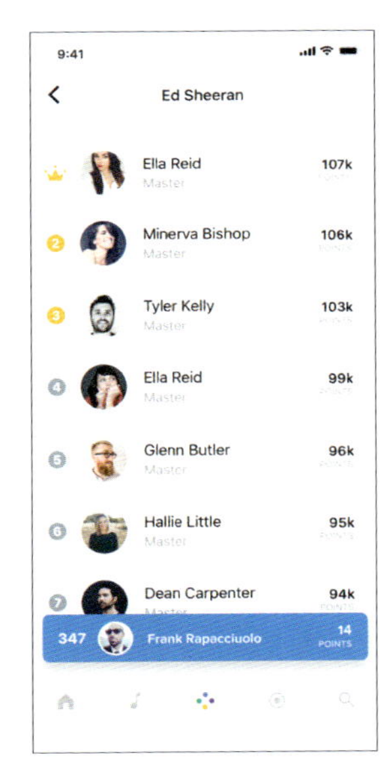

06

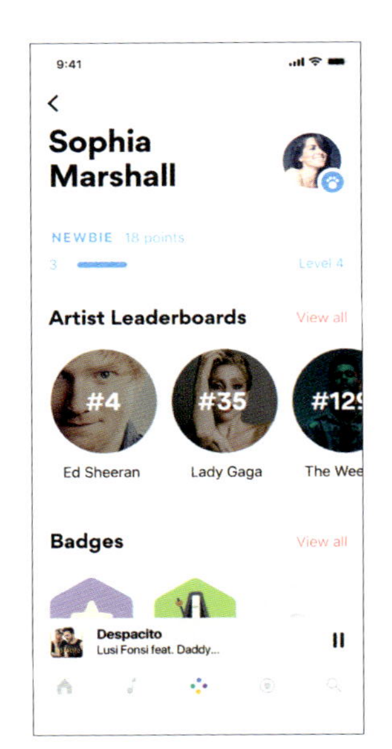

07

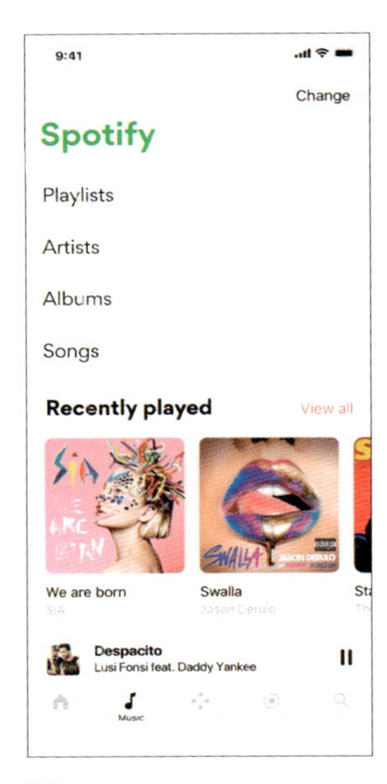

08

Musixmatch

dribbble.com/shots/4185206-Musixmatch

スマートフォンのミュージックプレイリストを再生すれば、その曲の歌詞が表示されるというシンプルなアプリ。世界各地のユーザーにより翻訳された様々な国の歌詞が表示され、カラオケのように曲に合わせて歌詞が流れる機能もある。アプリを利用して、みんなで歌って楽しむという体験も可能になっている。

01　翻訳や歌詞のシンクなどを行うことでコミュニティに貢献できる
02-03　シンプルだがポップさのある歌詞の表示画面。グラフィカルな表示が可能になる有料版も購入できる
04　参加のモチベーションを高める貢献者のランキング表示
05　様々な機能やコンテンツにアクセスできるホーム画面
06　アーティスト画面内のユーザーのランキング
07　取得したバッチなどが並ぶプロフィール画面。歌詞を投稿したり翻訳するとポイントを貰え、レベルを上げていくことができる
08　Spotify などのサービスにもリンクされている

31 _ ユーザーのウェルビーイングのためのUI/UX

文・ドミニク・チェン

この10年間でウェブサービスやスマホアプリは、わたしたちが日常のなかで情報と触れるインターフェイスとして一層の普及を果たしてきた。インターネットを経由してニュースを読んだり、友人とメッセージを書き合ったり、買い物をしたり、旅行を計画したり。生活のあらゆるシーンでスマホと触れ合うようになった現在、サービスデザインという領域はさらに成熟しようとしている。それは、ただユーザーの注意を効率的に惹き付け、短期的な収益効果を最大化しようという単純なビジネスロジックから脱して、サービスがユーザーに対して与える心理的効果を考慮し、そのウェルビーイングに資するデザインを行おうという動きである。

わたしは株式会社ディヴィデュアルという会社を起業し、PC用からスマホ用のものまでさまざまなサービスを開発してきたが、その途中で自分の作っているサービスがユーザーの人々に与える心理的影響を深く考えるようになった。そのなかで、2017年1月に『ウェルビーイングの設計論：人がよりよく生きるための情報技術』(ビー・エヌ・エヌ新社)という翻訳書の監修に携わり、以来はウェルビーイングに基づいたテクノロジーの設計指針に関する研究を行っている。ウェルビーイング(well being)とは、身体的な健康とは別の、精神的な健康を示す概念で、「幸福度」や「充実度」といった単数の指標ではなく、複数の構成要素があるという考えに基づいてる。

この背景には、IT業界のなかで起こった数々の問題がある。グローバルなものでは、Facebookが行った感情伝染の実験が有名である。同社は2014年に、60万人以上のFacebookユーザーに対して、ユーザーの同意を得ずにA/Bテストを実施した。Aグループにはネガティブな情報を一定期間見せ続け、もう片方のBグループにはポジティブな情報を見せ続けた結果、前者のユーザーたちはよりネガティブな、後者のユーザーはよりポジティブな投稿を行うようになった。これは、サービスを支えるアルゴリズムの設計者や、そのロジックを熟知するデザイナーが、恣意的にユーザーの心理を操作できることを端的に示した事例だと言える。ちなみにこの実験を事後に知らされたユーザーの一部はFacebook社に対して集団訴訟を起こしたが、広告主たちには実験結果が同社の技術力の高さを証明する効果を示した。

日本国内でも、DeNA社によって運営されていた医療情報のキュレーションメディアWELQが、SEOとPV最大化に努めるあまり、医療的には正しくない情報までをも取り込むようになり、その結果としてGoogle等の検索エンジンの上位に誤った医療情報が表示される事態を招いた。これは端的に、WELQの登録ユーザーだけではなく、インターネットユーザー全般に潜在的な健康被害を撒き散らす状況を引き起こし、多くの批判を経た後2017年には閉鎖に追い込まれた。

こうした事例に共通しているのは、サービス運営者がユーザーの行動を自分たちの収益のために恣意的に操作できる、という発想である。このよ

ORGANIC

LEED CERTIFIED

...TIME WELL SPENT

トリスタン・ハリス氏のTime Well Spent
出典：http://www.tristanharris.com/tag/time-well-spent/

ドミニク・チェン
博士(学際情報学)、早稲田大学文学学術院・准教授。NPOコモンスフィア(クリエイティブ・コモンズ・ジャパン)理事、株式会社ディヴィデュアル共同創業者。IPA未踏IT人材育成プログラム・スーパークリエイター認定(2009)。NHK NEWSWEB第四期ネットナビゲーター(2016年度)。2016〜2018年度グッドデザイン賞・審査員。2015年、2016年と連続でApple Best of AppStoreを受賞。

うな考え方に基づいている限り、同様の問題の発生は防げないと言えるが、同時にサービスデザインそのものがより良い方向に発展する好機であるとも言えるだろう。

米国のCenter for Humane Technologyという組織を運営するトリスタン・ハリス氏は、Googleでデザイン倫理を担当しているときに、ユーザーのサービス上の滞在時間(Time Spent)というKPIにウェルビーイングの考えを当てはめてTime Well Spent(良質な滞在時間)という概念を打ち出した。Time Well Spentの発想に基づくと、サービス上の滞在時間そのものを減らし、サービス外の物理世界でユーザーがより良い時間を得られたかということにまで考慮が及ぶ。たとえばCouch Surfingという旅先のホストとゲストをマッチングするサービスでは、良質な時間とは実際にホストとゲストが物理的に一緒に過ごした時間から、サービス上で費やした時間を引き算した時間、として定義されている。ハリス氏は、有機栽培食物や環境に配慮した建築物のように、良質な時間を提供することを考慮してデザインされたサービスにも第三者機関が認証を与えられるようにすべきだと主張している。

ユーザーのウェルビーイングを前提にしたサービスデザインでは、UX設計において、表面的なグラフィックデザインと、サービスのビジネスロジックが、技術的なスキルでは分業しつつも、サービスを統合するビジョンとしてユーザーのウェルビーイングを向上するのだという共通理解を築き、より深いレベルで連携する必要が生まれる。『ウェルビーイングの設計論』では、その議論を行うための心理学や行動経済学の理論を紹介しているので、興味のある方にはご一読いただければ幸いである。以下で、わたしが開発に関わってきたサービスにおいて、ユーザーのウェルビーイングをどのように捉えてきたのかということを述べよう。

心の相互ケアコミュニティ

リグレト

リグレトは2008年9月から2017年1月までディヴィデュアル社によって一般提供された日本語の匿名Webコミュニティだ。ユーザーは、直近で苦痛に感じたことを短文で吐露したり、他者の告白に対してやはり短文で慰めのメッセージを送る。慰められたと思ったユーザーは、メッセージの送信者たちにクリックの回数に応じて感謝の念を送り、それと同時に告白のメッセージは消滅する、という仕様になっている。

リグレトにおいては匿名性を徹底することによって、ユーザー同士が互いの社会属性(性別、年齢など)を気にすることなく、無分別に慰めのメッセージを送ることができた。実際に最も活発かつ定常的に利用していたユーザーは、苦痛を告白する人ではなく、他者に慰めのメッセージを書く人たちだった。慰めに対して感謝が送られる時、メッセージの送信者たちは、自分が励ましたユーザーのウェルビーイングに寄与できたことを実感することができる。メッセージを受けた側のユーザーは、ネガティブな自分の状況を、励ましのメッセージによって乗り越えられたことを、感謝の念をポイントとして送信することで実感するという効果があると言えるだろう。

親密な視覚共有ツール

Picsee

Picsee（ピクシー）はディヴィデュアル社によって2014年12月から2017年1月まで一般公開されたiOS専用アプリである（Apple Best of AppStore 2015受賞）。「家族や友人とカメラを共有する」というコンセプトで、親しい人間同士で作るグループの中でシャッターを押した瞬間に相手に写真が共有される。写真を受け取ったユーザーは、写真の好きな箇所をロングタップすることで注目を返したり、写真の上にコメントを書き合ったりできる。

Picseeでは、用事はないけれども、自分が今観ている光景を分かち合いたい人に見せる、というビジュアル・コミュニケーションが行われた。不特定多数のユーザーに何らかの社会的価値のある画像を見せるInstagramやTwitterと違い、Picseeではプライベートな間柄で、ピンぼけした写真や他愛のない写真が共有されたのだ。共有の対象を限定することで、送る方は特定の人のことを思い出しながら写真を撮り、受け取る方は相手がわざわざ自分（たち）のためだけに写真を撮ってくれたという「思い遣り」の伝達が起こる。また、写真が消滅するSnapChatと異なり、Picseeではグループ内に写真がアーカイブされていくので、乳幼児のいる家庭で親子の記録を保存したいという欲求を満たすのと同時に、遠方の祖父母にも孫の写真を届けるということができる。

Picseeの副次的な効果として、時として無言の（テキストを介在させない）画像の応酬が高密度で続くと、相手の世界の見方に影響されてくるということがある。例えば、コンクリートを突き破る小さい雑草が好きな友人から何気なくそのような写真が送られてくると、受け取る方も次第に道端の路肩に目を遣るようになり、その写真を送り返す。相手の主観的な世界認識の中に入り、自己の一部分として取り込むという融和のプロセスが生じると言えるだろう。

フィルターバブルをつなげるコミュニティ

シンクル

シンクルはディヴィデュアル社とFringe81社が共同開発し、2016年2月から2018年8月現在に至るまで運営を続けているiOS（Apple Best of AppStore 2016受賞）／Androidアプリだ（2018年7月にはキメラ社にサービス譲渡された）。コンセプトは「好きで話せる、好きが広がるコミュニケーション」で、ユーザーが持つ偏愛をトピックとして投稿すると同好の士が集まり、ポジティブな会話を楽しめるというものだ。

シンクルはレコメンデーションと匿名性を両立するシステム設計が特徴的である。個人情報やWeb閲覧履歴は一切取得せずに、ユーザーが能動的に「これが好き」というトピックを投稿すると、その情報を基に、ユーザー同士のシンクロ率という指標を計算し、シンクロ率が高いユーザー同士に互いの参加していないが熱量の高いトピックを提示する。もともとTwitterで趣味に応じて複数アカウントを運用するユーザーが多いことに注目し、素性が分からないように徹底して匿名性を高めながらも、フォロー・フォロワーという人為的なつながりではなく、必然的なつながりを実現するという目的があった。この機構によって、シンクルにおいては自他の境界線が曖昧になり、好きな趣味の情報共有に専念できる。ポジティブな話題提供がルール化されているため、同じトピックの参加者同士はパブリックな自己イメージに気を遣うことなく好きなことに没頭できるという意味で、他のSNSと比較した時の自由さがある。それぞれの場において既に同じテーマを愛好しているユーザーしかいないので、自身の偏愛の表明が他者にとっても好まれるという循環が生まれる。また、シンクロ率の高いユーザーの行動から自分の知らないテーマがレコメンドされてくるので、自然と興味の範囲が広がり、多様な偏愛の存在を受け容れられるようになるよう意図されている。

ウェルビーイングとUI/UXのこれから

以上、筆者が開発してきた3つのサービスの中で、それぞれの設計がユーザーのウェルビーイングに寄与していることをどのように観察できるかということを見てきた。当然ながら、この観察にはまだ多分に主観性が混ざっているものであり、より客観的な記述が必要であることは言うまでもない。それでも、ユーザーのTime well spentがどのようにサービス設計者によって企図されうるのかという議論の萌芽として読んでいただければ幸いである。

そして、同様の観察はどんなSNSやコミュニケーションツールに対してでも適用できなければならないだろう。そのためには、共通のユーザーによる主観評価のフォーマットやアクセスログだけにとどまらない、ユーザーがシステムを利用する際の生体情報の推移を計測することにより心理状態を推定する方法などが必要となってくる。

今日の情報サービス設計はこれまでになく強力な影響を人々に与えるようになり、だからこそ問題と可能性の両方が浮上してきているのだと言える。問題への対応として、デジタルデバイスを遮断するというような極端な技術の否定にも、「いずれ人間が技術に適応するだろう」という工学的な楽天思考にも陥らないように注意しながら、個人から社会のレベルにおけるウェルビーイングに資する情報技術の設計のために必要な議論や考察はまだ膨大にある。それでも一番重要なことは、ユーザーも設計者も意図しないような状況を回避するために、これまで設計者が優位であった状況のなかにユーザーの声なき心の声をいかに効果的に取り込めるかという技術的課題だといえるだろう。

（この記事は、日本ヴァーチャルリアリティ学会誌「心とVR―ポジティブコンピューティング」特集（2018）に掲載された「インターネットにおけるwell-beingの問題と日本社会における対応可能性について」に一部基づいて書かれた）

Analog & Comfortable

優しさと心地よさ

フラットデザインによる物質のメタファーからの解放を経て再び、アナログなテイストのデザインが見直されつつある。それは、行き過ぎたデジタルな質感への反動ともいえるだろう。単なる回帰ではなく現代の感性にフィットするスタイルを求めながら、デザイナーたちは次なる気持ちよさを作り出している。このパートでは、そんな優しく温かいトーン、心地よい質感を持つ事例を見せていく。

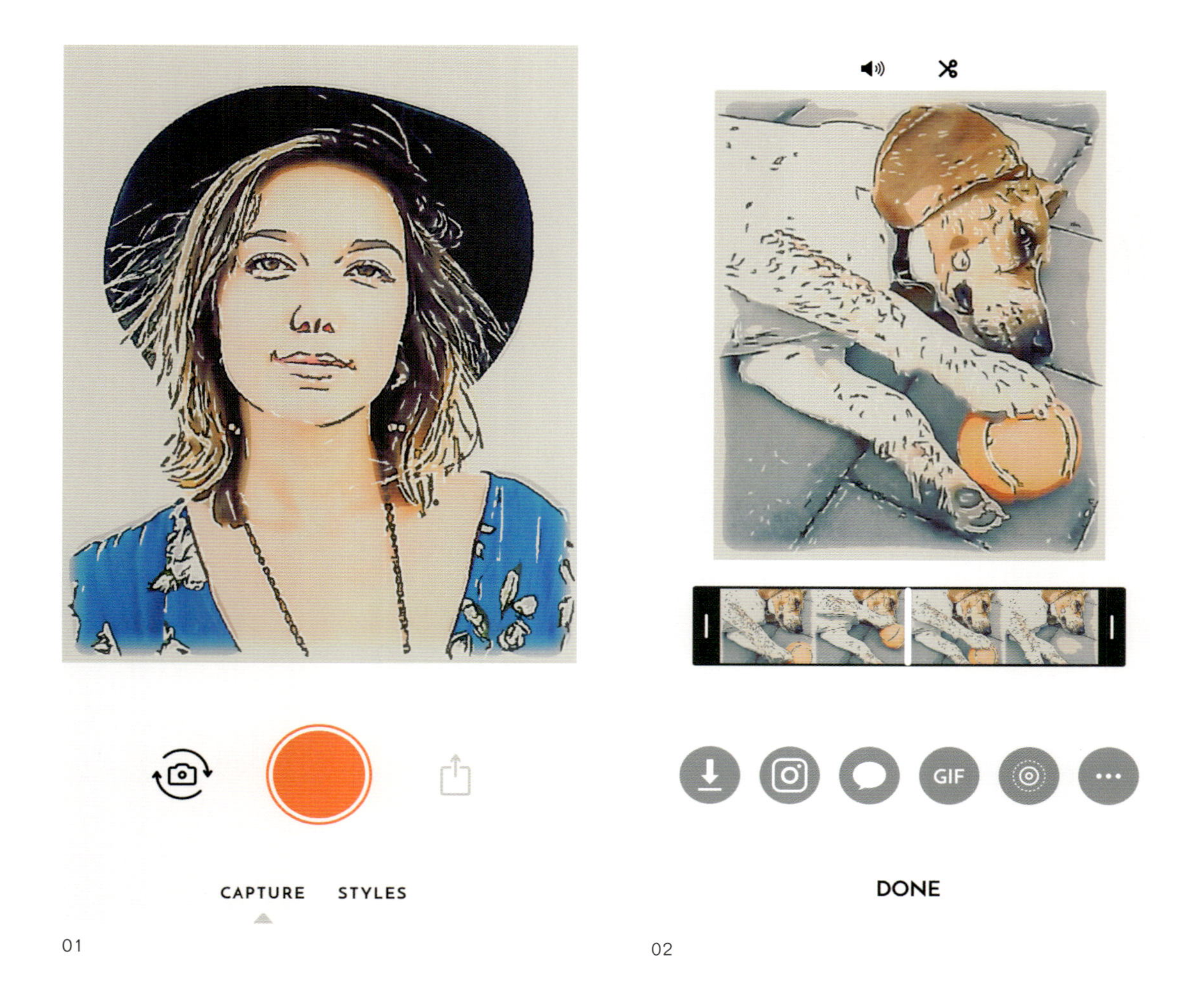

01

02

32 __ アナログとデジタルを横断する経験を作り出す

ペインティング風の効果をリアルタイムに適用する技術で、見慣れた世界がまるで本当に手描きで描かれたようなディテールとなる。自発的な楽しさを損なわないよう UI は極限までシンプルなものに。オイルペインティングというテーマに沿うよう、シンプルかつスタイリッシュでありながらどこか優しさを感じさせるテイストに落とし込まれている。

Created by Tinrocket, Published by Tinrocket

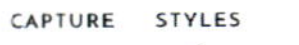

03

04

05

06

07

08

Olli

www.tinrocket.com/apps/olli/

日常の瞬間をイラストレーションや詩的なアニメーションに即座に変換する、静止画・映像作成アプリ。技術面で特殊な点は、キャプチャされた画像にフィルタを使用するのではない、という部分。アーティストが見たり描いたりする行為の模倣が、特許を取得したユニークなプロセスにより可能になっている。

01　撮影した動画や静止画が即座にオイルペインティング風のスタイルに
02　動画のトリミングを行うための画面
03-05　様々なペインティングのスタイルが用意されている
06　録画ボタン長押しで映像が記録できる
07-08　キャプチャした画像や映像は自動的にライブラリに保存される

GROWTH POINT　アプリは低価格だが、追加のスタイルが欲しい場合、アプリ内の購入オプションも用意されている。

01

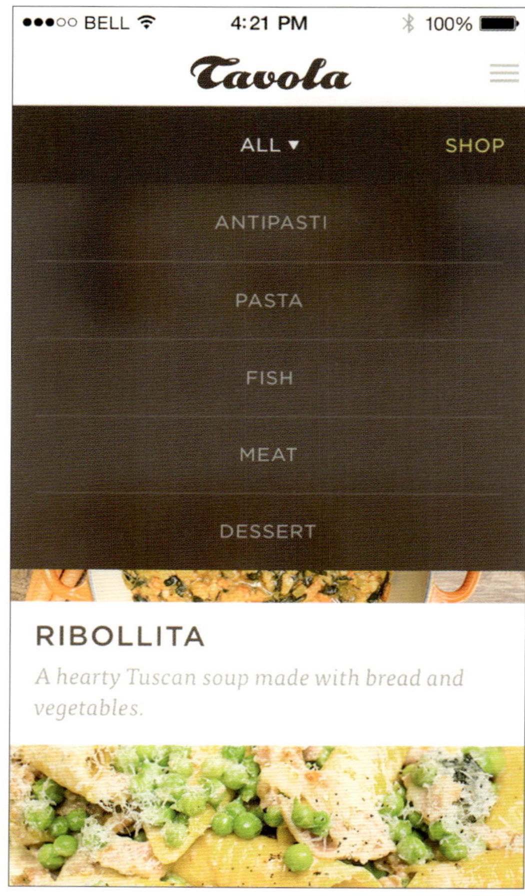

02

33 __ 雑味のないデザインで料理を引き立てる

アプリを立ち上げると彩り豊かなイタリア料理の品々が鮮明な写真で展開される。スクロール量を押さえるために大胆にトリミングされた横長のビジュアルが食欲を喚起する。レシピの主役となる料理を最大限に活かせるよう、アイコンや文字などの要素は抑制を効かせスマートに。考え抜かれた要素の配置により、雑味のないデザインとなっている。

Designer: Versett

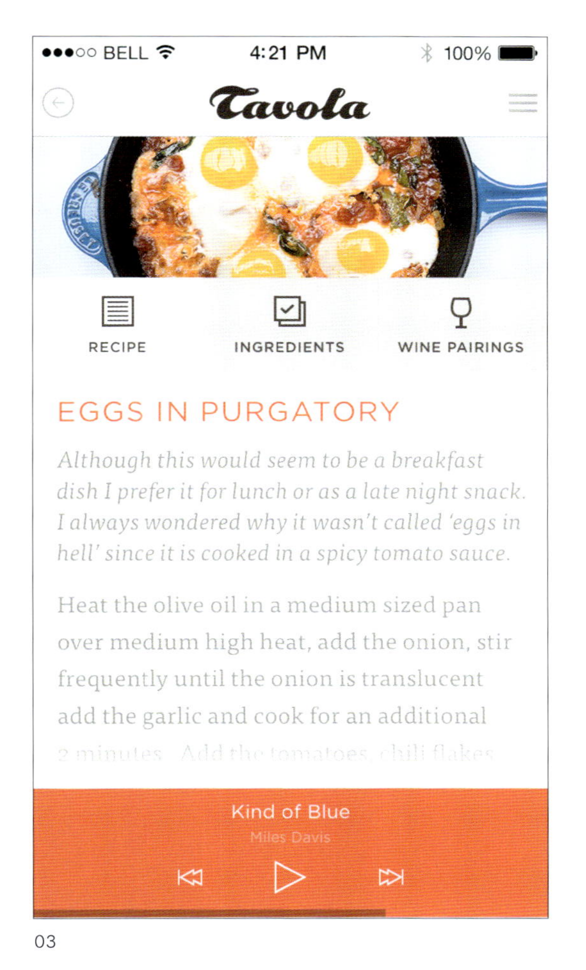

03

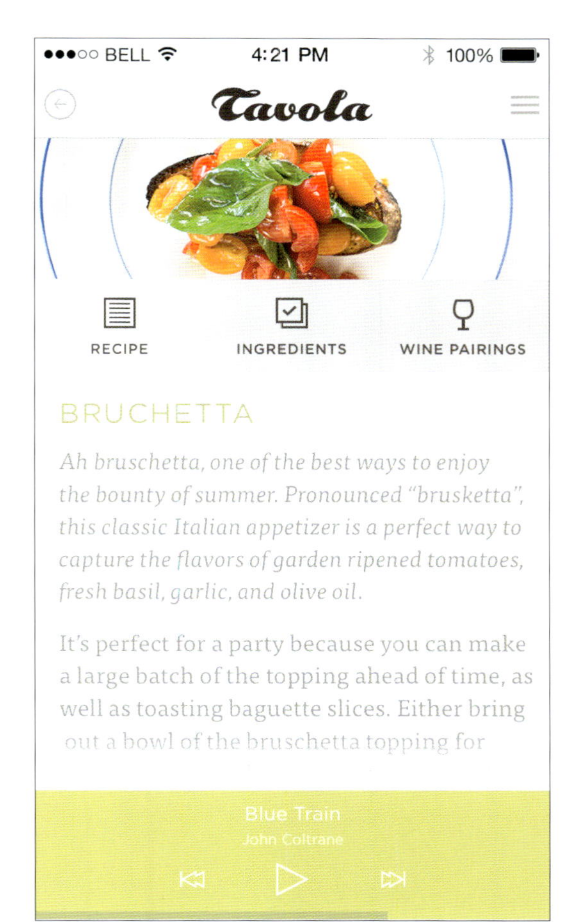

04

Tavola

versett.com/case-studies/tavola

定番のイタリア料理を鮮やかなビジュアルと的確な手順で解説するレシピアプリ。前菜からパスタ、魚、肉と一連のレシピを紹介。料理に合うワインを紹介するだけでなく、料理をイメージしたミュージックリストも聴くことができるなど、一般的なレシピアプリとは一味違う内容となっている。

01-02　料理の写真が並ぶメイン画面。セレクタにより表示をフィルタリングすることができる
03-04　料理にフィットしたカラーリングが印象的なレシピ画面。上部にあるタブを切り替えることで、その料理に関する様々な情報にアクセスできる。また下部には、その料理に合う音楽を流すラジオサービスへのリンクが設置されている

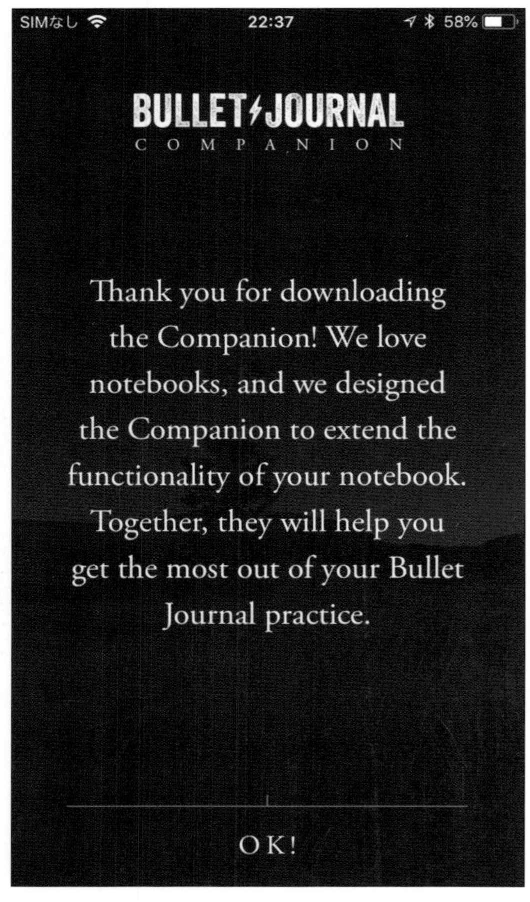

01

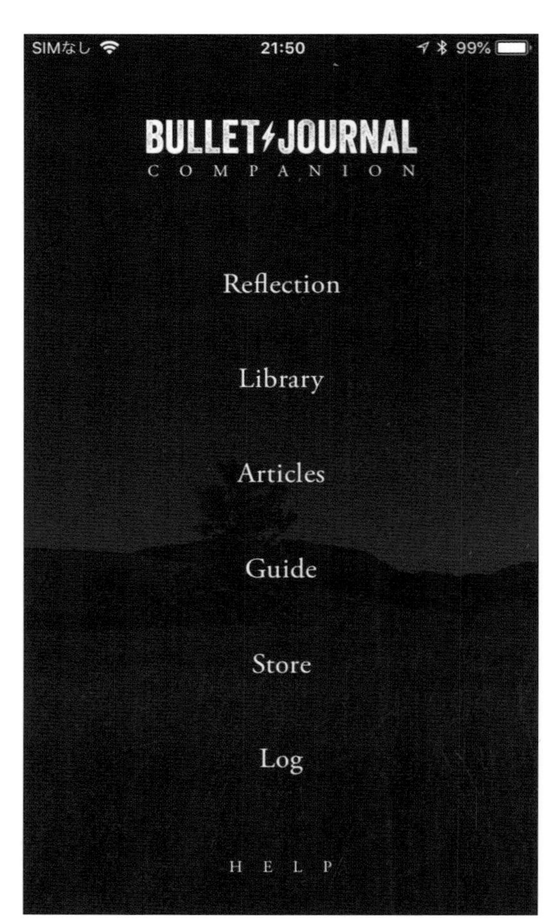

02

34 _ 印刷物の秩序と普遍性をアプリに導入する

印刷物を研究した成果だという、秩序と普遍性を感じさせるデザイン。機能面では、アプリを使用した後に実物のノートに戻るという使い方を想定。メモを付けることを促しながら、メモが数日で消えることにより、常にノートを適切な状態に保つことができる。このアプリはノートの代わりではなく、ノートの拡張となるよう作られている。

UX Designer: Ryder Carroll
Developer: Josh Leibsly, Martin Kahr

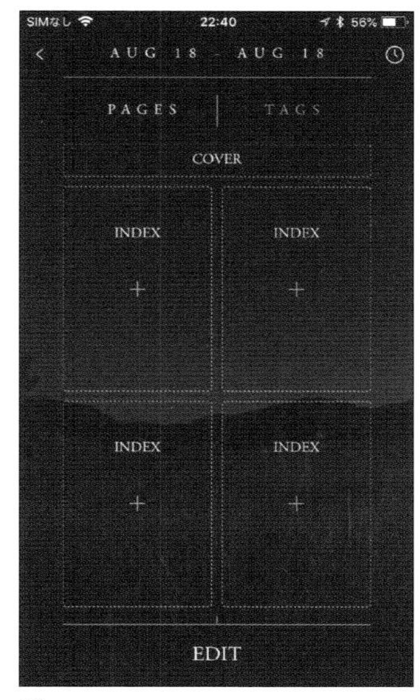

03

04

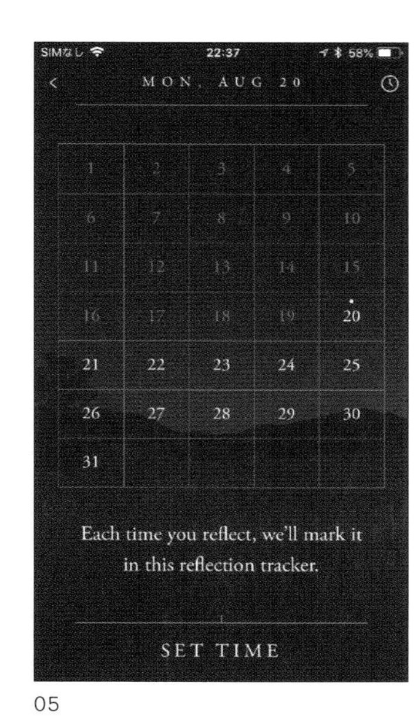

05

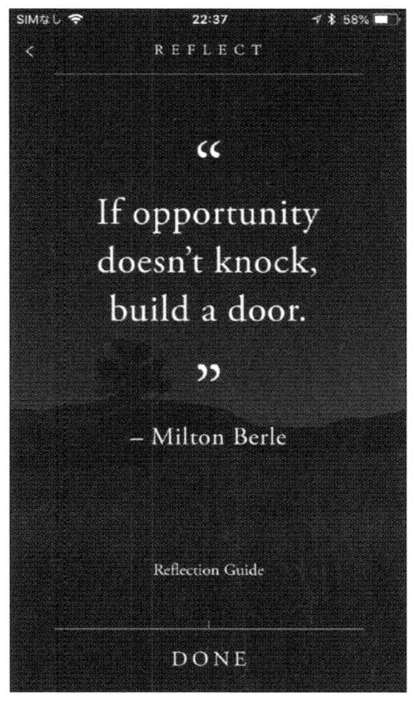

06

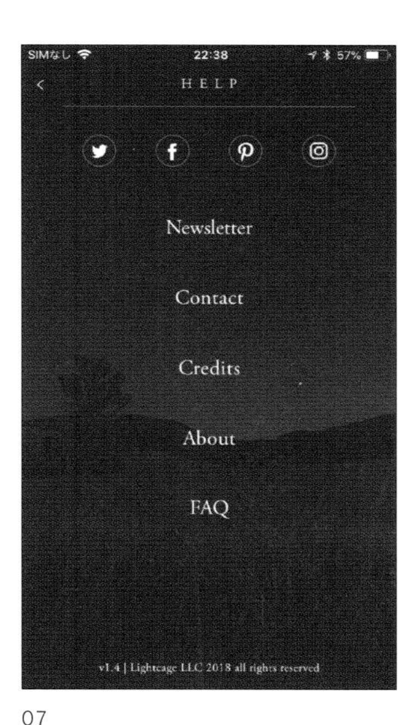

07

08

Bullet Journal

bulletjournal.com

バレットジャーナルとはノートを付けるための記法システム。タスク管理などの仕事のためのツールでありながら、そのマインドフルネスの手法によって人々が意識的に生きることを手助けする。このアプリは、ノートブックの機能を拡張し、デジタルとアナログの間のギャップを埋めるツールとして開発された。

01-02　スタート画面。振り返りを促す Reflection、ノートの目次を作る Library、ノートの使い方が掲載されている Guide といったコンテンツがある
03　Library では、表紙に加え、4 つまで目次を登録できる。プラスボタンをタップするとカメラが起動する
04　ノートから目的のメモを即座に探せるよう、タグを登録できる
05-06　決まった時間にノートの振り返りを促す機能。カレンダーに印が付いたり、名言の引用が表示されるなど、やる気を促す仕組みが施されている
07　シェアや FAQ などへアクセスするヘルプ画面
08　アプリから専用のノートブックも購入可能

35 _ 導線としての制約を作る

文・菅俊一

日常の生活の中にある「導線としての制約」

最近、新しい折りたたみ傘を買った。この傘は畳むと非常に細くなるように骨の構造が作られているため、カバンの中に邪魔にならずに入れておけるという機能が売りの商品なのだが、この折りたたみ傘を買って以降、とりあえず常にカバンの中に入れっぱなしにするようになった。その結果何が起こったかというと、毎日「今日傘を持っていかなければならないかどうか」を気にして判断するという必要が全くなくなった。

本当に小さな出来事ではあるのだが、毎朝、天気予報を調べて降水確率の変化（何時頃に雨が降るのか）を確認し、今日一日のスケジュールや持ち歩くであろう荷物の量と照合させて、傘を持っていく必要があるのかどうかを判断するということを、やっている。いつもはあまり意識はしていないが、こうやって書き出してみると結構なプロセスを経て、私は外出時の傘の持ち歩きについて判断しているということがわかる。単に「今日出かける時に傘を持っていくかどうか」を判断するのにも、これだけのプロセスが必要なのだ。

新しい傘を買い、小さく折りたたんでカバンにしまっておけるようになっただけで、これらのプロセスが一気に消失してしまった。とにかく雨が降ろうが降るまいが、いつも必ずこの傘を持っていくと決めてしまう。つまり選択肢を一択に固定させることで、傘を持っていくための判断をせずに済むようになった。

数年前にドラム式洗濯乾燥機を買った時にも、同じように判断のプロセスが消失したことがある。購入以来、洗濯時に行う「干す」と「取り込む」という2つの工程がなくなった。そして、工程が減ったために起こった最も重要な変化は、毎日の天気を気にして「洗濯をするかしないか」を判断する必要がなくなったというところだ。当然、乾燥機を使わずに洗濯をする場合は「干す」必要があるため、洗濯が終わるまで自宅で待たなければならず、時間が拘束されることになる。しかし、洗濯から乾燥までワンストップでできるようになると、スケジュールと照らし合わせて時間拘束を気にする必要もなくなってしまう。

判断が生むストレスは、周辺環境との関係性から生まれるだけではない。私たちが持っている「心」が増加させている場合もある。

昨年の夏、筆者のいる研究室の助手が、実家から送られてきたというシャインマスカットを、房から切り離し一人分ずつ紙コップに入れて、冷蔵庫で冷やしておいてくれていたことがあった

写真1

菅俊一
1980年生まれ。コグニティブ・デザイナー／表現研究者／映像作家／多摩美術大学講師。人間の知覚能力に基づく新しい表現のあり方を研究し、映像・展示・文章など様々なメディアを用いて社会に提案することを活動の主としている。http://syunichisuge.com

[写真1]。この小さな素晴らしい工夫によって、みんなそれぞれなんのストレスも気兼ねもなく各々のタイミングで一人1カップを冷蔵庫から取って、美味しく食べることができた。もしこのシャインマスカットが、冷蔵庫にまるごと入ったまま「ご自由にどうぞ」といった形で置かれていたらどうなっただろうか。自分がどれだけ食べていいのかわからず遠慮してしまうこともあるだろうし、誰も手を付けていなければ「はじめの一歩」を踏み出すのはとても心に負荷がかかるため、結局誰もなかなか手を出せないまま、ずっと冷蔵庫に置かれ続けてしまうような気がする。

ここまで紹介した3つの例のように、日々の判断や行動にあえて制限をかけることで、自然とストレスの存在自体を消失させて、価値を作り出すことができるかもしれない。筆者はこのような制限のかけ方を『導線としての制約』と名付け、体験の伴う様々なデザインに応用するための方法論や実例の研究開発を行っている。

制約という言葉は、ネガティブなイメージを想起されるかもしれないが、導線としての制約は「余計な思考や判断が不要になる」ことを促すため、あらかじめ判断や行動の導線を定めてしまうこと自体が、私たちに生き生きと積極的に行動する動機を与えることができる可能性がある。

こういった、日常の中にある誰かの工夫によって作られた「使用者に判断をさせずに能動的な行動を促す」ための導線を見ていくと、デザインをするということと、「導線としての制約」を設計することは同義であると言えるのではないだろうか。

そして、実際にデザインにおける「導線としての制約」を設計していく際にヒントになると考えているのが、無意識に人が見てしまう、理解してしまうという性質を持った図像たちだ。線や矢印、視線、文章など様々な図像について、無意識に判断していること、目がいってしまうことといったレベルで把握し利用していくことで、「導線としての制約」を持ったインターフェイスの設計が可能になるはずだ。

導線に関与できる
プリミティブな視覚要素

私たちが日常的についつい目で追いかけてしまうものの1つに、矢印がある。矢印を見た瞬間、私たちはその記号が指し示している方向を自然とイメージしてしまう。例えば、→こんな風に文中に右向きの矢印が入ってくると、あなたは自然と左から右への流れとして文章を読み進められると思うが、←このように左向きの矢印が文中に入ってくると、いったん目線を戻してしまうような意識が少しはたらき、左から右へと読んでいくのに多少の抵抗感を感じると思う。

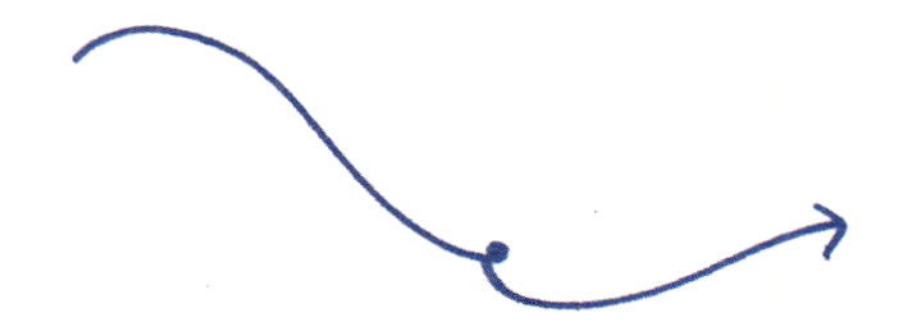

Fig. 1

矢印についてもう少し考えてみよう。[Fig. 1]のような矢印をあなたはどう見るだろうか。単に先ほどと同様に「右方向に向かっている矢印」と見てしまうのではなく、線を鏃（やじり）の方向に向かって目で辿りながら、線が溜まっている部分でいったん留まった後、鏃まで進むといった流れで、自然と目が動いてしまっているのではないだろうか。ここで興味深いのは、目は単に線をなぞっているというだけではなく、線が溜まったところでは、ちゃんと留まっているところにある。

Fig. 2

この目の動きに関しては、途中で溜まりがない線と比較してみるとよくわかる。[Fig. 2]の線を見てみると、途中で目が留まることなく動いていくため、2つの線を辿る目の動きは、明らかに滞留時間が異なるということを体感できる。こんなことは当たり前だと思うだろうが、この極々わずかな線の違いで、引っ掛かりが生まれてしまうということの中に、図像によるコミュニケーションを考える上で重要な問題が潜んでいると思っている。

Fig. 3　3つの顔による視線

そもそも、この2つの矢印（[Fig. 1]、[Fig. 2]）は「図」なので、アニメーションやインタラクティブな表現とは異なる、静止した時間の要素のない情報として扱われている。しかし実際には、この矢印を目でなぞっている時には時間が発生しているし、特に[Fig. 1]に関しては小さな留まりさえも感じている。私たちは矢印のような特定の種類の図を見ると、瞬時に動きを感じ、意識の中で時間を生み出しているのだ。

こういった、体験者が自ずと動きや時間を生み

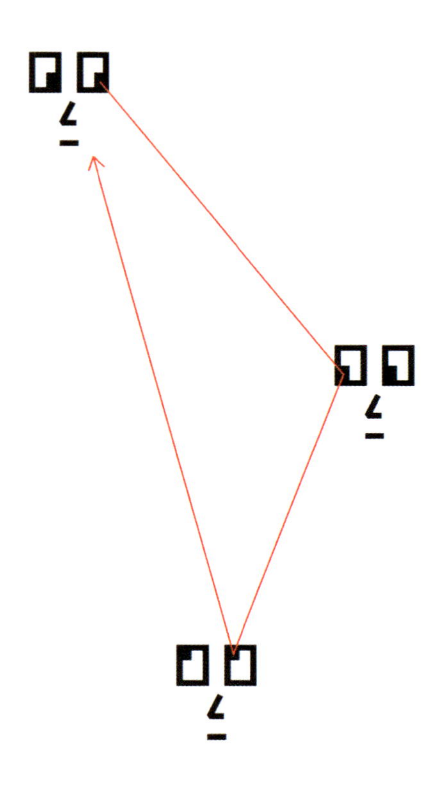

Fig.4 3つの顔による視線

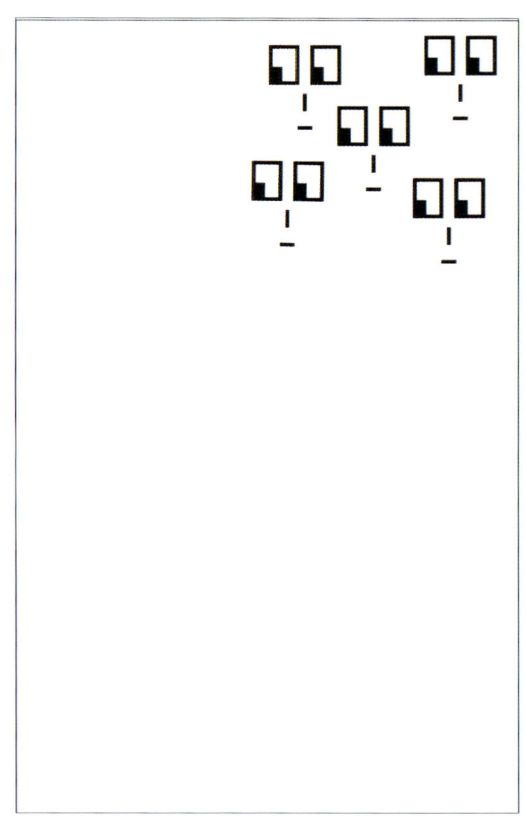

Fig.5 複数の顔

出してしまう視覚的要素は他にも色々ある。例えば、「視線」という要素について考えてみたい。

[Fig.3]のような3つの顔が並んだ図版を見ると、私たちは[Fig.4]のような視線の流れを感じてしまう。視線は線として描かれることはないが、黒目の方向に何か指し示すものがあると私たちは感じ、その方向への線をイメージする。

こういった視線の持つ力は非常に強力で、私たちは否応なしに見た瞬間、どちらの方向を見ているのか検知してしまう。また、こういった視線の持つ方向の力は、複数の目があるとさらに強化される[Fig.5]。単純な図形でも、顔を知覚できれば複数の人がいると思い、社会心理学で言う「同調行動」に近い、「多くの人が見ているものには注目する」といった現象も同時に引き起こされている。

視線の強力な認知は、メディアさえも乗り越えてしまう。例えば[写真2]は、街中によくある、散歩中の犬の飼い主に向けたポスターを撮った物だが、ポスターの中に描かれている目の視線の先は、ポスターを超えて道の角に向かっている。犬の飼い主は散歩中に犬がフンをしようとした時、ポスターの目線に自分の犬を見て「フンを持ち帰ろう」と言われていると感じることになる。

この、視線がメディアを超えるという効果を、ここで一回試してみよう。今読んでいる

写真2

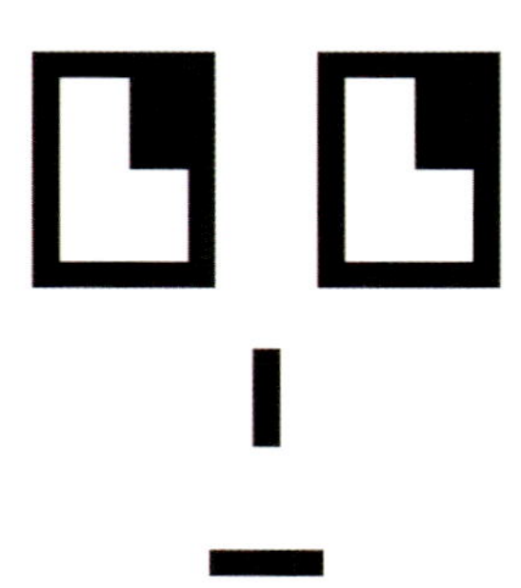

Fig. 6

ページを開いたまま本を置き、本の右上に何か物を置いてみて欲しい。[Fig. 6]で描かれた目が、今あなたが置いた物を本の中からじっと見ているように見えないだろうか。

通常メディア上で行われる視覚提示は、基本的にはメディア内の要素に対して注意を向けるように作られている。しかし、視線のようなメディアを乗り越えて注意を向けることができる要素を上手く使うと、メディアとメディア外の境界を揺るがせるような新しい情報提示を行える可能性がある。

次に、私たちが日常的に触れ続けている視覚的要素である「文章」について考えてみよう。あまりに当たり前過ぎてなかなか意識することがないのだが、この文章を読んでいる私たちは左から右へ、上から下へと読みながら目を進めている。行為としてはただ文章を読んでいるだけなのだが、結果としてそこには動きによる視線の誘導が行われている。

これをもう少し極端に表現したのが[Fig. 7]になる。こういった文字の並びを見ると、私たちは文章を読みながら自ずと視線が誘導されているということがわかる。

この文章を左から右へと読んでから下へと読み進めてください

Fig. 7

このような、文字を追うことによる視線の誘導を利用すると、[Fig. 8]のような試みも可能になる。この例では、地図の上に行き方の説明文をそのままプロットすることで、読み進めるという行為と、道順を辿るという行為を1つにまとめ、読むことがナビゲーションになるよう目指したものである。

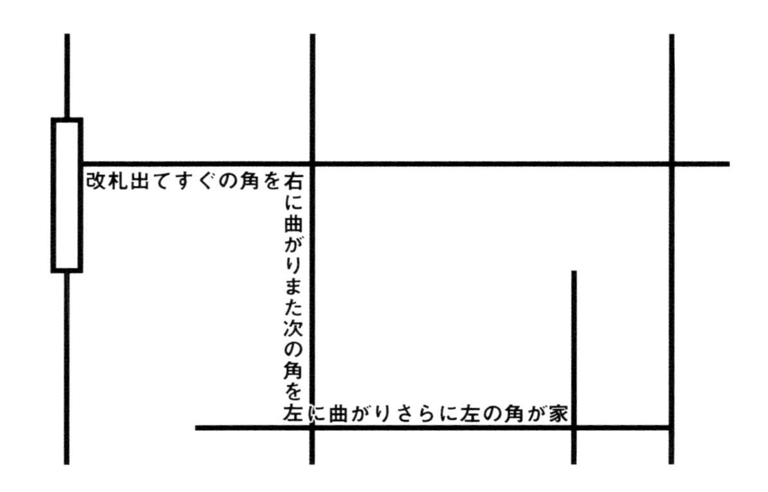

Fig.8　地図にプロットされた文字

ここまで矢印、視線、文章という3つの要素を取り上げ、それらを用いて導線を設計した時に、私たちが自ずと意味を生み出してしまう現象について紹介した。いずれも見知らぬ全く新しいルールを導入したわけではなく、日常で出会っている要素を整理分析することで、誰もが自然と無意識に受け入れてしまっている視覚要素である。こういった要素が持っている誘導性を再認識し利用することで、デザイナーはより効率的な伝え方を開発することができるはずだ。

その際重要になってくるのは、私たちがある情報を見ている時の心の内部状態に目を向けることだ。私たちは、眼の前に提示された様々な手がかりを元に、脳内で情報処理を行いイメージを生成している。情報提示の段階では静的な情報でも、それを見た後の心の中では、動きを生み出すことができる。このように体験者の頭の中のイメージが変化していくさまを解像度高く丁寧に捉えていくことで、誰もが心地よく適切な体験を促せる、本質的なコミュニケーションが生み出せると考えている。

参考書籍
菅俊一『観察の練習』(NUMABOOKS、2017)[写真2]
菅俊一『指向性の原理』(UMISHIBAURA、2018)[Fig.3]、[Fig.4]

Illustration & Infographic

楽しさとわかりやすさ

アプリは道具であるだけでなく、人々のやる気を生み出したり、楽しませたりする役割も担う。機能だけでなく、エンターテイメント性を求められるようになったUIのデザインには、イラストや漫画が培ってきた、人々の感情を引き出すテクニックも必要とされるようになった。このパートでは、そんな感情を豊かに表現する「楽しさ」を発揮したデザインの事例を見せていく。

01

02

36 _ ゲーム感覚のUIで、いつでもどこでも生理を記録する

「生理」という文字や、生理を連想させるメタファーをできるだけ排除したデザイン。ゲームのように外出先でも臆せずアプリを開くことができる。月に一度、生理が来たときのみアプリを開いて、わずか２タップで記録が完了。「あと何日で生理が始まるのか」という情報のみを管理したいユーザーに特化している。

Developer: Flask LLP
Designer: Takako Horiuchi
Engineer: Hideko Ogawa

03

04

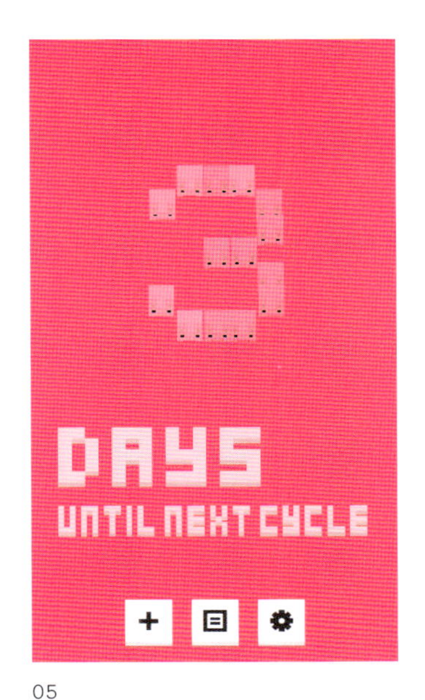

05

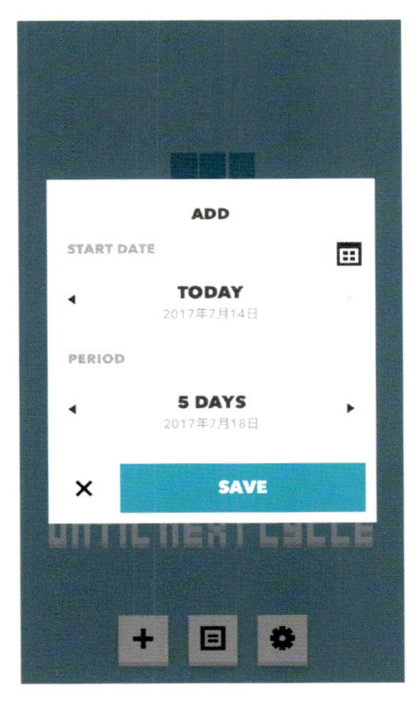

06

07

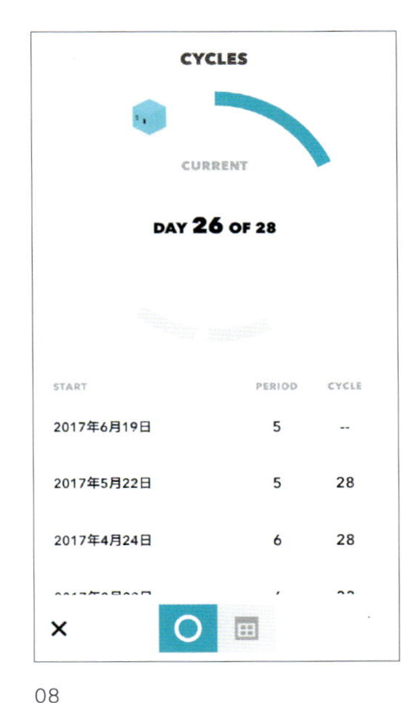

08

Cube Period Tracker

itunes.apple.com/app/id1209848036

生理の記録と予測ができる、一番シンプルな生理サイクル管理アプリ。複雑な操作は必要なく、迷いなく使い始めることができる。「生理」を感じさせないデザインも特徴。ゲーム感覚でいつでもどこでも生理を記録することができる。

01-05　次のサイクルを可愛らしいキャラクターたちとグラフィカルな画面により知ることができる
06　1ステップで簡単に生理のサイクルを記録する
07　生理サイクルをカレンダー形式で表示する
08　生理サイクルのどこに自分がいるか、視覚的に理解することができる

01

02

37 _ お金をポジティブなイメージに変える

アイテムの写真撮影から、査定の完了、ウォレット入金までのスムーズさにこだわったUI/UX設計が施された買い取りアプリ。「お金」に関するネガティブイメージを可能な限り感じさせず、かつスマホアプリを通してお金を瞬間的に得るという体験をポジティブに捉えられるよう、ビジュアルやインタラクションのトーンにも気が配られている。

株式会社バンク
Designer: 河原香奈子

03

04

05

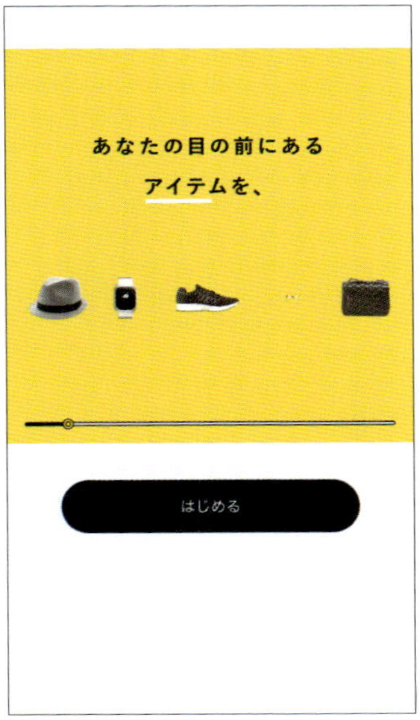

07

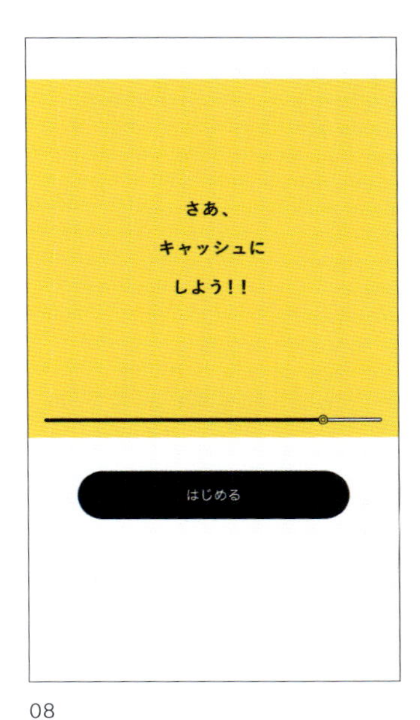

06

08

CASH（キャッシュ）

https://cash.jp/

自分が保有するあらゆるアイテムを瞬間的にキャッシュ（現金）に変えることができるアプリ。キャッシュを手に入れるプロセスが極限まで簡略化されており、自分の持ち物を売る行為が全く新しい体験に落とし込まれている。

01　アクティビティ画面。キャッシュに変えたアイテムが並ぶ
02　ウォレット画面。キャッシュに変えた金額の合計が表示されている
03　認証は電話番号による SMS で行われる
04-05　アイテムの写真を撮影するだけで査定が行われる
06-08　オンボーディング画面。動きのあるポップなテイストが印象的

01

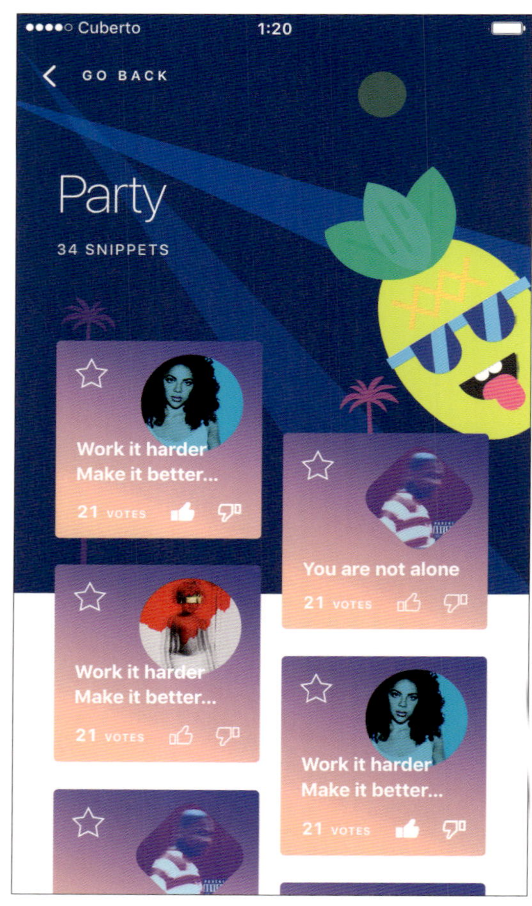

02

38 __ 感覚的なコミュニケーションが、日常に新鮮な喜びをもたらす

チャット上でスタンプや GIF のようにミュージックビデオを共有するコミュニケーションツール。視覚を刺激し、エモーションを駆り立てるグラフィカルなタグにより、シチュエーションに応じた今の自分の気分を伝えることができる。気軽に使用できるよう、キャッチーなキャラクターが用意されているのも楽しい。

Designer: Cuberto

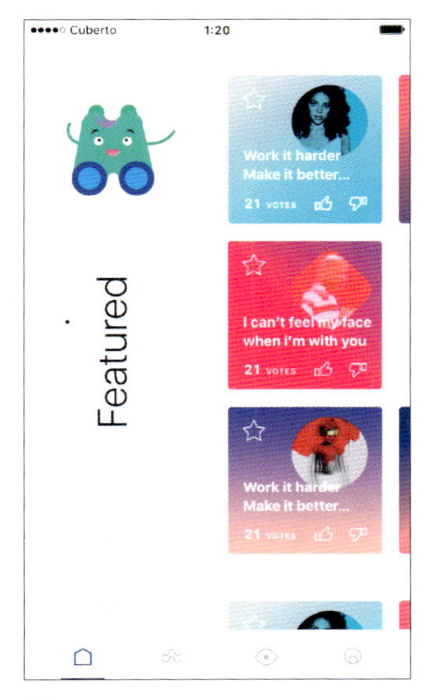

03

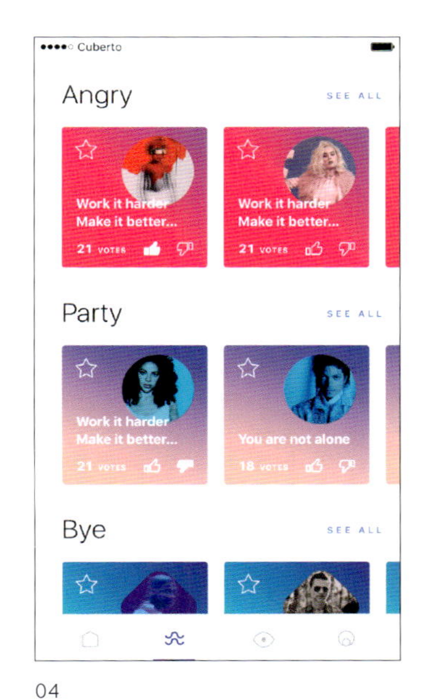

04

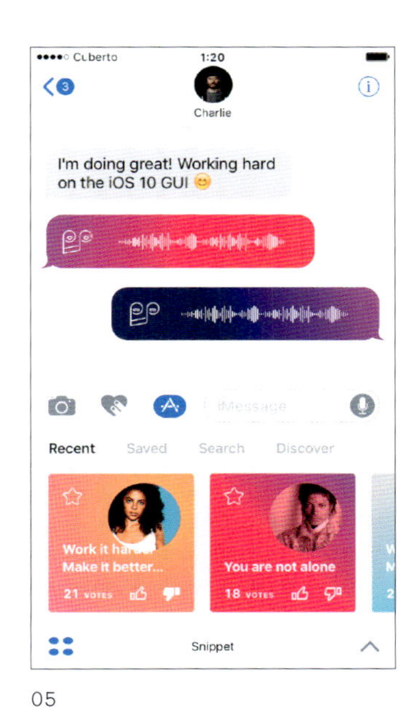

05

06

07

08

Snippet

cuberto.com/projects/snippet/

ミュージックビデオを使った、キャッチーなコミュニケーションを可能にするツール。iMessage やMessenger などのメッセージツールでビデオクリップの一部分を送信、共有できる。検索、もしくはコレクションの中から簡単に好きなアーティストのクリップを見つけ出すこともできる。

01-02　テーマページ。タイトル部分はテーマを表現したイラストが彩る
03　ピックアップされたミュージックビデオの例が並ぶ特集画面
04　チャットでの使用例
05　利用できるデザインテーマとその使用例が並ぶ
06-08　アプリの仕様のシーンをイメージした、楽しいイラストが並ぶ

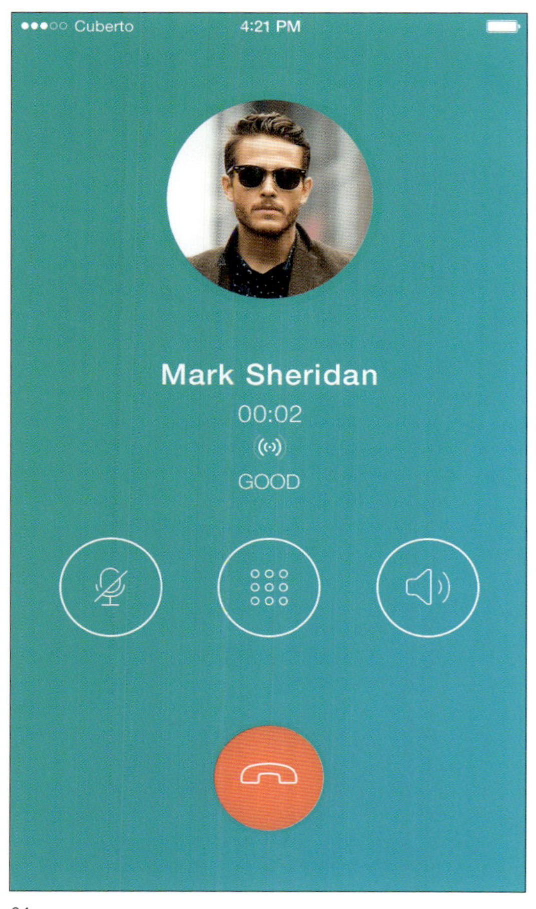

01

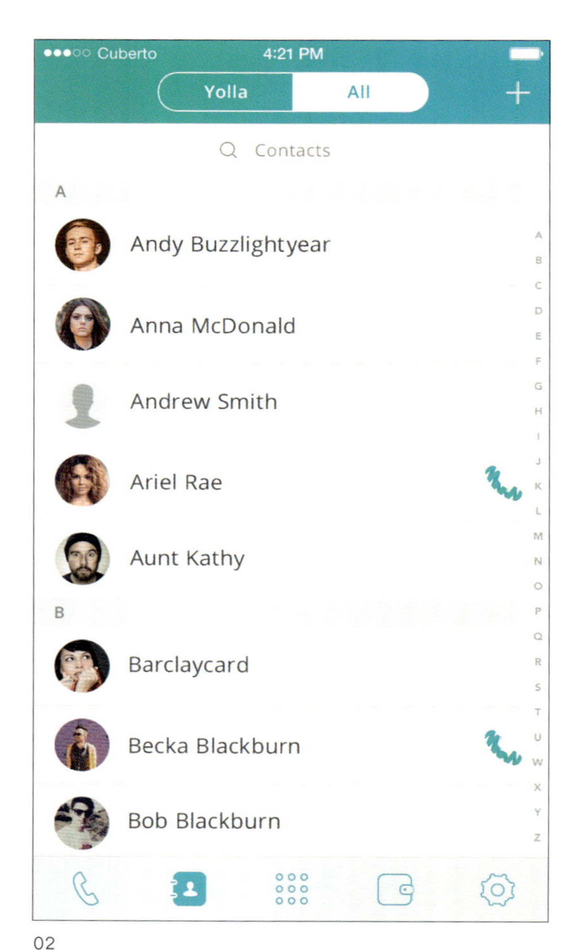

02

39 __ シンプルなデザインで、快適な電話サービスを支える

使いやすさとビジュアルのアクセントを最優先に設計された UI。各画面にはイマジネーション膨らむイラストが表示され、細やかなアニメーションによって電話をかけるプロセスに一層の楽しさをもたらしている。滑らかな操作を促す繊細かつバランスのとれたスクリーンの色彩も特徴。通話画面ではリアルタイムで現在の通信状況が表示される。

Designer: Cuberto

03

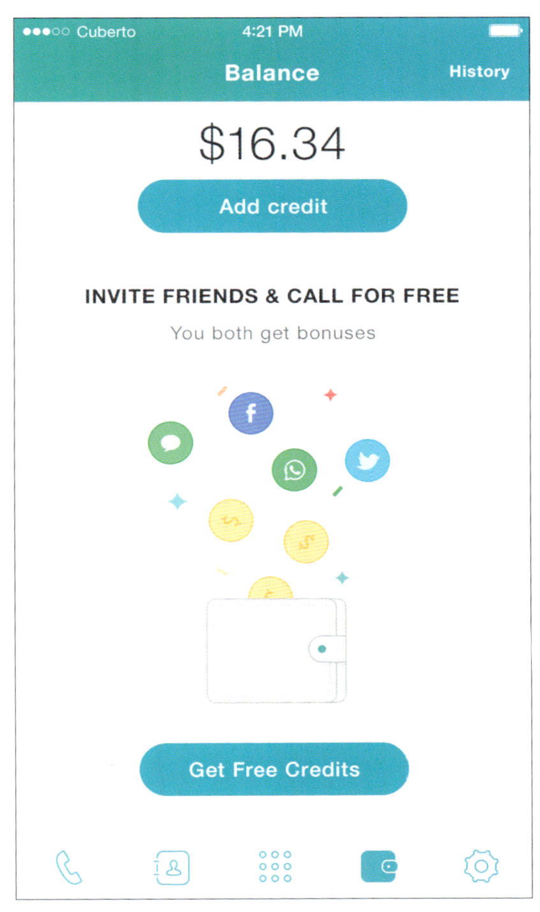

04

Yolla
cuberto.com/projects/yolla/

すでに多くの国にユーザーを持つプロバイダの国際電話用アプリ。高品質な接続と低価格な料金設定によって、ベストなサービス環境を提供している。単に電話をかけるというだけでなく、通話や金額のチャージを行うアプリ内の行為にも、デザインで楽しさをプラスしている。

01　通話画面。一般的なスマートフォンの通話画面を踏襲している
02　通話可能な相手に電話アイコンが表示される連絡先画面
03　アプリの概要を伝えるオンボーディング画面。イラストには細やかな動きが与えられている
04　通話に使用するためのチャージ画面。アプリ全体で統一されたスタイルの色彩とイラストを用いて、ポップな印象を与えている

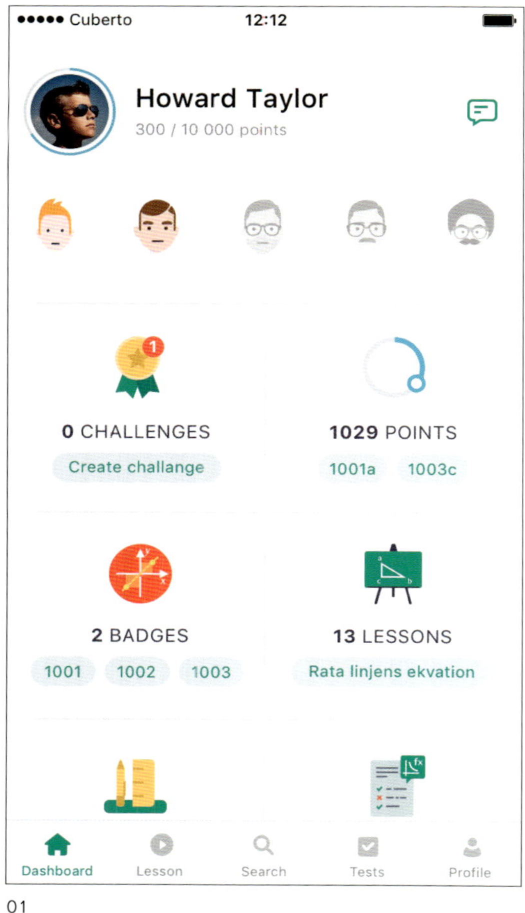

01

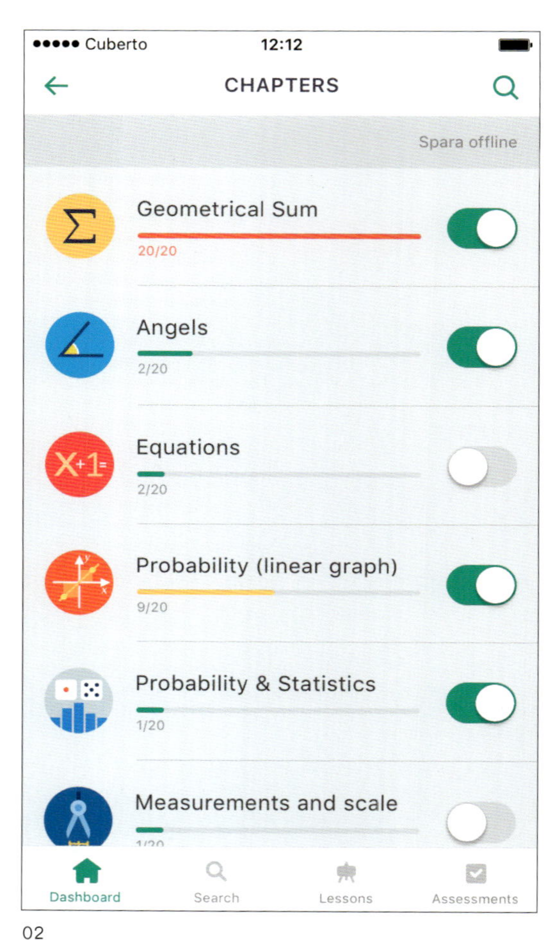

02

40 __ ゲームのようなグラフィックが、楽しい学習理解を促進する

積極的な学習を促進するゲーミフィケーションを採用。問題に正解するとポイントが貯まったり、バッジを獲得できるなど、これまでの進捗状況が可視化される。様々な画面にアインシュタインをモチーフにしたキャラクターが登場し、キャッチーなアイコンが配置されるなど、クイズを解いていくような演出が施されている。

Designer: Cuberto

03

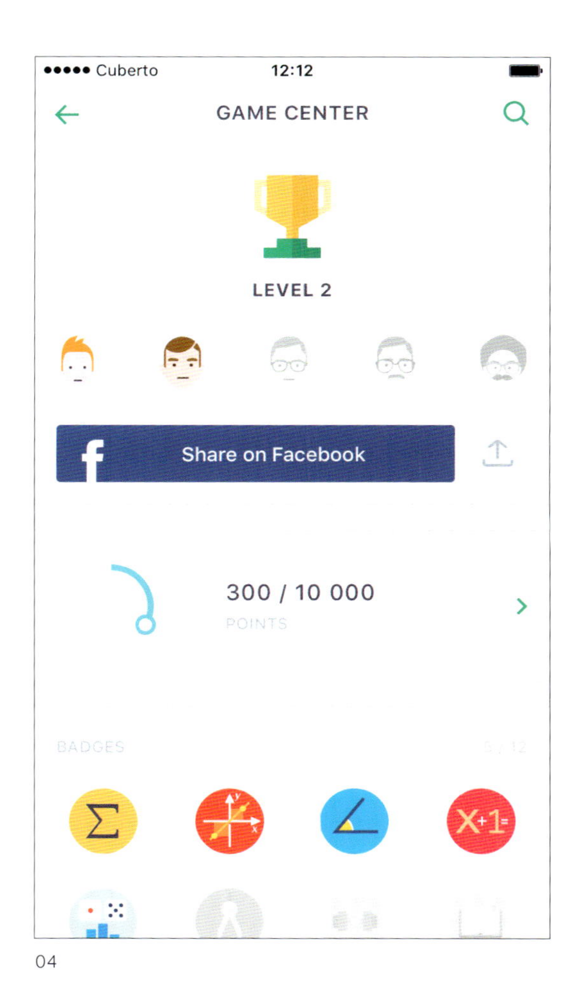

04

Albert

cuberto.com/projects/albert/

自宅学習用に開発された数学教材アプリ。初心者から上級者まで全年齢に対応し、いくつかの段階に分かれた演習問題やテスト、丁寧な解説が用意されている。豊富なイラストと柔らかなトーンのレイアウトが、数学に対する凝り固まったイメージをほぐし、自発的に学習理解を深めていける要素となっている。

01　メインの画面となるユーザーの目標を示すダッシュボード
02　数学の楽しさを表現したアイコンにより、インターフェイスのルック＆フィールを高めている
03　生徒のモチベーションを高めるため、全編にわたりキャッチーなトーンのイラストレーションが用いられている
04　数学の問題を解きながら、自分のステータスを確認したり、進歩を追跡することができる

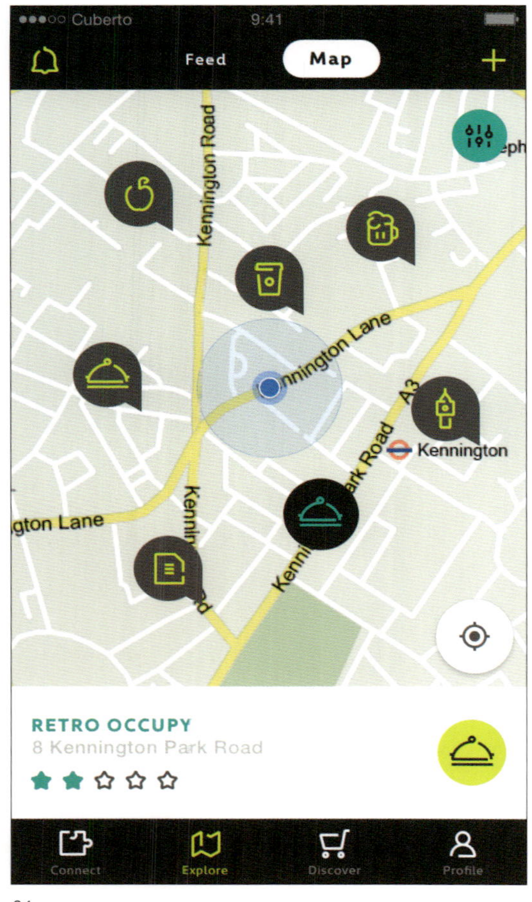

01

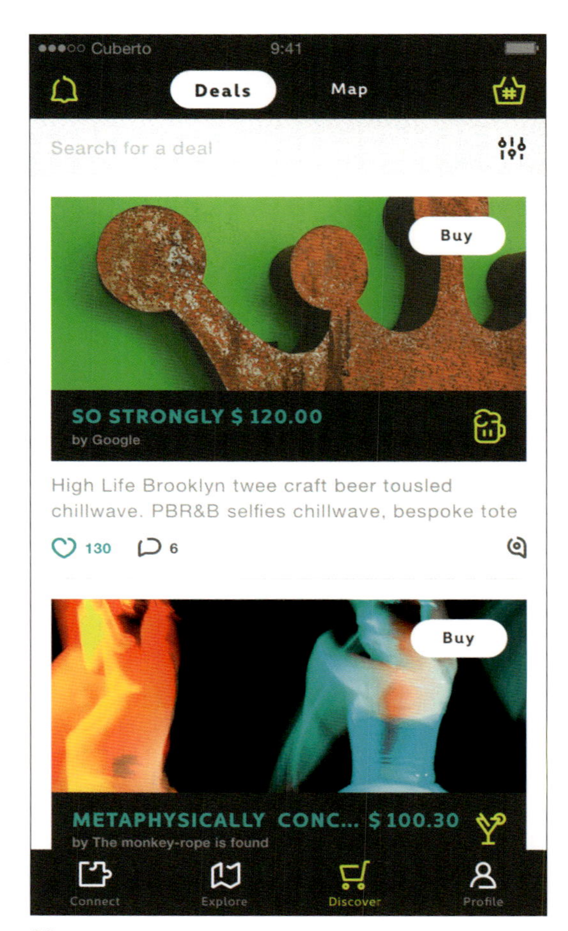

02

41 ＿ アイコンを用いて、要素の情報を簡潔に伝える

言語に慣れていない留学生でも使いこなせるよう、余計な文字情報を削ぎ、画像を中心にスッキリとしたUIが施されている。マップ画面では、サービスの種類ごとに用意されたイラストタグが表示されるので、どこにどんなお店があるかが直感的に把握できる。登録者は全員学生のため、記載されているレビューや情報が信頼できるのも大きなポイント。

Designer: Cuberto

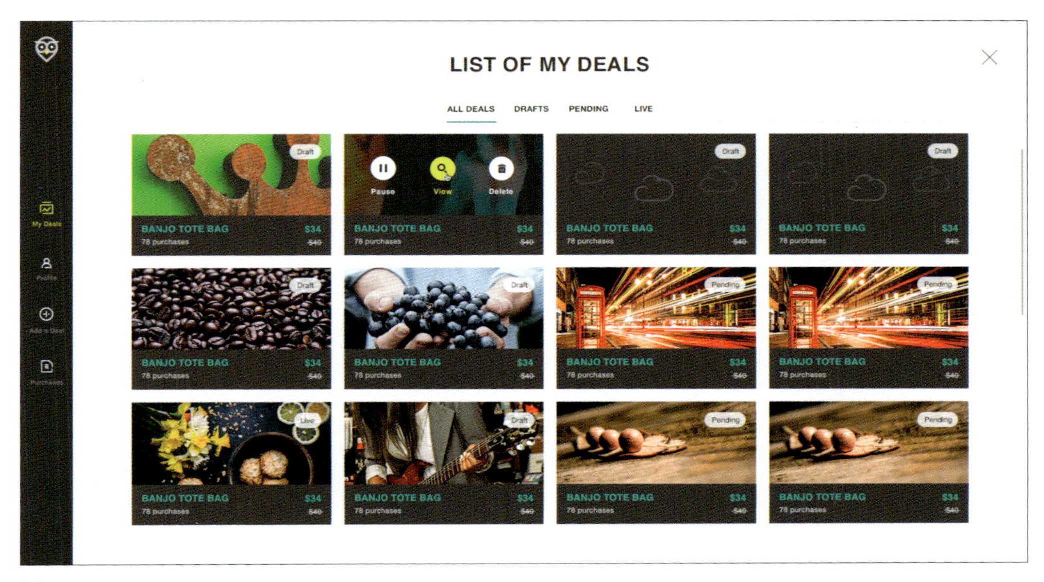

03

04

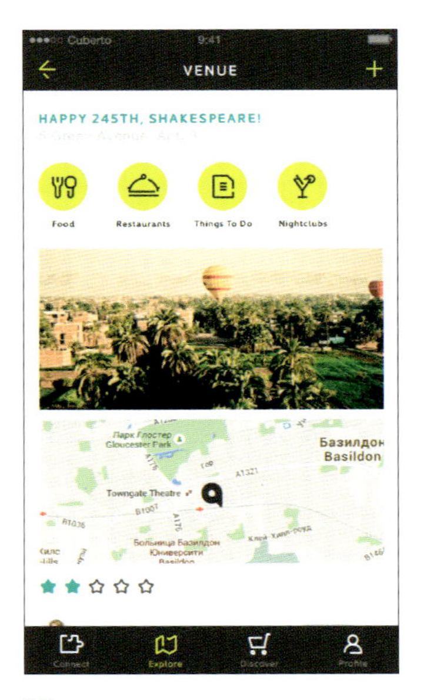

05

06

Borough

cuberto.com/projects/borough/

留学生のためのソーシャルなプラットフォーム。滞在先のローカル情報の収集をはじめ、イベントや活動への参加、学校のスケジュール管理、大学内の友人の検索やチャットなど、様々なコンテンツをアプリに集約。留学生限定のクーポンも入手できたりと、毎日の生活に活用できるサービスが豊富に揃っている。

01 マップ画面では、学生に役立つ施設の詳細が表示される
02 アプリ内チャットでは、ミートアップやイベントの詳細を計画し、議論することができる
03 コンテンツの管理画面。イベントやアクティビティを追加、編集できる
04-05 施設をカテゴリーに分類して、場所とサービスのレビューを表示するフィード画面
06 カテゴリーアイコンがインターフェイスのデザインの一貫性において常に大きな役割を果たしている

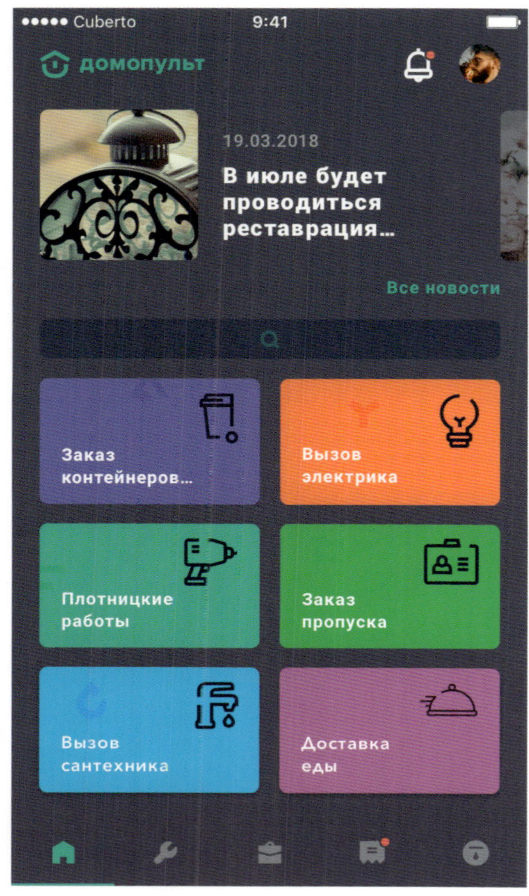

01

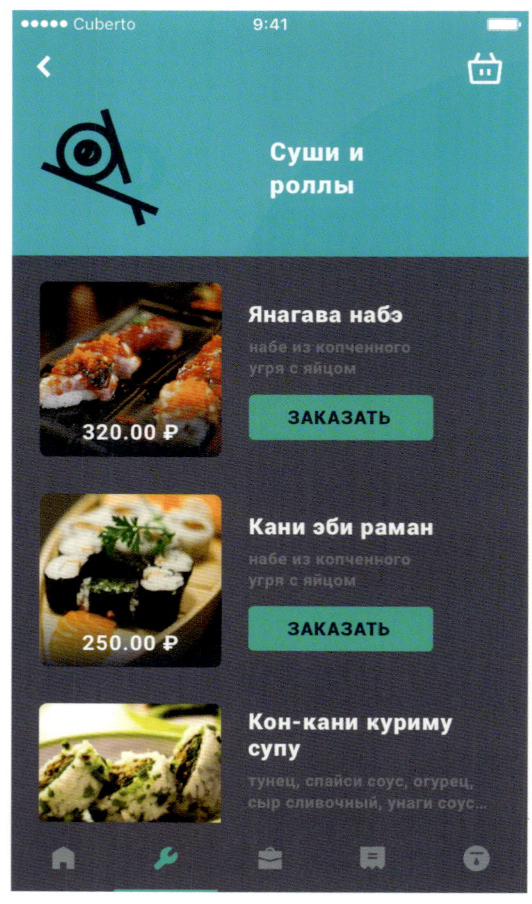

02

42 __ 生活に関わるものをグラフィカルなアイコンで楽しくする

生活に関わる様々な事柄を円滑にする管理アプリ。ホーム画面には、受けられるサービスがカテゴリーごとに並び、グラフィックアイコンによってサービス内容を伝えるとともに、堅苦しくなりがちな要素を華やかに彩る。電気や水道の使用量と推移を折れ線グラフでチェックできるなど、視覚要素を重視したUIが毎日の生活管理をスマートにする。

Designer: Cuberto

03

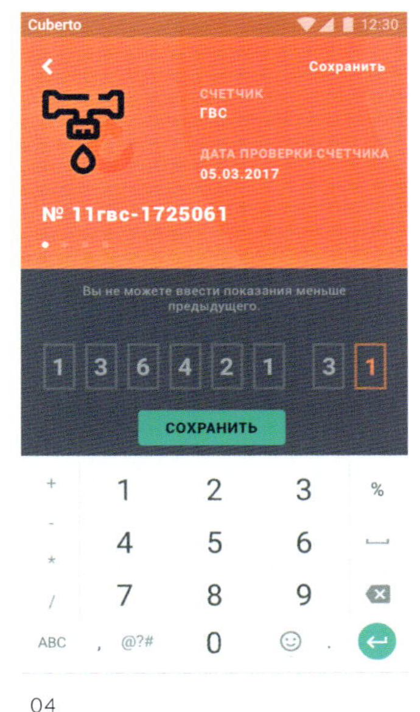

04

05

06

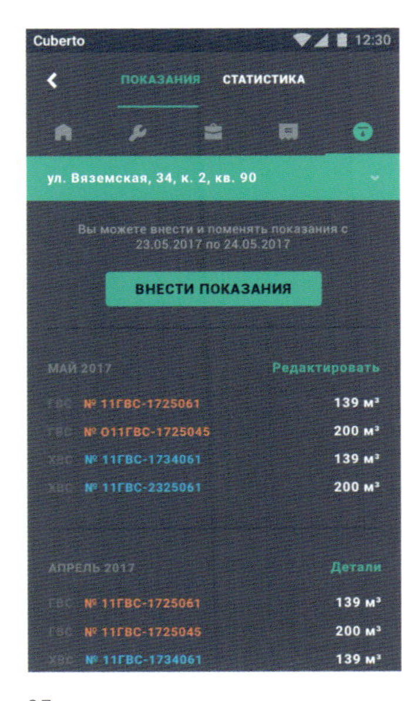

07

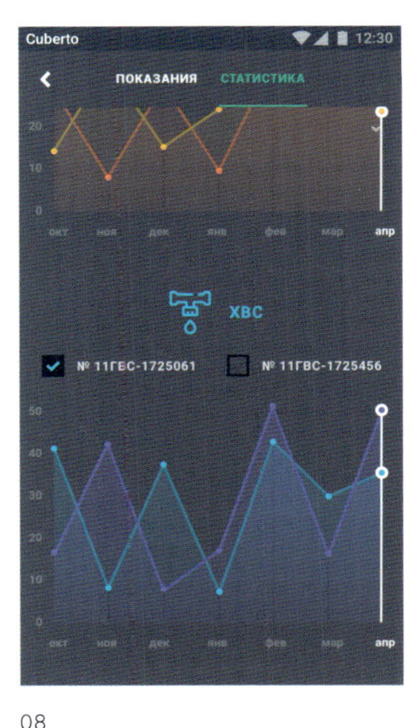

08

Domopult

cuberto.com/projects/domopult/

生活の合理化を促進し、住民と管理会社の相互的なインタラクションを構築するアプリ。公共料金の確認や決済、メンテナンスチェックや修理依頼など、面倒なライフラインを一括で管理することができる。各オペレーターにチャットを介してリクエストし、トラブルにも素早い方法で解決に当たることができる。

01　カラフルなカード UI でサービスが一覧できる
02-05　太いラインを用いたアイコンにより内容をわかりやすく伝えている
06　オンラインチャットで管理者からの回答をリアルタイムで取得したり、アプリケーションに関する情報を受け取ることができる
07　使用した金額の履歴
08　落ち着いたグラデーションのトーンで金額の変化を可視化している

43 _ 動きとUIデザイン

文・鹿野護

動きとUIデザイン

森羅万象全てのものは動いている。天体の周期という巨大なスケールのものから、素粒子の振動のようなミクロのスケールのものまで、様々な動きが関連し影響し合って、世界や私たち人間を成り立たせている。我々はそうした様々な動きの関わりの中から因果関係を推測し、感覚で得られた情報を知覚に変えて、行動の判断材料としているのである。

UIに動きを与えるということは、コンピュータやデバイスといった未知なる機器に振る舞いを与え、「自律的な存在」として、人と環境の因果関係の中に出現させることであると筆者は考えている。すなわちUIにとって動きとはもともと必要不可欠なものであって、ようやく近年のハードウェアの進化に伴って、必須の「動き」という要素が低コストで実現できるようになったとも言えるのではないか。

もはや画面を構成する要素が「動く」ということは、UIデザインの分野では珍しいことではなくなった。最近では積極的に動きを取り入れ、グラフィックだけでは伝えられないメッセージを表現する時代に突入している。これはコンピュータの表現技術の進化として捉えることができるが、それ以上にUIが表現しようとしてきた「見立て」が色や形だけでなく、動きや現象の範囲に拡大されたと考えることができるだろう。

UIにおける動きの分類

昨今のUIは様々な動きの集合体として構成されており、動きがもたらす効果も広範囲に及ぶが、大きく分類すると下記の4つに分けられるだろう。

1. ユーザーの身体の延長としての「動き」
2. UI構造を認知させるための「動き」
3. システムからのメッセージとしての「動き」
4. コンテンツと連動した演出的な「動き」

1. ユーザーの身体の延長としての「動き」

デスクトップコンピュータのマウスカーソルの動きやスマートフォンのスクロールなど、基本的かつ日常的な操作を支える動きである。そのためにユーザーの操作がそのままダイレクトにデバイスに反映される必要があり、優れた動きが提供されると操作している感覚すらなくなり、デバイスとユーザーの一体感を生み出す。

2. UI構造を認知させるための「動き」

画面遷移やレイヤーの表示の切り替えなど、ユーザーの操作に応じて発生する動きである。情報の重なりの変化や空間の移動といった動きによってUI構造が理解できるようになる。特に近年では質感や形のメタファー表現の代わりとして、奥行きのある空間性を採用することが多い。これは現実世界のモノではたとえられなくなった新しい概念や機能を、奥行きや空間によって補完しようとする潮流である。

3. システムからのメッセージとしての「動き」

ユーザーに情報を伝える際のダイアログや、待ち時間を示すプログレスバー、ログインエラーの際のマイクロインタラクションなどは、システムの状況を知る手段である。こうした状況提示に動きが加わることよって、システムが正しく処理さ

鹿野護
WOWアートディレクター。宮城大学教授。コマーシャルからユーザーインターフェイス、インスタレーションまで様々な分野のビジュアルデザインを手がける。これまでインタラクティブな映像作品を国内外にて多数発表。

れていることが伝わるとともに、自律的な存在と対話をしているかのような印象を作り出せる。

4. コンテンツと連動した演出的な「動き」

ウェブやゲームなどのUIでは、コンテンツと一体化して世界観を表現している例が多く見られる。一見無駄に思える動きの演出も、状況次第ではユーザーとコンテンツを結びつけるための重要な存在になるのである。たとえは、ゲームの中で操作していたキャラクターがシームレスにUIの要素となったり、ウェブページに大きく表示されていたタイトルがスクロールとともに小さくなり、クリック可能なヘッダーのブランドロゴへ変容するといった動きがある。

見た目から動きへ

UIではメタファー表現が多用されてきた。このメタファーという言葉は「たとえ・見立て」を意味する言葉で、修辞学や弁論術といったレトリック表現の中にも含まれる表現法の一つであり、認知言語学の領域でも用いられている。

人はコンピュータのような仕組みが分かりにくい装置を使うために、日常生活で馴染みのある物や考え方でたとえ、理解の一助としてきた。デスクトップやゴミ箱、フォルダやファイルなど、コンピュータの画面の中に文具に見立てた表現が多用されているのはその名残である。

しかし、昨今のユーザーインターフェイスデザインを牽引しているGoogleのマテリアルデザインやAppleのフラットデザインのガイドラインの中では、見た目的なメタファー表現は影が薄い。材質や具体物を用いたリアルな表現から、より抽象的で幾何学的な外観にシフトしているのである。かつてAppleのUIデザインでは「スキューモーフィズム」と呼ばれる写実的な表現が大きな特徴であったが、今では採用されることのほうが少なくなってきた。

これは、使う人々のコンピュータへの理解度が高まったということと、もはや現実世界のたとえでは表現しきれない新しい概念や機能がツールやサービスの中で提供され始めたことに関係してくるだろう。日常のモノでたとえることによって、逆にコンピュータの中で起きていることが、分かりにくくなるという状況に突入したのである。

たとえきれなくなったから、たとえをやめる。一見、こうした状況を踏まえていくと、メタファー表現は姿を消したかのように捉えられる。しかし、果たしてそうだろうか?

筆者はそうは考えていない。逆に、新たなメタファー表現がUIにもたらされたと考える。それこそが「動きのメタファー」である。すなわちメタファー表現は色や形といった見た目ではなく、動きにシフトしたのである。

UI空間と動き

GoogleのマテリアルデザインやAppleのフラットデザインは、平面的なレイヤーを奥行き方向に重ねることで、UIの中に奥行きの概念をもたらしている。見た目の写実性を捨てた代わりに、空間的なリアリズムを採用しているのである。こうした空間性は情報とユーザーの距離感を示すことになり、重要なものは身近に、そうでないものは遠くに置いておくといった、新たな空間的メタファー表現となっている。

例えばマテリアルデザインは操作した要素が浮かび上がり、ユーザーへ向かって接近してくるような表現が採用されているが、その接近する動きもUIの空間性に矛盾しないように制限されており、手前にあるものをむやみに突き抜けてくるようなことはなく、定義されたレイヤー構造が維持されるようなガイドラインが設けられている。

こうしたUIにおける視覚要素は、画面の中に固定的に配置されているのではない。広大な空間の中で自由に動き回る平面の重なりとして設計されているのだ。スキューモーフィズム表現では写実的であるがゆえに不可能であった、軽やかで自由度の高い世界がUIにもたらされたのである。ゆえに、動きはこれまで以上に重要な要素となった。なぜならこうした奥行きや重なりは、静止した表現では捉えるのが非常に困難だからである。

隠れたメタファー表現

言語表現では、感情を液体で表現することがある。勇気がわく、怒りがこみ上げる、愛情を注ぐ、などだ。感情のような捉えどころのないものを自然現象の「動き」としてたとえ、理解を促進させているのである。実はこうした言葉のたとえがメタファーのルーツであり、色や形だけでなく、感情や思考、時間や空間といった捉えどころのない概念さえも的確に表現できる強力な手法なのだ。

意味をつかむ、権利を手放す、時の流れ、知恵をしぼる。ほんの少し意識しただけでも、日常の中に潜むメタファー表現が次々と見つけられる。そして、想像以上にそれらに頼っていることにも気づくことができるだろう。

UIにおける「動きのデザイン」には、捉えにくい微妙なニュアンスを現象のたとえとして表現することで、より円滑なコミュニケーションを実現できる可能性がある。

分かりやすい例としてAppleのiOS11におけるログイン画面を見てみよう。この画面では「Touch IDまたはパスコードを入力」というテキストが表示され、ロックを解除するためのパスコード入力を促している。ユーザーはここで数桁のパスコードを入れ、それが正しければiPhoneを使用できるようになるのだが、パスコードを間違えるどうなるだろうか。

入力を間違えるとiPhone本体がバイブレーション機能によって震えるとともに、画面の中の入力した文字と鍵のアイコンが左右に大きく揺れる。テキストは「Touch IDまたはパスコードを入力」のままで「パスコードが違います」といったメッセージは出現しないが、多くのユーザーはパスコードを間違えたことに気づくであろう。この左右に大きく揺れるモーションが、あたかも顔をしかめながら首を横にふるような印象を作り出しているのだ。ユーザーはフィードバックが非言語であるにもかかわらず、iPhoneが拒絶していることを理解するのである。

動きの認知

画面内の「動き」といっても、物理的に動いているわけではない。実際の位置移動はなく、止まった画像が連続的に変化しているだけである。この連続的な変化を、脳が動きと錯覚して、あたかも「動いている」と認識する。脳内では「物体の位置」と「物体の動き」は別々の情報として扱われているのだが、位置の変化が一定速度以上になると、位置と位置が連なって認識され、脳内で「動き」が発生するのである。

この時、脳内では画面ごとのギャップが無意識的に埋められており、足りない情報が次々と補完されながら「動き」として認識されている。これは「仮現運動」という脳の働きで、「ファイ現象」とも呼ばれている。我々が映画やゲームなどを楽しむことができ、UIの動きを理解できるのも、こうした脳の特質があるおかげなのだ。

動きを分解する

一見複雑そうに見えるアニメーションも、分解して考えると構造や意図を捉えることができるようになる。例えばiOS11ではホームボタンをダブルクリックすると、起動中のアプリを切り替えるためのマルチタスク画面に切り替わるが、その際下記のアニメーションが同時に展開される。

(1) ホーム画面が奥に移動
(2) ホーム画面にブラー効果がかかる
(3) 左側から複数のアプリ画面が重なって出現
(4) アプリ画面は手前のものほど早く現れる

ほんの一瞬の間に大きく4つの動きが組み合わされている。操作と連動しているため気づきにくいアニメーションだが、ここから様々なことを読み取ることが可能だ。

まずホーム画面がぼやけながら奥に移動することで、操作できない対象になることを示している（しかし奥にまだ存在していることから、すぐにホーム画面に戻れることも理解できる）。さらに、アプリは一枚一枚カードが配られたかのように、それぞれのタイミングをずらして移動していく。この動きのずれによって、複数のアプリが奥に重なっている可能性があるということをユーザーに伝えているのである。

このように、「動きを分解する」という意識でUIを観察すると思わぬ発見をすることがある。また、逆にUIモーションを検討していく際、ユーザーに伝えたい意図を細分化するとともに、それらを動きの要素に変換し、最終的に統合していくというデザインプロセスも有効になりうるだろう。

動きと速度

動きのデザインにおいて速度はとても重要だ。0.5秒間で動くのと、2秒間で動くのでは全く印象が異なり、伝わってくるメッセージも別のものとなる。それに加えて「間」もコミュニケーションに影響する。こちらの問いかけに対して即座に返事をするのと、少し間があってからの返事では意味に変化がもたらされるだろう。このような速度や間のデザインは、UIモーションにおいても重要なものとなる。

速度のデザインをする手法に「イージング」がある。これは、動きに加減速を加え、なめらかで有機的な印象を与えるもので、モーショングラフィックスからUIデザインまで、動きに関わる設計全般に一貫して通用するテクニックである。加減速がない一定の動きは正確さを表現できるが、人工的で機械的な印象となる。あえてそういった動きを演出したい場合以外は使用しないほうがよいだろう。

イージングには様々な種類があり、それぞれで印象が異なってくる。初速が速いイージングであ

GoogleのUIガイドライン「マテリアルデザイン」では動きが空間と共に定義されている

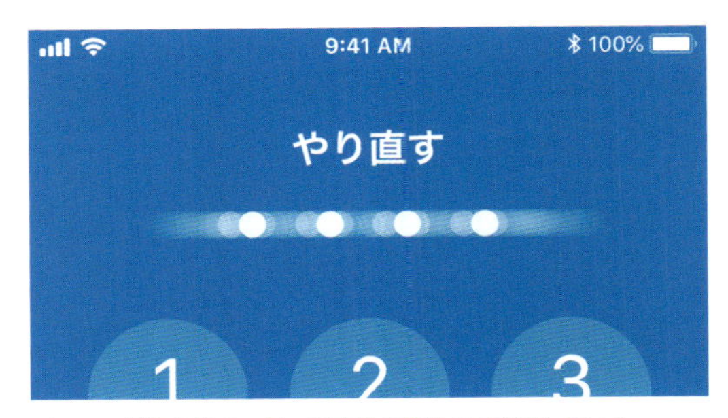

パスコード入力時のエラーを文字の横揺れで表現している（AppleのiOS11）

れば、ユーザー操作との連動性が高くキビキビした印象となる。逆に初速が遅いとゆったりした印象となり、丁寧に展開していく場面に活用できる。イージングの中には動きの余韻が感じられるものがあったり、バネが弾んだり、ボールがバウンドするようなものもあるため、適切に選択することでより表現の意図を強調することができるだろう。

心理に影響する動き

我々が感じる時間の長さは常に一定ではない。楽しいときや慌てているときの時間は、そうでない場合に比べて短く感じるし、退屈な時間は長く感じる。動きのデザインは時間軸を伴う。ということは時間感覚を操作することも可能なのである。

例えば代表的な例としてローディングアニメーションがある。ログイン時のデータ読み込みや、ネットワークへのアクセスなど、ユーザーが何かしら待つ必要がある際に表示される情報だ。操作可能なUI要素ではないが、システムの状況をユーザーに伝えるための重要なフィードバックである。

さて、もし全くローディングアニメーションがなかったらどうだろう。ユーザーはシステムが正しく動作しているのか不安になり、いつ終わるのかわからないため、待っている時間がとても長く感じられる。表示の遅いウェブサイトにアクセスしている際にもこうした状況に陥ることがあるが、多くのユーザーはそのページを立ち去るだろう。

ローディングアニメーションの中でも、進捗状況がわかるプログレスバーはユーザーに安心感を与えるUIのひとつであると言える。いつ終わるのか？というユーザーの知りたい情報を的確に表現できるからだ。実際、システムの起動時やダウンロード中など多くの場面で使用されるため、目にする機会も多いだろう。

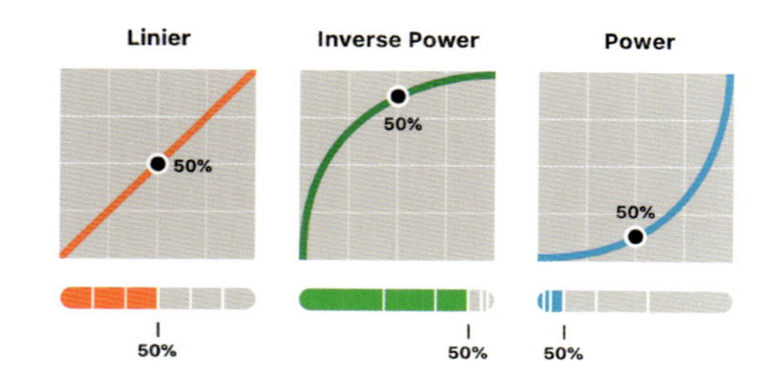

左から、等速、序盤高速、終盤高速の速度グラフ。加減速のある動きは、等速な動きよりも時間を短く感じさせる効果がある。

この見慣れたプログレスバーには興味深い研究がある。バーの動き方によって、待ち時間の長さの感覚を変えることができる、というのだ。

すなわち、バーの動きが一定速度の場合よりも、加速や減速といった可変速度の場合のほうが待ち時間が短く感じられるというのである。実際、筆者もいくつかの加速度を用いたプログレスバーを作成して確認してみたが、やはり、加速がついているモーションのほうが短時間に感じられた。個人的な感覚だと特に前半に加速していくモーションは、待ち時間が短く感じられる傾向がある。

プログレスバーに限らず、ユーザーに何かしら情報提示を行う際、動きによって時間感覚を操作できるという観点は、今後UIのモーションをデザインする上で非常に重要な考え方となるだろう。

動きの表現史

「世界の輝きに一つの新しい美、つまり『速度の美』が付け加えられたことを宣言する」

これは、未来派宣言で知られるマリネッティの20世紀初頭の言葉である。当時の産業革命や機械化の流れに呼応するかのような、新たな表現のあり方の宣言だ。未来派以前、動きそのものが視覚表現の中で重要視されることは少なかった。絵画や彫刻といった表現技法自体が静止的だったこともあり、描くモチーフとして動きが主体となるのは難しかったのだろう。

しかし、写真の発明以降によって状況が一変する。写真によって時間というとめどない「流れ」が一瞬と一瞬の「連なり」で捉えられることが可能となったためだ。時間や動きそのものが表現のモチーフになる時代が到来したのである。

エドワード・マイブリッジが1878年に撮影し

た馬の連続写真は、馬が走行中に全ての足を空中に浮かせる瞬間があることを人々に提示した。肉眼では捉えられない動きを「瞬間の連なり」として分解することで、逆に時間や動きという概念を強烈に浮かび上がらせたと言える。

その後、写真は表現や思想、社会に大きな影響を与えることとなる。そして写真を発展させる形で映像技術が生まれ、映画やビデオアートという形で重要な芸術表現の手段となっていった。

さらに、コンピュータの発明によって動きは「記録・再生」するものから、計算で「生成」するものとなった。1958年に制作された「Tennis for Two」は最初期のコンピュータゲームで、シンプルな対戦型のテニスゲームだが、ボールの軌跡にリアリティがあり、あたかも画面の中に本当の自然環境が再現されているかのようである。

現在、コンピュータによる動きの表現は、科学からエンターテインメントなど様々な分野で活用されるとともに、今もなお進歩が続いている。そしてその流れの中で、コンピュータシステムとユーザーのコミュニケーションをより円滑にする手段として、UIにも動きがもたらされたのである。

コンテンツと連動したUIモーション

スマートフォンやパソコンなどのアプリケーションでは、OSが提供するUIを利用することが多い。Googleのマテリアルデザインや、Appleのフラットデザインなどである。しかし、その他のデバイスにおいては製品が示す世界観や、提供するコンテンツに合わせてUIデザインを構築する必要がある。実際、そうした事例は多く、デジタルサイネージ、家電や自動車のコントロールパネルなどに見受けられる。特にゲームの世界におけるUIデザインは、ゲームの世界観や面白さ、操作性に大きく関わるため非常に重要なデザイン分野である。

2018年に任天堂がリリースしたNintendo Laboのユーザーインターフェイスは、統一感のあるグラフィックとインタラクションが高度に統合された良い事例であろう。遊びと学びを楽しい世界観で提供するという一貫したUI体験を実現している。

例えば、解説の閲覧中に「進む」ボタンを押すと次の説明に進んでいくのだが、ボタンをタッチではなく横にスワイプすると、ゴムのような動きでボタンが伸び縮みし、この伸び方で解説の速度を変更できるのである。これ以外にも、楽しくも細やかな動きやインタラクションが至るところに散りばめられている。いわば、コラムの冒頭で述べた「動きの4分類」が統合されたモーションデザインであるといえよう。

OSのプラットフォーマーが提供するUIガイドラインに従うことがユーザビリティの向上に繋がることは間違いない。しかし一方で、このようなコンテンツと統合されたUIデザインの必要性も忘れてはならないのである。

より自律的な動きの生成へ

映像やゲームなどのコンテンツデザインにおいて、動きを作る手法は多様化している。中でも機械学習やシミュレーションなどの技術を活用した「プロシージャル型」と呼ばれるモーションデザインは、キャラクターの動きや自然環境の営みの表現に積極的に採用されている。人の振る舞いのような複雑な動きは、これまでモーションキャプチャという技術で記録されていたが、これからはコンピュータが動的に生成するものになるのだ。

こうした「動き」が動的に生成されるという潮流は、UIのモーションデザインにも影響を与えてくるに違いない。すなわち、あらかじめ定義された動きがユーザーの操作によって再現されるのではなく、ユーザーの心理や状況を判断し、システム側が最適な動きを無限に生成するということも考えられる。近い将来、動きを作るというモーションデザインは、動き方のパターンを自律的に生み出すモーションシステムのデザインへと変容している可能性がある。

Micro Interaction

動きのデザイン

デザインがミニマライズされる一方で、それを補うかのように「動き」のデザインの必要性がますます高まっている。「動き」をデザインすることは、情報を豊かにするからだ。視覚体験としての楽しさだけでなく、メッセージや文脈を伝え、人とマシンの間により親密な関係を作り出す。このパートでは、ただの演出にとどまらない「動き」のアイデアの事例を見せていく。

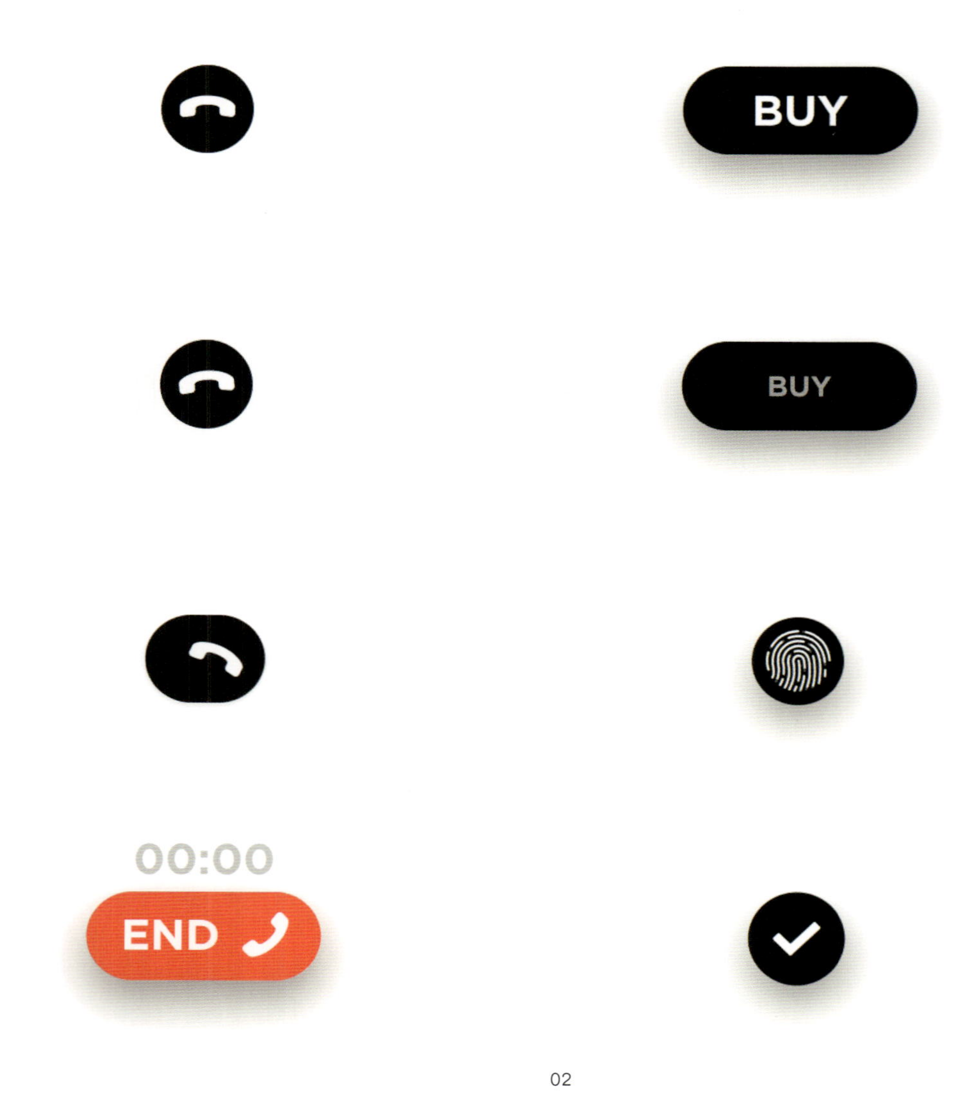

01

02

44 _ 動きの中にプラスアルファの機能を導入する

Airbnbが開発したアニメーションライブラリ「Lottie」を用いて制作されたアニメーション。動きの中に多様な機能を導入するアイデアを実践した、50のマイクロインタラクションを制作するプロジェクトの一部。開発者やデザイナーが自分のプロジェクトに特別なものを付け加えることができるよう、再利用可能なツールキットとして作られている。

Design: Eddy Gann
Credit also goes to: Aaron Tenbuuren, Salih Abdul-Karim, and Nattu Adnan

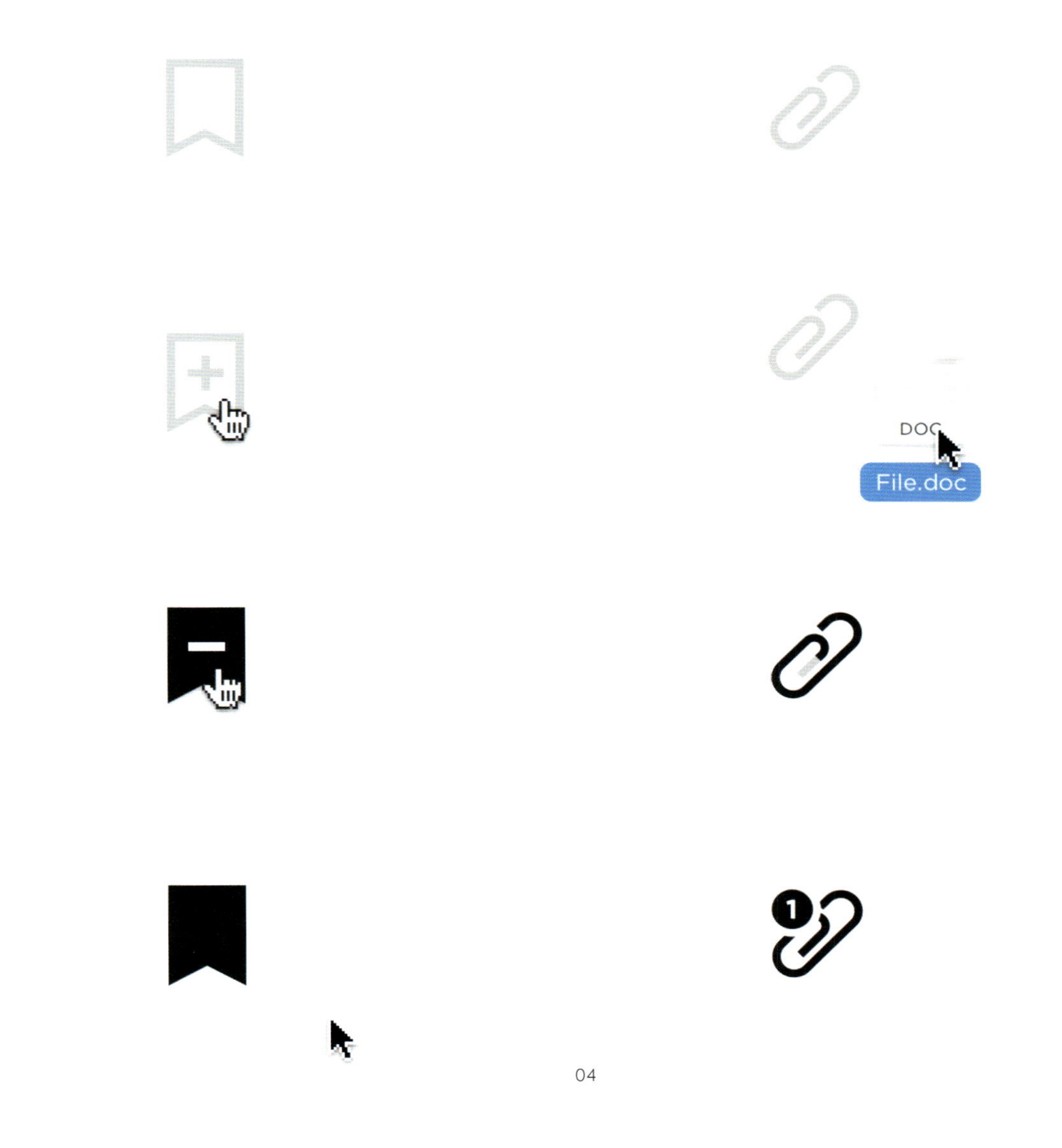

03

04

50 Micro-Interactions

dribbble.com/Ed117/projects/517560-50-Micro-Interactions

新しいツールや、アニメーション、優れたユーザー体験に対する継続的な探求のために制作された一連のプロジェクト。工夫されたアニメーションや、楽しさあふれるインタラクションをプロダクトに加えることで、ユーザーの体験を大幅に向上させ、魅力的な製品を作り出すことができる。

01　電話アイコンが通話ボタンに変化。ひとつのアイコン内に通話の開始終了のボタンの機能や、情報の表示などの複数の役割を担わせるアイデア
02　購入ボタンを指紋認証と一体化するアニメーションのアイデア
03　ブックマークを表現したマイクロアニメーション。追加と削除がアイコン内でわかりやすく表現されている
04　ファイルを添付する機能を視覚的に表現したマイクロインタラクション。ファイルをクリップのアイコンにドロップすると、クリップが黒く塗られていき、添付数を示すバッジが付属する

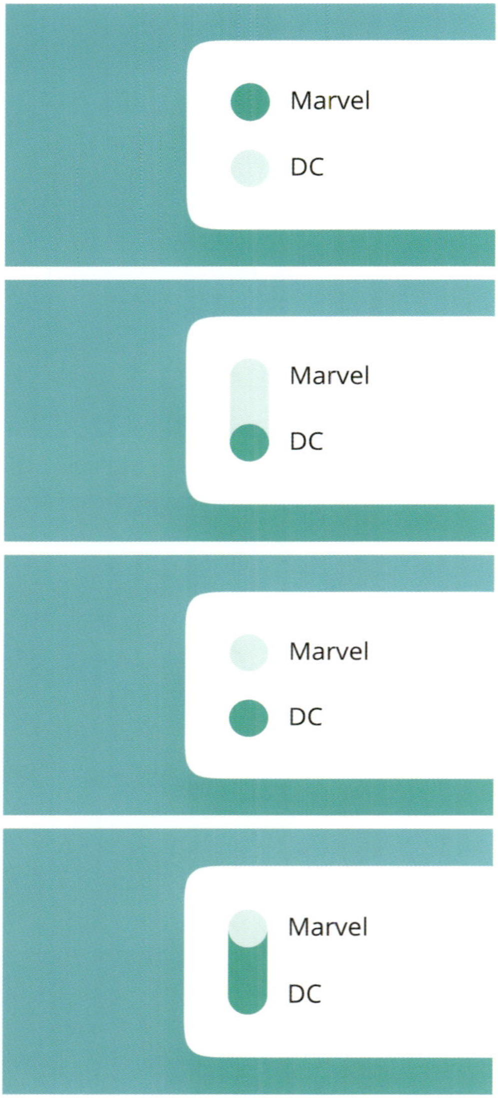

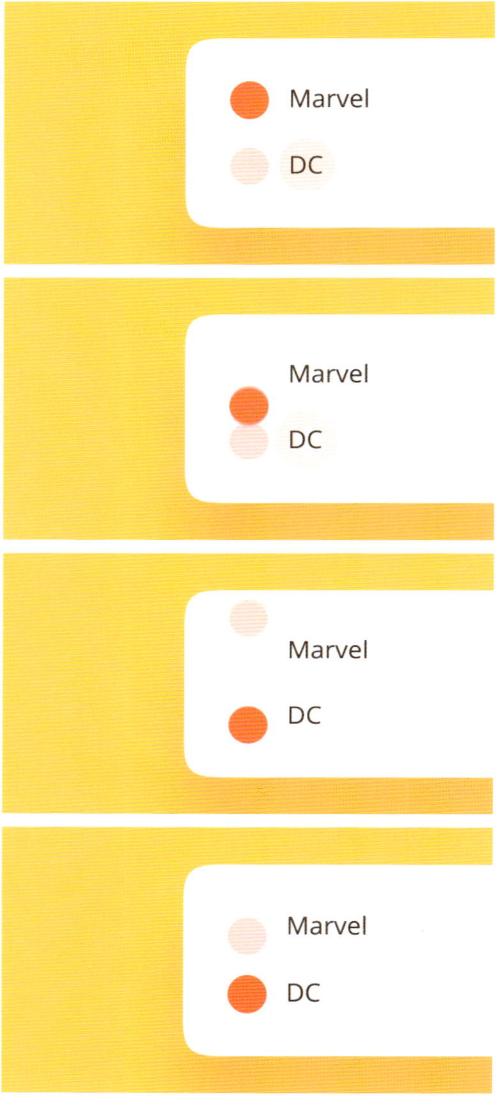

Marvel
DC
Marvel
DC
Marvel
DC
Marvel
DC
Marvel
DC
Marvel
DC
Marvel
DC
Marvel
DC

45 _ 切り替わりを、動きで直感的に伝える

ラジオボタンの探求のために作られた1例。馴染みのあるUIの中に新しいものを見つけるマイクロインタラクションの実験シリーズ。上下にある選択肢を、ボールを受け渡すようにスイッチがバウンスしながら切り替わる。中間状態でボタン同士が繋がり合うことで、要素間の切り替わりをより直感的に伝えている。

Radio Buttons Interaction II
Radio Buttons Interaction III
dribbble.com/shots/4928355-Radio-Buttons-Interaction-II
dribbble.com/shots/4937961-Radio-Buttons-Interaction-III

Made by Oleg Frolov for Magic Unicorn Inc.

46 _ 検索バーの動きで驚きをもたらす

フラットな検索バーのデザインに3D空間的な要素を与えたらどうなるかの実験。テキストフィールドにある検索アイコンをリボルバーのように回転するカテゴリー表示のトリガーにする、フラットなアイコンが回転してそのまま入力カーソルとなるなどの斬新なアイデアをアニメーション化している。繊細だが驚きのある動きに仕上がっている。

Search Icon Interaction
Search Icon Interaction II
dribbble.com/shots/4605344-Search-icon-interaction
dribbble.com/shots/4638987-Search-icon-interaction-II

Made by Oleg Frolov for Magic Unicorn Inc.

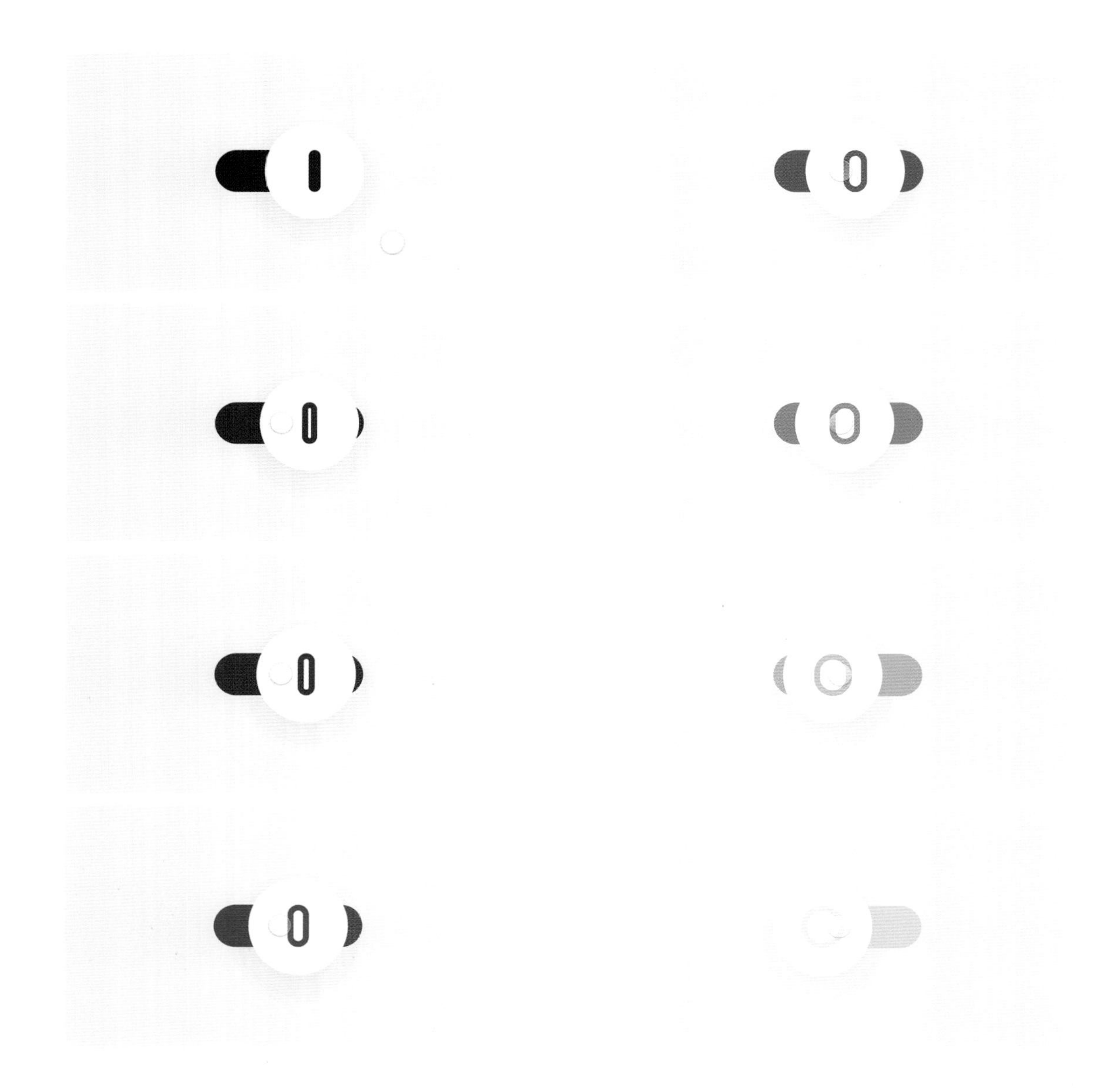

47 __ アニメーションで動きとシンボルを繋ぐ

見た目の通り ON と OFF の間を行き来するスイッチャー。それぞれ、オンとオフを表す 1 と 0 というラベルが記されている。その 2 桁の信号をインタラクションでなめらかに変換することがこのアニメーションの主要なアイデア。異なる形を横断するスムーズな動きにより、予期せぬ驚きが生まれている。

Switcher XXXIV

dribbble.com/shots/4167815-Switcher-XXXIV

Made by Oleg Frolov

48 __ 回転するメニューで、限られたスペースを活用

古典的なドロップダウンメニューを改善するためのアイデア。そのために採用されたのが、タップで要素が回転しながら切り替わるというアニメーションを持ったUI。馴染みのない動き方だが、限られたスペースで要素を表示したいフィットネスのトラッカーやスマートウォッチなどに効果的なデザインとなっている。

Menu
dribbble.com/shots/4273389-Menu

Made by Oleg Frolov

49 __ テキストフィールドのUIの要素を再利用する

テキストフィールドのインタラクションに新しいアイデアを導入する実験。フォーカスすると、テキストフィールドの背景がカーソルへとダイナミックに変化する。テキストフィールドを点滅するタイプのカーソルとして再利用することにより UI 要素の数を減らすことができる。経済的で洗練されたソリューションになっている。

TextField Interaction Experiment
dribbble.com/shots/4948429-TextField-Interaction-Experiment

Made by Oleg Frolov

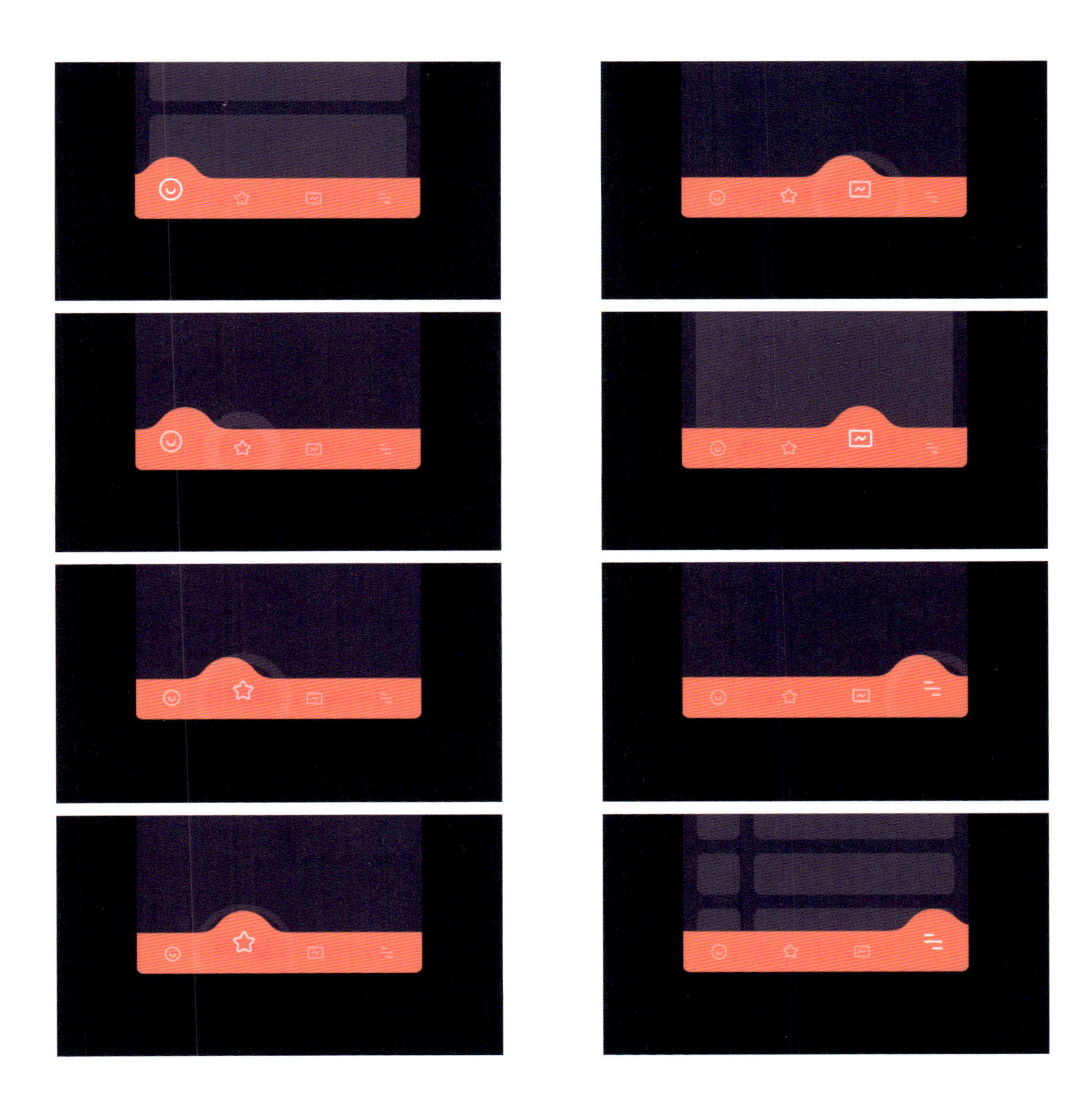

50 _ 流体のような動きで、タッチに驚きをもたらす

流体タブバーのインタラクションのコンセプトデザイン。突起のような柔らかなデザイン要素に流体のようになめらかな動きを適用し、ゼリーのような感触を与えている。アイコンが拡大・移動しながら突起の中に収納されることで、現在位置を示す。単に操作するための UI ではなく、触ることを面白くするための UI。

Fluid Tab Bar Interaction
dribbble.com/shots/4800174-Fluid-Tab-Bar-Interaction

Made by Oleg Frolov

12:30
Connections
Seach by Name, Company or Position
TODAY
Kate Yamamoto
Wantedly ,Inc, Corporate
Jack Perker
Fuel,Inc., CTO
WITHIN TWO WEEKS
Daniell Smith
Gyaku,Inc., Bussines Development
Jake Williams
Amanon Japan, UX Designer

01

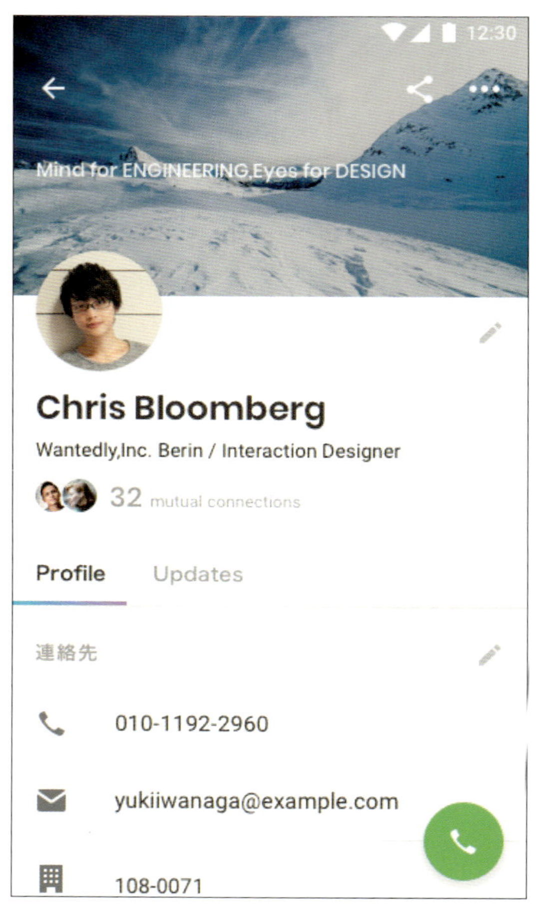

02

51 __ 情報提供のプロセスを切れ目ない動きで伝える

シャッターを押すと、ファインダー内の名刺がスキャン結果のリストにシームレスに変化。処理時間に合わせた表現で体感的な待ち時間をなくすとともに、ARゲームのようなスキャン毎に異なる視覚的な気持ちよさを提供している。アニメーション中に撮影結果の確認などの情報提供を盛り込むことで確認ステップを省き、シンプルなインタラクションに。

Client: ウォンテッドリー株式会社
Designer: 青山直樹

03

04

05

06

07

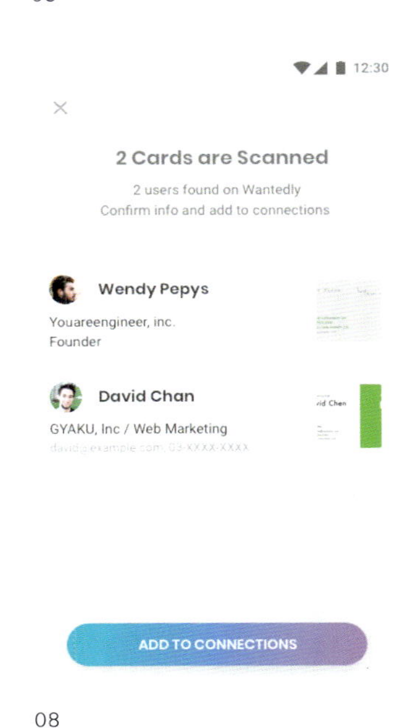

08

Wantedly People

people.wantedly.com

名刺を起点にビジネスパーソンがつながり、人脈を構築するためのアプリ。カメラで撮るだけで同時に 10 枚もの名刺を人工知能がリアルタイムで解析し、即時データ化できる。詳細なキャリアプロフィールも掲載可能なので、名刺の内容を超えた情報を交換することができる。

01　つながりからワンタップでコンタクト手段を選択できるショートカット
02　プロフィールページ。電話アイコンタップで通話が可能
03-08　複数の名刺を同時にスキャン。角度がついていても、正面の角度に補正される。スキャンの工程は切れ目のないアニメーションで変化していく

GROWTH POINT　スキャン時のアニメーションは広告での訴求でも効果を発揮しており、具体的な体験を見せることで後の継続率も高まっている。

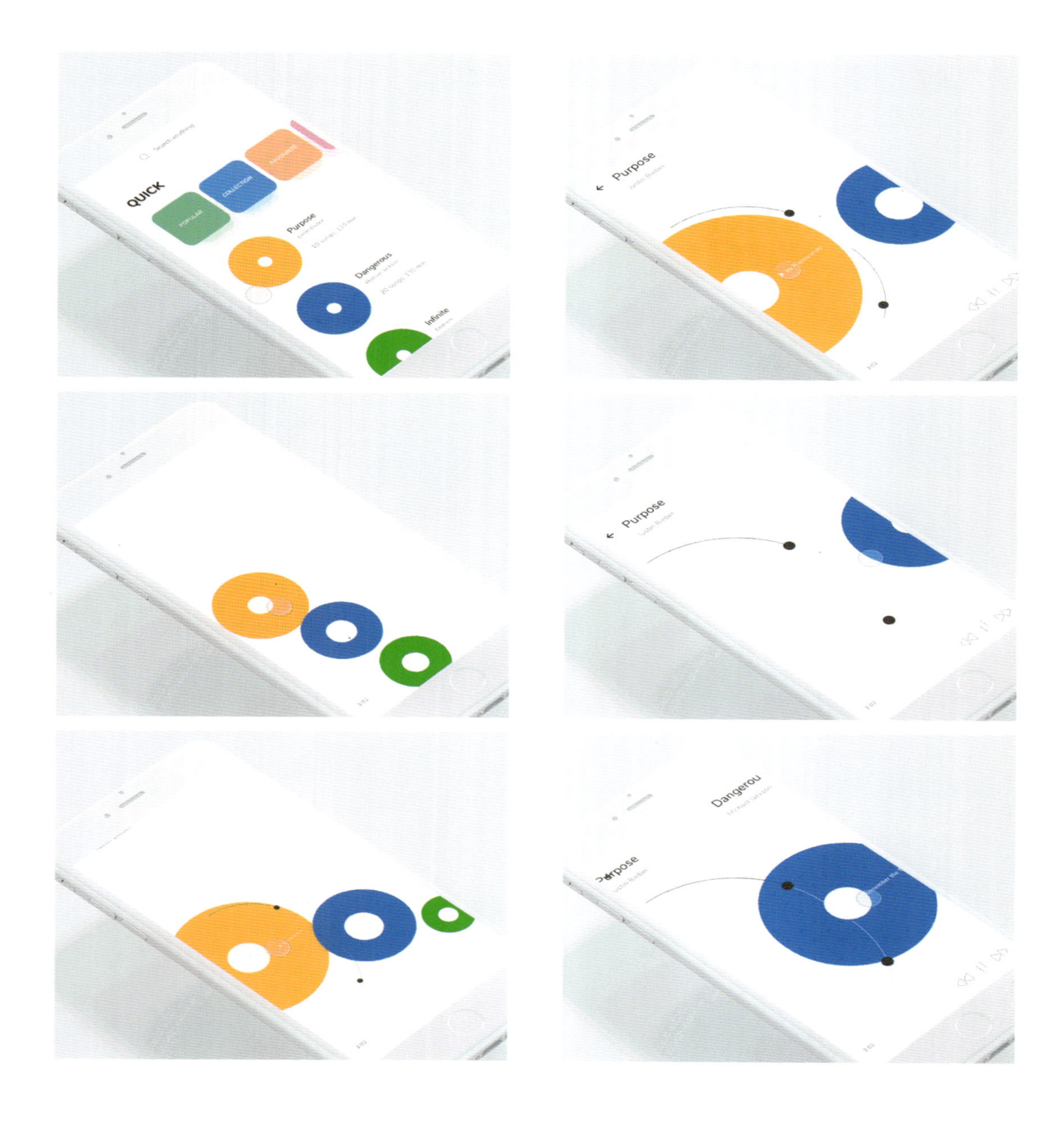

52 ＿ レコードのメタファーにより、音楽再生の操作性を高める

スムーズなタッチで音楽再生を可能にするUIのケーススタディ。ボタンの押しやすさを数式で表した「フィッツの法則」を要素の配置や大きさに適用し、迅速な使い心地を可能にしている。また、アルバムやプレイリストはレコードのような円盤の形で表示され、人間性を考慮したデザインが重視されている。

Designer: Johny vino

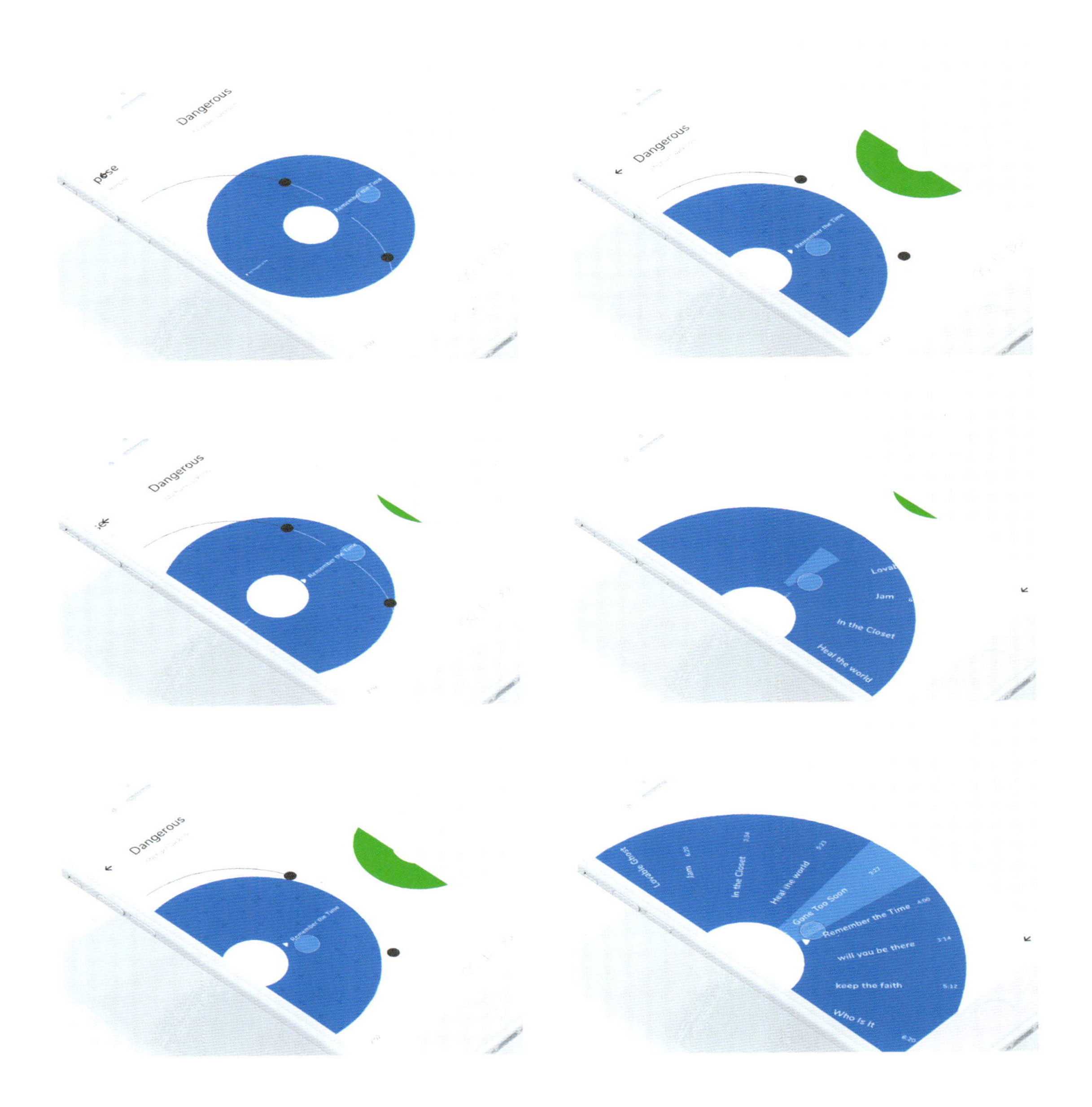

Playlist — Radial Interaction

dribbble.com/shots/3549401-Playlist-Radial-Interaction

スムーズな曲の選択と再生を可能にする音楽アプリのケーススタディ。コンテンツはレコード型の円盤状で表示され、ユーザーは素早く直感的な動作で曲を選ぶことができる。シンプルに作られたUIの構成と、フィジカルに訴える視覚要素がより高いユーザビリティをもたらしている。

レコードのメタファーになっているサークルをタップすると、選択したアルバムが拡大し、他のアルバムは横に並ぶ。ナークルの中に曲名が出現するので、リスト型のプレイリストと同じように曲を選択することが可能になる。次のアルバムに移動したいときは、横に見えて.いるサークルをタップすればよい

53 _ 話法について

文・有馬トモユキ

いつもデジタルプロダクトについて考えているわけではないので、この本の趣旨に完全には沿っていないかもしれない。しかしデザインの実例が多くWeb上で共有されるようになり、グラフィックや映像、印刷物も同様にインターフェイスとインタラクションについて考えながらデザインできる時代になってきたのは幸せだ。それは、人間とその行動について考えていることと同義だからだ。

電池

几帳面な仕事仲間がいる。彼は生活面で潔癖といえるくらいにしっかりしているが、ある日、マウスの電池が切れて困った私に「自分はApple Magic Mouseの電池を、充電残量警告が出る前に交換しておくのだ」と言った。頼りになる男だとしばし思ったが、そうしたことを人間がやらないですむための残量警告の仕組みではないか……ひいては、そうしたことを受け手に考えさせないようにするのがAppleの仕事なんだろうな、と思った。かくしてApple Magic Mouseは(ケーブルの位置が議論となるが)Lightningケーブルで充電できる、よりスマートな形式に改められた。彼は心配事が減っただろう。私は、充電のことをまったく憂慮しないでいいマウスが出荷されないだろうか、とものぐさに願った。

人間の身体と感受性

世界も人間の行動もここ20年でかなり変容した。液晶パネルは社会のインフラになったし、カメラのセンサーが億単位で必要になる世界はほとんどの人が想像しなかっただろう。しかし人間の身体と感受性はそう変動していないと思う。未知を求める好奇心がグーテンベルクの活版印刷と宗教革命を生んだのだし、情報は開かれるべきだと思った人たちがいるから、ネットワークとハイパーテキストが生まれた。そうした人の欲求ともいえる心はなかなか変動しないから、グラフィックを素敵に見せること、インターフェイスを使いやすく開かれた状態にすることは基本原則として変わらない。

変動点

サイエンス・フィクションの世界では『攻殻機動隊』や『ブレードランナー』に代表される「サイバーパンク」と呼ばれるジャンルが存在する。定義はいくつかあるが、その一つに「ジャックイン」と呼ばれる侵襲性のインプラント……つまり、マシンを人間の身体に埋め込んでしまう、もしくは直接接続してしまうというものが存在する。人間とソフトウェア的な動作や情報の間には、常に超えられない膜のようなものが存在する。サイバーパンクが成立したのは80年代の初頭で、コンピュータが各家庭に普及する前夜である。その想像力には感銘を受けつつ、ひとつの、手続きを飛び越えてしまいたいような欲求が存在していたことを感じる。

生まれつき人間の身体や感受性が変わらないとして、科学は効率を求めて進化するから、常に新しいハード、ソフトが登場する。スマートフォンとタブレットは、ここ数年である一定のサイズに収束した。まだその分野では、世界は適正なサイズを求めてベータテストを繰り返しているのかも

有馬トモユキ
日本デザインセンター所属。音楽レーベル・GEOGRAPHICクリエイティブディレクター。SFサークル・DAISYWORLD主催。武蔵野美術大学基礎デザイン学科非常勤講師。コンピューティングとタイポグラフィを軸として、グラフィック、Web、UI等複数の領域におけるデザインとコンサルティングに従事している。

しれない。そうした試みが持続するからトレンドが発生するが、トレンドにいつも追従していなければデザインとインターフェイスはその魅力を失ってしまうのかというと、必ずしもそうでもないと感じている。

ユーザーテストやシミュレーション、そして想像力によって、その操作がどう人に作用しているかをひも解ければ、それはいつでもコミット可能なもの、手続きに介入することが可能なのだと思う。具体的には、プラットフォーム側で用意されていたり、ソフトウェア側でプリセットとして用意されている「慣用表現」としてのグラフィックやインタラクションは、

- **そのまま慣用として使用する**
- **ディティールを修正する**
- **フルスクラッチで作り直す**

のように、実は常にデザイナー側に判断が委ねられているということだ。科学を人の行動に対して開く行為は、科学側が進化してくれることによって、常に話法がアップデートされているともいえる。だから慣用を読み解くことが、常に話法に現代性を与える（もちろんそれには従っても、あえて従わないこと自体をコンテンツにしてもよい）。新しい話法は、それがたとえWebでも印刷物でも、滑り込ませられる余地を持っている。

フレーム

現代は既に規範となりえるようなインターフェイスがGoogleやAppleのような組織の才能あるひとたちによってデザインされている。そうしたなかでデザインを作る時、どこからどこまでをデザインするかについて、一度自由に考えるようにしている。写真は良いストックフォトがある。フォントはGoogle Fontsのような軽量で品質の良いものがたくさんある。UIKitとよばれる、よくユーザーテストの嵐に耐えた、熟れたグラフィック要素も揃っている。だからこそ、その規範と肩を並べるような純粋な心地よさを目指してもよいし、あえて形の面白さといった、別の価値観に走るのもよい。どこを変動点にするかは、音楽や料理のように、身体が不快に感じる領域を逸脱しない限りは作業者に自由が与えられていると思う。

Appleが配布しているUIKit「Apple Design Resources」

そうした意味では、デザインする場所を変動させることによってインターフェイスの基礎を編集できると思っている。Netflixの日本語字幕は言語をUIとして捉え、そこを丁寧に掘り進めた良い実装の例だ。日本人の視聴者が慣用として慣れ親しんだ、独特の話法（例えば字幕が2行に渡る際のルビの入れ方など）にきちんと寄り添っている。ローカライズも体験を大きく改善できる変動点だと言える。

ローカライズといえば、翻訳そのものも体験に大きく寄与する。鍛治屋プロダクションは日本のゲームや小説といったコンテンツを英語翻訳する専門家集団だが、固有名詞や日本ならではの慣用句も英語圏に合わせてチューニングしているという。「赤飯」を「red rice」と訳してしまうと、日本語圏以外のユーザーには「祝い事の際に食べるもの」であることが伝わらないかもしれないといった具合だ。彼らは桜坂洋氏のライトノベル『オール・ユー・ニード・イズ・キル』の翻訳を手がけ、その深い仕事がハリウッドで本作が映画化（英題は『Edge of Tomorrow』）されたことに一役買ったと思われる。同じく彼らが翻訳した伊藤計劃氏の『ハーモニー』は、政府の後継組織として「生府」（ヴァイガメント）が登場する。翻訳の補佐をしたSF評論家の大森望氏によると、原典を尊重するとvigormentとなるが、英語圏ではそこからgovernmentを連想しづらかったようで、admedistrartionになったという。こうしたディテールの集積は、本作がアメリカでフィリップ・K・ディック賞の特別賞を受賞したことにも貢献しているはずだ。

フレームは言語といった基礎方向に広げることも可能だが、逆に慣用を制限することでコンテンツにすることも多い。SnapchatやInstagramのストーリー機能のように、本来はいつでも保存できる映像を、ある一定時間しか閲覧できない状態に制限することがライブ性と特有のコミュニケーションを生んでいる場合もある。ゲーム『風ノ旅ビト』（英題は『JOURNEY』）では、プレイヤーはランダムにマッチングされたもう一人と美しい砂漠を旅することになるが、最後までそれが誰なのか知る術はない。それればかりか、相手とテキスト

鍛冶屋プロダクションによる翻訳作品
『All You Need is Kill』
著：桜坂洋　英訳：アレクサンダー・O・スミス、ジョセフ・リーダー

『Harmoney』
著：伊藤計劃　英訳：アレクサンダー・O・スミス

「風ノ旅ビト」ウェブサイトより

→

→

American Express ロゴ（左：Old→右：New）

や音声、エモート（動作）などで会話する手段はなく、ボタンを押して、体から「光」を出すことだけが可能だ。この極端に制限されたインタラクションは、ゲームを進めていくと「相手は、ここは安全だ、もしくは危ないと感じたときのみ光を出す」「なにかゲーム的に良いことがあったときにこちらの光を求める」といった学習曲線を経て、特有の親密さを生み出すことに成功している。

アイデンティティ

グラフィックデザインが、インターフェイス側の要請からアップデートを行う事例も増えている。話題になったものの1つに、クレジットカード会社のアメリカン・エクスプレスのリブランディング事例がある。スマートフォンの小さなスクリーンでも判別性を高めるために、既存のロゴに加えて「AMEX」のみの正方形バリエーションを用意したり、ローマ軍団に由来する象徴的な「センチュリオン」マークのイラストレーションを、よりシンプルなストロークに修正している。最初はスクリーン周りのスペックが追いつかない間の過渡期的な事例だと考えたが、カードの券面よりも小さな寸法で使われるシチュエーションが増えたからだと思うと腑に落ちる。

グラフィックデザインの会社で、ブログメディアも運営しているUnderConsideration LLCが運営している、ブランディングとグラフィックデザインにまつわるカンファレンス「Brand New Conference」というものがある。2017年のBrand New Conferenceのアイデンティティは、固定された形状が基本としてありながら、それが水面を泳ぐかのように無数のバリエーションが展開され

Brand New Conference 2017
来場者向けバッジ

トートバッグデザイン

ロゴバリエーション

る。インスピレーション源は会場の正面にある大きく歪んだ鏡面が特徴的な彫刻であるようだ。基本がボールドで強固であり、かなりの変形にも耐えられるよう設計されたロゴタイプが自由に躍動するさまは、ブランディングの多様性を表している現代的な定着だと思えて羨ましくなる。どのアウトプットを見てもアイデンティティを感じることができる設計も、インターフェイスと言えるだろう。

こうした事例を見ると、スキルが横断的なことが許される……つまり、グラフィックデザイナーがWebを実装し、UIデザイナーが3Dソフトをさわる……時代の作り方を考える。おそらく以前は、制作の工程はリニアで、一定方向のものだった。コピーライターやクリエイティブディレクターが策定したコンセプトがグラフィックデザインに落とし込まれ、それが印刷物として定着される。今はより現代的な作り方があるはずだ。デジタルプロダクトは十分な検証そのものがコンセプトを変質させるし（先の『風ノ旅ビト』の場合は、プレイヤー間のコミュニケーションが「光」であることを突然思いついたのではなく、1つずつ他の可能性を排除していったそうだ)、Brand New Conferenceの場合もシミュレーションを走らせない限りはそれが魅力的かどうかは判断しかねたはずだ。デジタルでものを作る世界においては、工程はリニアではなく、パラレルなのだと感じている。例を挙げると、3Dアニメーションの制作会社「サンジゲン」では、アニメーター（モーションデザイナー）が、より魅力的になるように、モデラーがデザインしたモデルそのものを修正する権限が与えられているそうだ。

デザインの後にゲームのメカニクスを修正してもいいし、素晴らしい体験の実態は「翻訳をチューニング」したことかもしれないし、ロゴタイプを可読性が高くなるよう修正すること自体がクリエイティブ全体のディレクションとして機能するかもしれない。そうした世界はスキルセットの横断だけではなく工程の横断を感じさせてくれる。理想的なワークフローを組み立てるには、合議の仕組みや経済的なスキームの修正（デザインはもう、納品物ベースで対価を求めるモデルは成立しなくなっていくだろう）が要請されていくと思う。

絵筆

制作面でも、フレームを定義する補助となる「変動点 ＝ 絵筆」が登場している。インターフェイスにおける動きは、既に複雑化した情報を、効率的に捉えたいという要求に答えるかたちでメタファー（暗喩）やサマライズ（要約）のために多く運用されている。

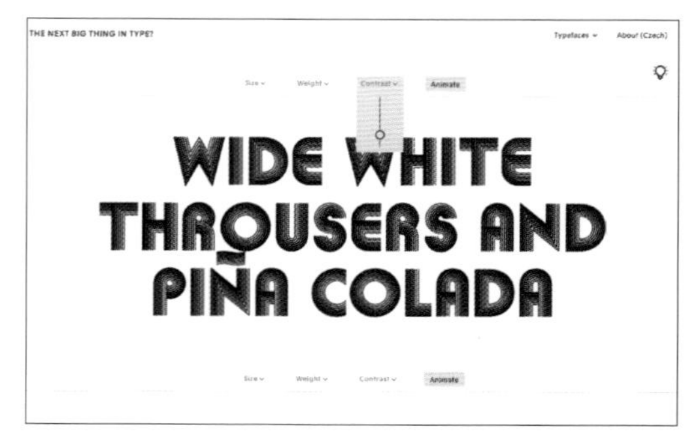

「THE NEXT BIG THING IN TYPE?」
http://thenextbigthingintype.umprum.cz/

新しい絵筆の1つに数えられそうなのは、バリアブルフォントだ。書体制作ソフトGlyphsで試作し、Adobe Illustrator CC 2018以降で使用することができる「自由に変動するフォント」は、太さ、傾きに加えてあらゆるパラメータをアニメーションのように編集することができる。書体のカンファレンスTypeConでプレゼンテーションされた、チェコのデザイナー・学生たちによる共同プロジェクト「THE NEXT BIG THING IN TYPE?」のウェブページでは、その可能性の一端を見ることができる。太さなどのパラメータを任意に命令すれば、周辺の環境(たとえば明るい部屋から暗い部屋に移るなど)やコンテンツの文脈に応じて書体のコントラストを自由に変更することも可能だ。

ゲーム産業では、「プロシージャル」と呼ばれる、AIにおけるステージやグラフィック要素の自動生成の進化が著しい。Warframeというサードパーソンシューターでは、戦闘を行うマップそのものがほぼ違和感のないかたちで自動生成される。デザインの分野ではAdobeのAI、Senseiが既に「ユーザーのデータに応じたデザイン案の1to1(つまりオーダーメイド)自動作成」までを実現しているそうだ。ここで重要なのは、私たちの仕事が脅かされるといった議論ではなく、あくまで基準はゲームでもデザインでも「人間が快適に感じるか」であろう。乱暴なことはそうそう起こらないと思うし、判断には人間が必要だ。デザインでもプロシージャルは歓迎だし、それに対応したフレームを設計したいと思う。

科学を応用してつくる新しい絵筆に対応するために、人間側はデザインのルールや原則をパッケージにして効率的に理解しようとする。しかし変に思考を制限することはせず、ただ今取り得る絵筆を、冷静に、絞らずに見つめられれば、新しい話法も楽しめるはずだ。それは人間性に根ざすということには変わりなく、だから観察力や咀嚼力がデザイナーにある限り、インターフェイスの設計は魅力的なタスクだと思う。

Onboarding Graphics

価値提示のプロセス

サインアップしたばかりのユーザーに、アプリの魅力を伝えるのがオンボーディング画面の役割。ユーザーの邪魔にならないよう少ない画面数の中で、サービスの価値や使い方を理解してもらわなければならない。その手助けをするのが、情報をわかりやすく伝える親しみやすいイラストレーション。このパートでは、簡潔にサービスの内容と魅力を伝える事例を見せていく。

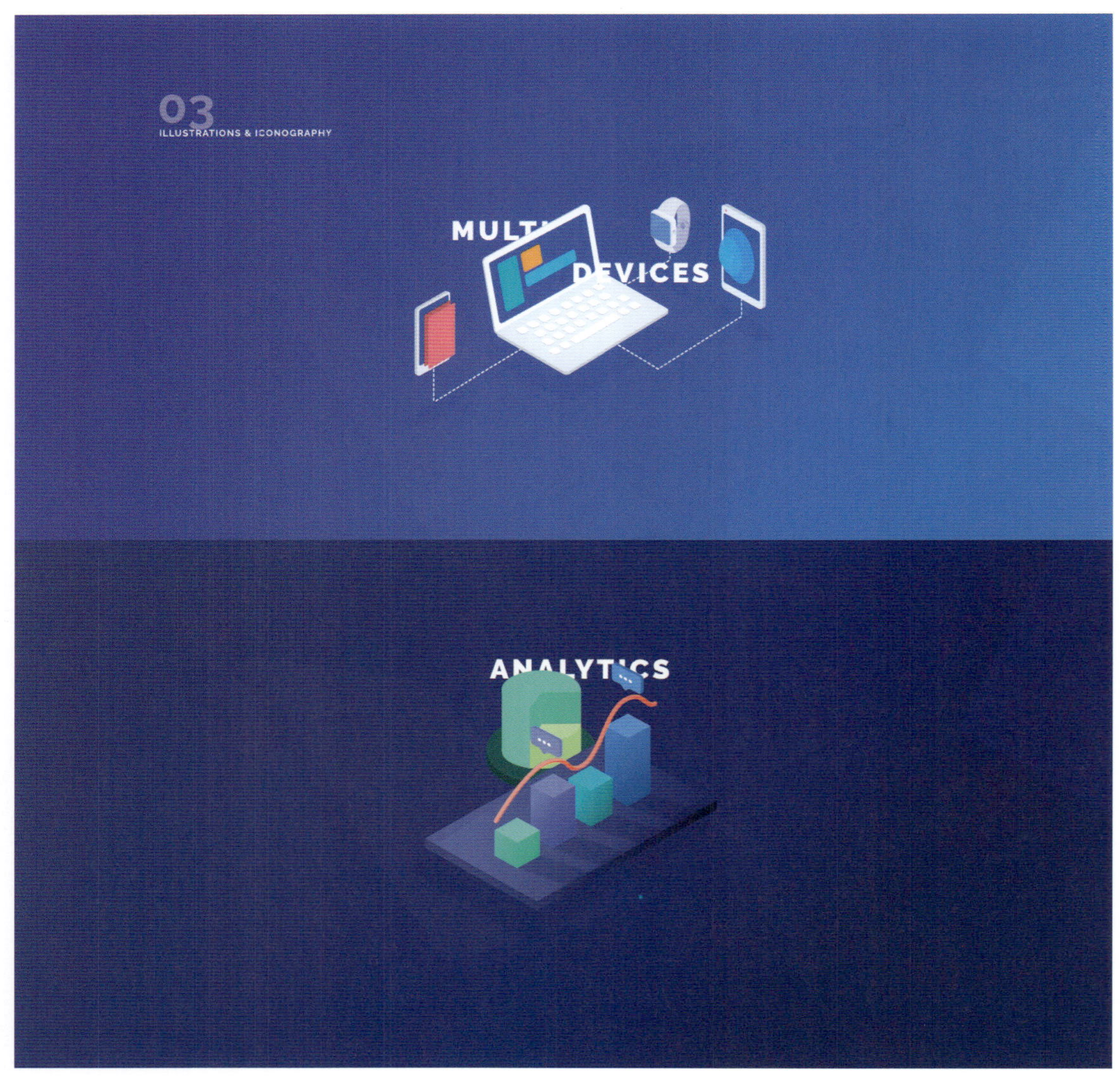

01

54 __ 立体の表現で、関係性の図式を明確に伝える

様々なチャットの機能を1つに統合するためのアプリ。ユーザーにアプリのエコシステムをインプットするため、要素をグラフィカルに表現。繋がり合いを立体的に図式化することにより、多様な機能をポップかつ現代的に伝えている。また、伝えることを絞り込むことで、イメージすることが難しい機能の全体像を明快に伝えている。

Designer: Fikri, Rifai and Paperpillar Team

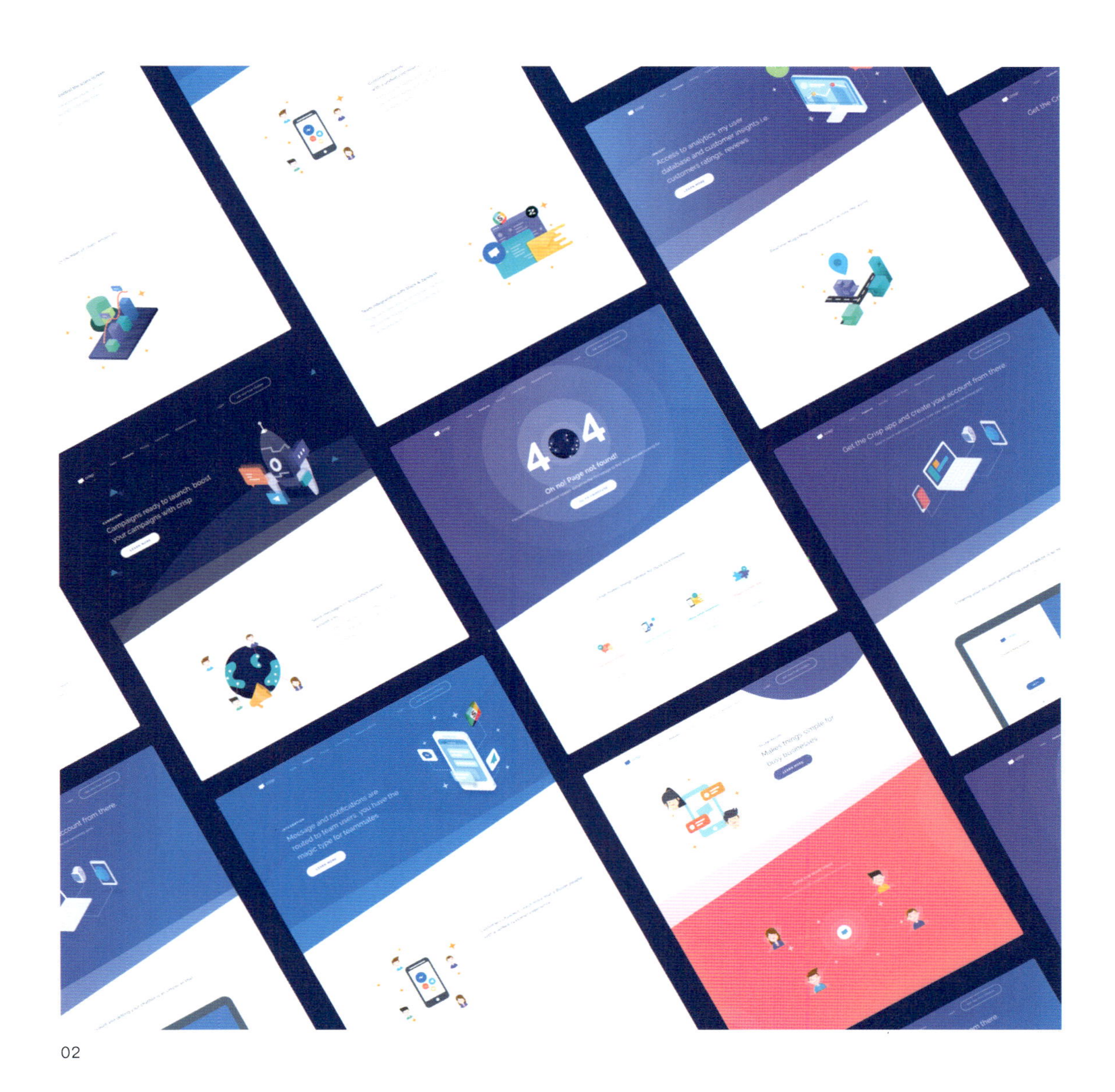

02

Crisp - Customer Messaging For Startups

crisp.chat/en/

ユーザーとのコミュニケーションを円滑にする、チャット統合アプリ。アプリの受信トレイから、すべての受信クエリにチームが返信でき、また Crisp のインターフェイスはそのやりとりを常に同期させている。Crisp Live Chat、電子メール、メッセンジャー、Twitter、SMS などから連絡が可能。

01-02 アプリとランディングサイトのオンボーディングイラスト。モーションなどを交えながら、多様なサービスの機能をポップに伝えている。

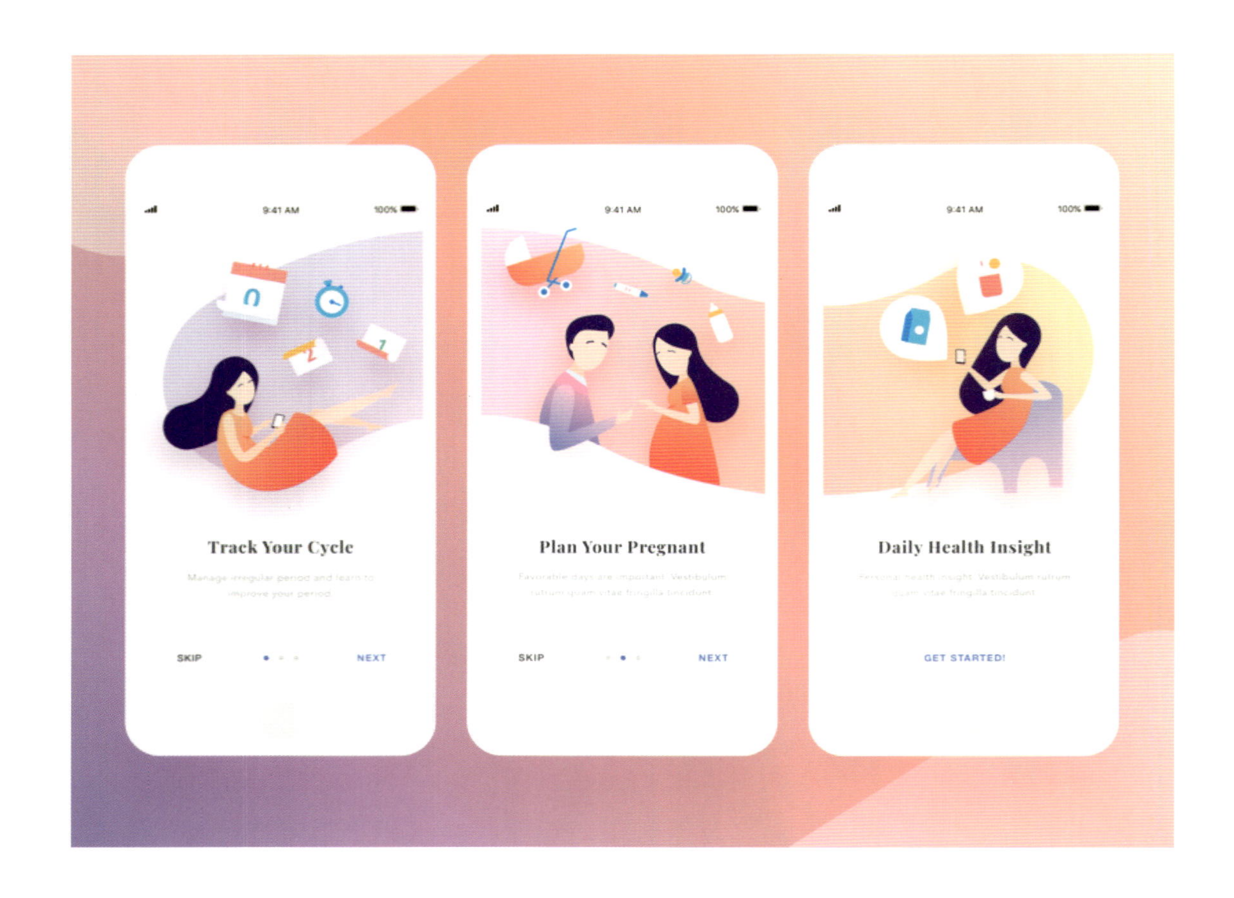

55 __ 絵巻物のようにダイナミックに画面間を横断する

妊娠サイクルをトラックするためのアプリのオンボーディング画面のデザイン。画面のシーケンスを一体のデザインとして見られるようなイメージとして作成することで、絵巻物のようにダイナミックにアプリの使用プロセスを説明。優しい色彩と、浮遊感を感じさせる構成により、女性に寄り添う安心感を演出している。

Period Tracker Onboarding
dribbble.com/shots/4020266-Period-Tracker-Onboarding

Designer: Indah and Paperpillar Team

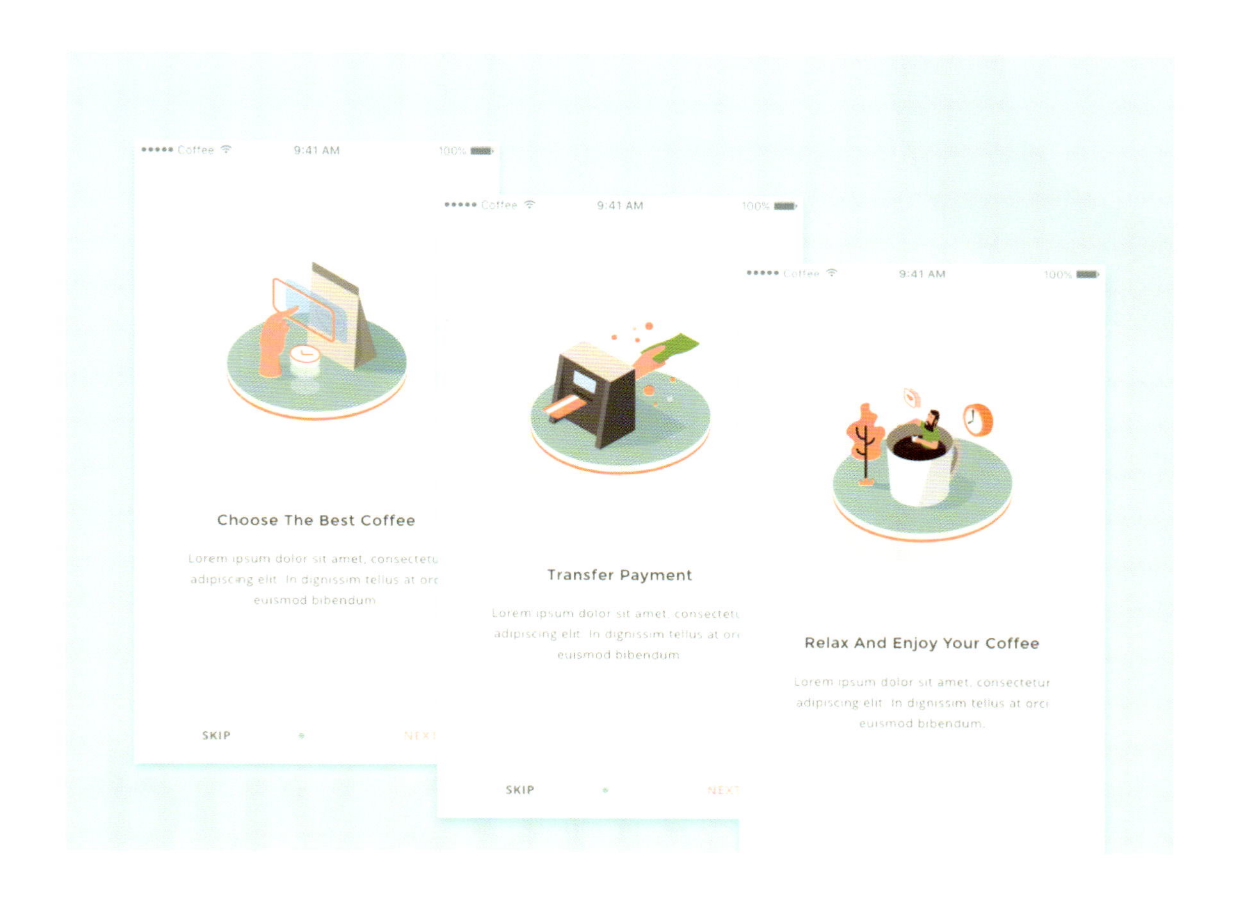

56 __ 半立体的な表現で機能をポップに伝える

コーヒーをテーマにしたアプリのオンボーディング画面。ミニチュアのようなイラストで、ユーザーの体験プロセスを表現。コーヒー豆に関する3段階のストーリーを描いている。やさしい色彩の組み合わせに、絶妙な小物の配置、そして半立体的な表現で、アプリ全体の印象をリラックスした雰囲気にしている。

Coffee Cup Onboarding
dribbble.com/shots/3272245-Coffee-App-Onboarding

Designer: Hafid and Paperpillar Team

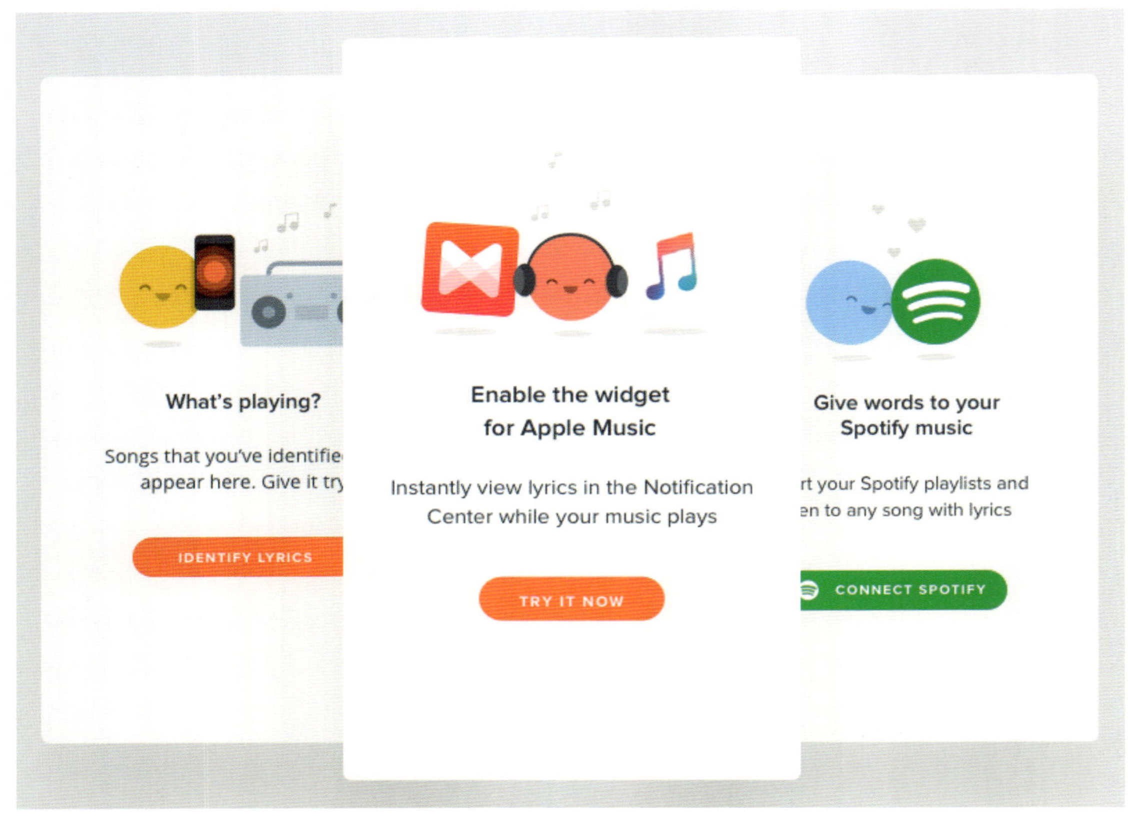

02

57 __ エンプティステート画面を利用して、ユーザー訴求する

音楽の歌詞を表示するアプリ Musixmatch の、表示する情報がない時にユーザーが見る画面、エンプティステート。かわいいキャラクターのイラストを用いて、このアプリが何を実現できて、どのように便利なのかをキャッチーに訴求している。ユーザーのアプリ利用のリテンション率を高め、エンゲージメントを強める仕掛け。

Empty state
dribbble.com/shots/2478072-Empty-state

Created by Musixmatch

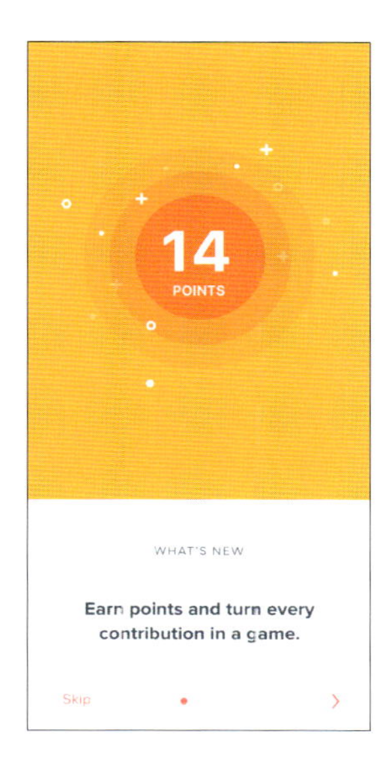

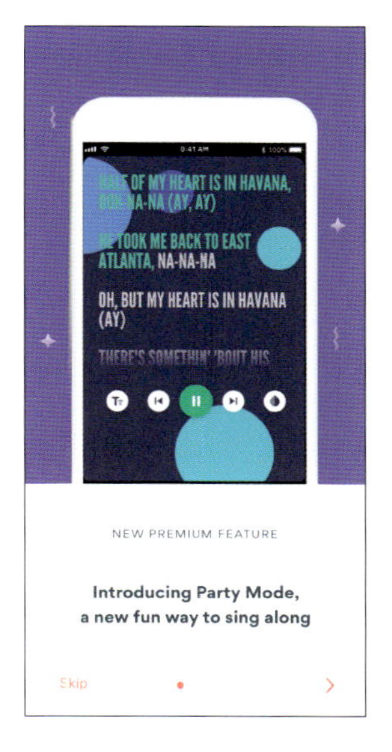

58 ＿ 巧みなクリエイティブでアプリに価値を与える

Musixmatch のオンボーディング画面。アプリ利用をモチベートするという目的を達成するため、ポップでアイキャッチに優れたイラスト、適切かつ巧みなクリエイティブで、シンプルにユーザーメリットを伝えている。アプリの魅力をワンスライドごとに伝えるだけでなく、単なる機能解説を超えた価値付けを行うための創意工夫が施されている。

What's new
dribbble.com/shots/3250281-What-s-new

Created by Musixmatch

59 _ UIの外在化とメタハードウェア

文・渡邊恵太

私の研究室では、外在化したユーザーインターフェイス（external User Interface）＝exUIの研究を2016年から進めている。家電をはじめ、ほとんどの機械には操作するためのボタンや画面、ユーザーインターフェイスがある。exUIプロジェクトは、このユーザーインターフェイスをプロダクトからなくしてUIレスにし、すべての操作をスマートフォンや外部の機器から行う手法である。すでに、スマートフォンから操作できる家電や機器は登場しているが、それらは「リモコン的」だ。exUIはリモコンが趣旨ではなく、IoT、Web、ARすべてがシームレスに統合した、まったく新しい物のあり方と体験を提供する。

exUIのはじまり

exUIはもともと3Dプリンタの研究から始まった。2012年頃から安価なパーソナル3Dプリンタの普及が進んでいるが、その一方でCADを利用したモデリングが1つの課題だった。それまでモデリングは、一般的にプロダクトデザイナーや建築、機械設計の人たちにとっては馴染みがあっても、一般人が実際に物理的な形状をコンピュータ上で設計することは難しく、またソフトウェアもプロ用のものがほとんどだった。CADと3Dプリンタを使うことは、コンピュータグラフィックスのように画面の中だけで終わる世界ではないため、常に実世界の物理特性や形状、寸法、他の物質との組み合わせなどを意識することが必要になる。

現状パーソナル3Dプリンタは、ABSやPLAといったプラスチック素材を溶かして積層していくものが主流である。当然ながら、3Dプリンタが作れるものは、ケースや人形、歯車などの構造物のみで、電子的なものは出力できない。最近では電子的なものも出力できるようにしようという試みがあり一部商品化されているが、たとえばスマートフォンのような電気電子を含んだものを3Dプリンタだけで出力できるようになるのは、検討されてはいるものの、まだ先の世界の話である。

そんな、3Dプリンタを利用した新しい設計手

真っ白な自動販売機。NFC（Near Field Communication）が搭載されおり操作をスマホでできる。決済もスマホ。紙幣や硬化の検出機能やメニューのパーツが不要になる。UIはネット経由でアップデートできる。

UIがスマートフォンに外在化すると、従来の自動販売機もちょっとしたATMになり得る。IoTであれば現金を管理し、提携することで実現できる。

渡邊恵太
明治大学 総合数理学部先端メディアサイエンス学科准教授。Cidre Interaction Design株式会社代表取締役社長。博士(政策・メディア/慶應義塾大学)。近著に『融けるデザイン ハード×ソフト×ネットの時代の新たな設計論』(ビー・エヌ・エヌ新社、2015)

法を検討していたときのことである。私は研究室で学生と卒業論文のテーマをディスカッションしていた。その学生は、かつて3Dプリンタと Raspberry Pi を組み合わせた目覚まし時計のようなものを作成していたが、ボタンの配置と3Dプリンタで作成したケースの位置合わせが難しく、何度かやり直すことになってしまったという話をしていた。そうした会話の中で、「そもそもボタンが必要なのか?」という疑問が生まれた。我々はものづくりといえば、どういうわけかラジオや目覚まし時計などの機械と物理形状が備わったものをイメージし、3Dプリンタを使うときも、そういったものを作るという暗黙の前提があった。

しかし、時代の流れはインターネットにつながったものづくり、すなわちIoTに向かっている。これからの3Dプリンタの使い方やモデリングも、IoTが前提となる。モノに対する操作がインターネット経由でもできるようになると、ボタンやLCDなどを排除することができ、煩わしいボタンやディスプレイなどの構造や位置合わせの設計もしなくて済むという発想になる。このように、exUIの研究は、ボタンやLCDなどを配置する3Dモデリングが難しいということから始まった。

設計が楽になる以上の価値

exUIにしてしまえば、設計対象のモノの中にIoT基板を入れ、あとはそのモノの目的を実現するモーターやセンサーを入れるだけとなる。外装はその機能性を失わなければよい。こういった設計を施すことでいくつかのメリットが生まれる。

1.スタイリングの自由度

まず外観、意匠(スタイリング)の自由度が向上する。ボタンやLCDや説明のためのラベルが不要になる。これまでのものづくりでは、人が操作するために、押しやすく、わかりやすいボタンを配置したり、人間が読める程度に大きいLCDを取り付けたり、ボタンにはわかりやすく機能のラベルを貼り付ける必要があった。こうした進化は洗濯機や電子レンジを見ればわかる[Fig.5]。ボ

(左) IoT化したスピーカーは最も進んだexUIデバイスといえる。汎用性が高く、ラジオになったり、楽器になったり、拡声器になったりする。

(右) 自在な位置に風を送ることができる扇風機(Air Sketcher 2)。iPhone のARKitを使うことで、センサーも外在化している。

タンやLCDなどのユーザーインターフェイスがなくなると、まず見た目の複雑性がなくなる。家電のスタイリングはどんどん進化し、白物黒物のような時代を超えて、多様なバリエーションから、好きな色を選べる時代に入った。exUI化するとプロダクトのスタイリングの自由度が高まるため、うまく構造さえつくれば壺型スピーカーのように和室に馴染みやすいものも設計できるだろう。

[Fig.5] 文字やボタン、LCDが並ぶUI

こうしたスタイリングは、単純にきれい、かっこいいということではなく、部屋の空間に馴染むかどうか、さらには「部屋の身近なところに出しておいても嫌じゃないか」ということにつながる。美観が気に入らないものだとクローゼットに収納されてしまうことなるが、そうなるとアプローチャビリティ、つまり使おうとしやすさが低下し、使わなくなる。exUIによってスタイリングの自由度が高まることは、製品とのタッチポイントを増やし、製品の価値を身近に感じさせるという機能の向上にもつながる。

2. パーソナライズ

電子レンジや洗濯機には、日本語で「あたため」「洗い」「乾燥」などの表記が操作パネル上に印刷してある。当然、こうした家電を他国で売ろうとすれば、その国の言語に変更が必要になりコストがかかる。また、ホテルにも電子レンジや洗濯機が備え付けてあるが、海外からの旅行者はその国の言語で記された操作パネルで家電機器を操作することになる。一部の家電は操作に必要なボタンをすべてのタッチパネル化し、多言語化対応するものもあるが、現状はプリンタ類などのOA機器程度である。また、小さな子どもにとってみれば、家電機器が漢字表記であるとわからない、覚えづらいということもある。

その点、exUIになると、すべてスマートフォンからの操作になるため、多言語での対応ができる。家電機器は多言語対応といっても、3ヶ国語程度のものが多いわけだが、スマートフォンがさらに多くの言語に対応していること考えると、そうした需要にも対応ができる可能性が高まる。海外旅行に行って、異国のホテルの電子レンジや洗濯機、あるいは自動販売機、切符券売機などが、自分のスマートフォンに表示されている母国語で操作できるといったことも可能になる。言語表記についていえば、家電機器は文字が比較的小さく表記されているため、読みにくい場合もある。たとえば高齢化し視力が落ちてきたとしても、exUIであればフォントサイズもユーザーに合わせたものが提供できる。

さらに、言語以外にも、電子レンジはいつも温めしか使わない、2分しか使わない、オーブンと

[Fig.5] 中国のホテルの洗濯機　QRコードを読み取ると洗濯機や乾燥機が利用できる。プロダクトデザインは最適化されているとは言い難いが、課金することで洗濯も容易にできる。従来からコインランドリーがあるが、誰が使用しているかまでは判別できなかった。IoTによって「誰」の特定性を高め、セキュリティやサービスの向上を図れる可能性がある。　写真提供：河原圭佑

してしか使わないという人は、そうした機能だけをトップ画面に提示して、あまり使わないものを別の場所に隠してしまうといったパーソナライズも可能になる。家電機器にはチャイルドロックといった子どもが勝手にボタンを押す事故を防ぐ機能があるが、exUIにすれば、そもそもボタンを押してしまうこともなくなる。仮に子どもが使用したい場合でも、電子レンジの機能に制限をかけたりすることで、オーブンは使わせないとか、温めも最大1分程度にするなど、家庭の状況に応じてUIをパーソナライズすることができる。自動販売機で考えれば、アレルギーなどで自分には飲めないものや、お酒など子どもには飲ませたくない飲み物や食べ物がある場合、そういった情報をフィルタリングし、そもそもメニューに飲めるもの、食べられるものしか表示しないといったこともできる。

「パーソナライズできる」ということは、別の見方をすれば個人の特定ができるということでもある。今まで家電は「誰」が使っているかという情報の取得は困難だったが、exUIによって個人のスマートフォンと紐づけることができるため、誰が、1日、1年でどれくらい、どのようにその家電と接しているのかのログが取得できようになることも大事な点である。

3.モノでもWebデザイン発想

exUIはWebサイトやアプリのようにいつでもUIをアップデートすることが可能になる。WebにはA/Bテストといった手法がある。A/Bテストはいくつかのボタンの配置や大きさ、機能提供のパターンを用意し、そのログを解析することで、この機能はここにあるとよく使われる、使われない、このボタンのデザインだと押されにくいなど、リアルタイムで機能やデザインを評価する手法である。exUI化することで、こうした手法が家電機器でも提供できるようになり、メーカーは家電機器の操作ログを取得しやすくなる。これにより、使われている機能や使われていない機能を把握し、家電機器の改良へつなぐことができる。

また、新しい機能の追加も、黒歴史にならないようにチャレンジできる。たとえば、デザイン思考やユーザー中心設計で、新しい扇風機を開発するために、一般家庭に調査しに行くとする。その時、「扇風機で茹でた食品を冷ますために風を当てる」といった使い方をする人を目撃し、「これは新しい使い方だ」と考え、扇風機に「とうもろこしを冷やすボタンを搭載した」なんてことをしたら一生の汚点になりかねない。しかしexUIでは、こうしたことを仮にやったとしても、画面上の実装になるため、とうもろこしの季節にそういうボタンが突如広告的に現れても、使われなければ消せばよいだけだ。逆によく使われるようであれば、新たなイノベーションにつながるかもしれない。exUIは新機能へのチャレンジの敷居を下げて、ちょっとした機能のテストサイクルを高速化させることができる。これまでの家電機器が、年に1回程度のアップデートで、慎重に機能が検討されてきたことを考えれば、exUIによって機能テストが気軽に行えるサイクルを持てることは革新ともいえるだろう。

4.完成品志向とβプロセス志向

これまでのものづくりは、できるだけクオリティを上げて、問題がない最高の状態で、お客様に製品を届けるという完成品志向が基本だった。もちろん今も基本的には完成品志向ではある。ただし徐々にソフトウェア部分の増大、IoT化によるインターネット接続など、多機能化により複雑化し、さらにネットワーク上の一部になることが前提となる時代になった。そういう時代では、テストしたとしても、すべての問題を事前把握しゼロにするのは困難となりつつある。また、そのプロセスには費用も時間もかかる。そうしているうちに他社が新製品を出してしまったりすることも少なくない。

このような中で、ものづくりが変わりつつある。スマートフォンはもちろん、テレビやデジカメやプリンタまで、ファームウェアのアップデートが一般的になっている。かつてはマイナーなバグを修正するに留まっていたが、今では普通に新しい機能の追加が行われる。テスラ社の電気自動車にもソフトウェアのアップデートがあり、突然自動運転機能が追加されるなんてことがある。車もアップデートできる時代である。車だと「少し怖いなぁ」という気持ちもあるが、今はソフトウェアが製品の制御装置の中核を成しているわけだ。バグが残ったままになるよりは、改善可能であるということが安心とも考えられる。Webやアプリが当たり前に使われる今の時代に、ソフトウェア・アップデートは常識となっている。悪い表現をすれば、中途半端な状態で世の中に製品を出してしまうということかもしれないが、売れるか売れないかわからないうえ、技術の進展も速いこの時代に、完璧になるまで待って出すという方法が時代とややマッチしない状況になっているのは事実だ。とにかくまずベータバージョンでリリースしてしまい、あとで要望があれば直すというベータプロセス志向が、近年、手法として取り入れられている。これがexUIとしてUIを分離すると、ハードウェアに対しても同じようにアップデートであとから対応するといったことがやりやすくなる。

5. ハードウェアのメタ化

exUIはUIを変えること以上の可能性がある。それがハードウェアのメタ化だ。「コンピュータは何でもなり得る、世界で初めての万能装置、メタメディアである」とアラン・ケイは言った。exUIは家電機器に対してもメタハードウェアの可能性を与えてくれる。

よくよく考えてみると、これまでの多くのハードウェアは、そこにある操作方法やボタンの名前などのUIが、その機能や価値を定義していた。たとえば、音楽プレイヤーであれば再生や早送り、ラジオであればチューナーのUI、洗濯機であれば「洗い」「脱水」などのボタン。こうしたUIが機能を可視化し、製品を定義していたと言える。

これがexUIによって自在に変更可能になると、ハードウェアの定義や価値を自在にコントロールすることができるようになる。たとえば、最初に紹介した飲み物を売る自動販売機に「お金の引き出し」「お金の入金」といったUIを提供したら、それは突然ATMに変化する。あるいは自動販売機にexUIでスロットマシンのゲームを提供して当たりが出たら、ジュースが景品として出てきたり、お金も出せるかもしれない。もはやそれは自動販売機ではなくスロットマシンとなる。洗濯乾燥機も、プログラムを変えることで「じゃがいもの皮むきマシン」になったり、回転させずに乾燥モードだけを使用すれば、食品を乾燥させる装置や、食器の乾燥機になるかもしれない。

こうした事例は既存の家電機器のハード的機能を前提にメタ化していく事例だ。さらに、こうしたメタ性を持たせるとするならば、そもそもハードウェアの設計の仕方も変わる可能性がある。つまり、メタ性のバリエーションを持たせられるように、どういったハードウェア構成にしておくべきかという考え方である。最小のセンサーやアクチュエーターで多数のアプリケーションが安全に作動する実現可能な方法な組み合わせを考えることで、ハードのメタ性能が向上していくわけである。

こうした方法は、スマートフォンが参考になる。たとえばAppleは、iPhoneのバージョンアップを毎年重ねているが、ハードウェア構成に関しては、性能向上は行われるものの、極端に新たなセンサーが増えたり減ったりすることはない。ハードウェア構成をなるべく変えずに、様々なアイデアのアプリ群の開発をソフトウェアだけで許容している。exUIとハードの関係性は、モーター、熱源といったアクチュエーターが入ることが大きな違いであるため、まったく同じような発想をすることは難しいものの、スマートフォンというソフトウェアの入れ替え性が高いIoTで、その入れ替えによって人々に体験、価値を与え、それを自在に変化させているということは非常に大事な学びがある。IoTというとセンサーデータをサーバにアップし、ビッグデータの解析をするという事例をよく耳にするが、これはアップロードの発想である。しかし、ハードがインターネットに繋がるということは、そこで動作するソフトウェアの入れ替え性が容易になるダウンロードの発想もまた重要である。

おわりに

ユーザーインターフェイスの外在化としてexUIを紹介した。現在のところはスマートフォンがexUI化の対象として最もわかりやすい例になるが、近い将来はスマートグラスやHMDなどにUIを外在化することも考えられる。こうした発展性を考えても、UIをハードに固定化するのではなくAPIとして他のUIを持つデバイスと連携する準備をしていくことは大切な取り組みとなるだろう。

本書の読者の方は、おそらくメーカーというよりデザイナーやエンジニアの方が多いと思うので、ハードの設計に直接的に携わることは少ないかもしれない。しかしこうしたexUI化したプラットフォームによって、みなさんのグラフィックデザイン力やUI設計能力、エンジニアリング能力が、身近な家電機器といったハードウェアにまで影響を及ぼすようになるだろう。

Internet of Things

デジタルとフィジカルの融合

様々な製品に通信機能が搭載されるようになったおかげで、革新的なアイデアが急速に生み出されつつある。デジタルとフィジカルの壁が溶け合い、シームレスに繋がり合う。そんな次なるフロンティアともいうべき領域がここに広がっている。このパートでは、プロダクトからブランディング、アプリの UI まで、体験をトータルで作り出している IoT の事例を見せていく。

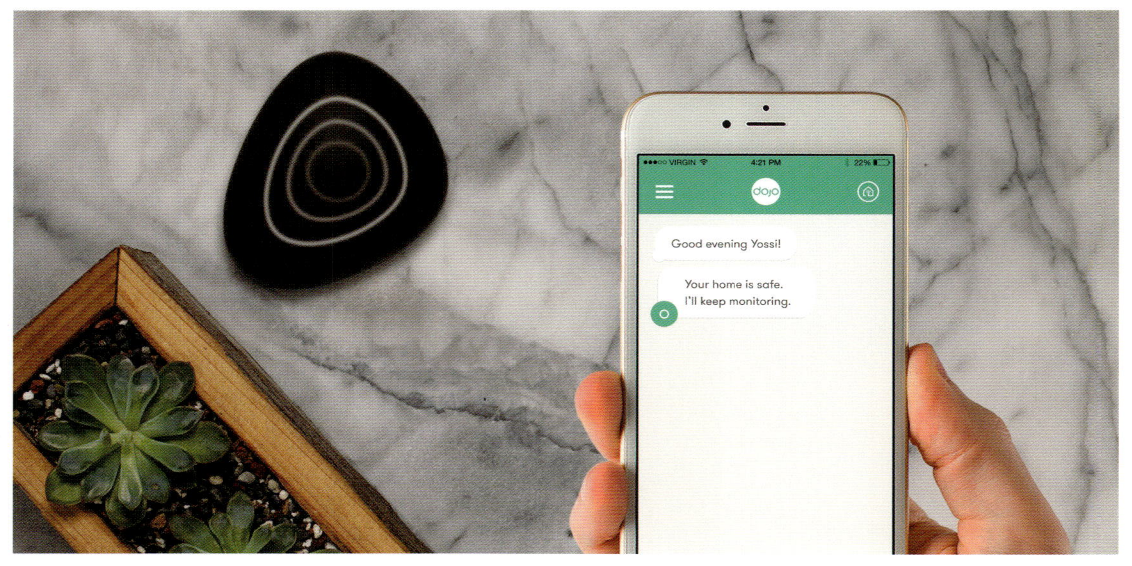

01

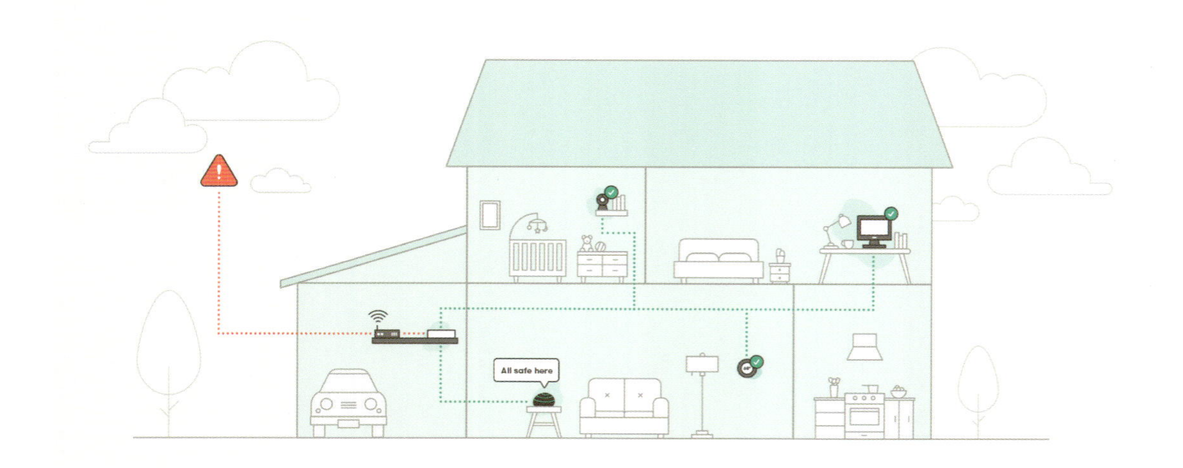

02

60 __ 対話型UIにより、現代のWi-Fi環境が持つ複雑性を取り除く

インターネットに接続されたデバイスが数多く存在するようになり、どんどん煩雑になるセキュリティ管理から、複雑性を取り除くべくデザインされた IoT プロダクトとアプリケーション。特徴は、シンプルな会話型 UI であること。プロダクトの活動や、調査結果、推奨事項などを対話形式により提示していく。

Designer: NewDealDesign

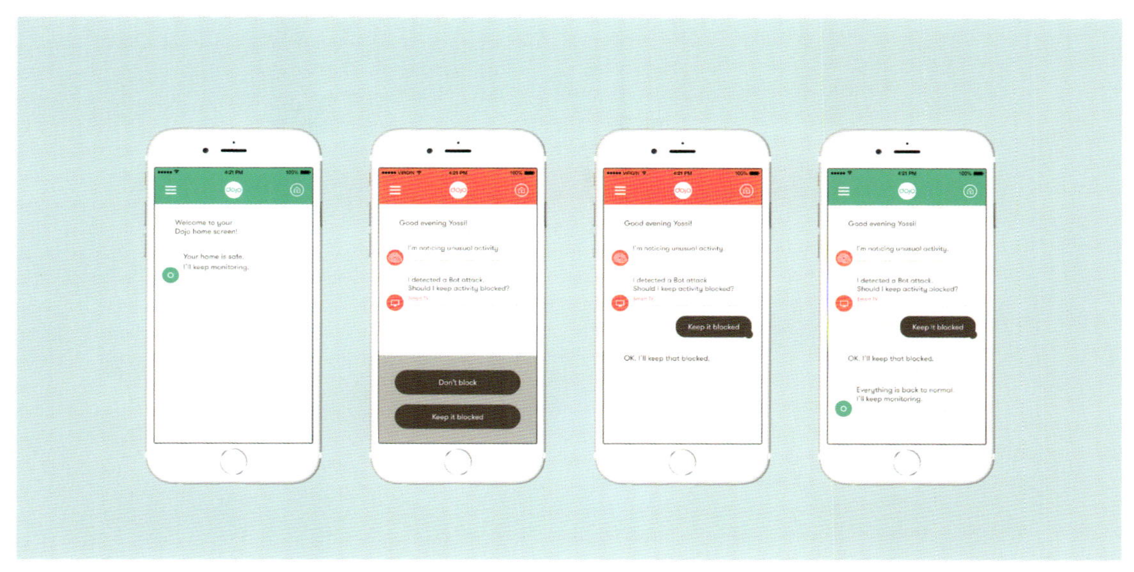

03

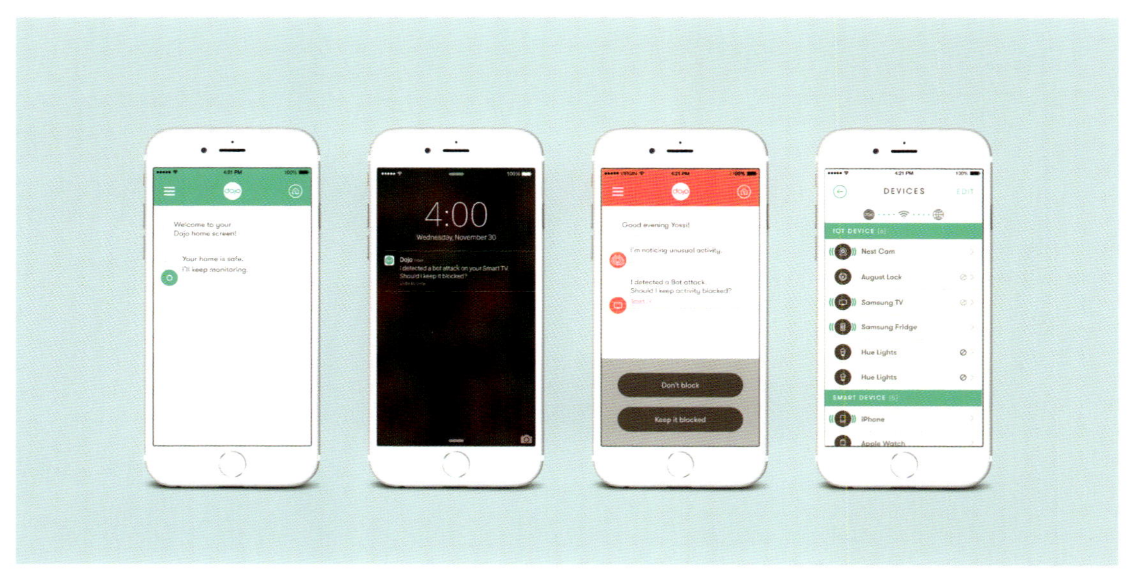

04

Dojo by BullGuard

www.newdealdesign.com/work/dojo

ネットワーク環境のセキュリティをシンプルに管理するIoTプロダクト。家庭内のWi-Fiネットワークに接続されているすべてのIoTデバイスを検出し、高度に洗練された人工知能と機械学習技術を搭載したサイバーセキュリティエンジンにより、継続的にデバイスの脆弱性を分析し、スコアを表示する。

01　独特の形が特徴のデザインは、自然環境を拡張するスマートな小石をコンセプトにデザインされた

02　アプリを立ち上げると自動的にWi-Fi内にあるdojoを検知。同ネットワーク内にあるWi-Fi機器も検出し、セキュリティを検証する

03-04　高度で複雑な機能を簡単に操作するため、対話型のUIを採用。選択肢を選んでいくことでセッティングが可能になる

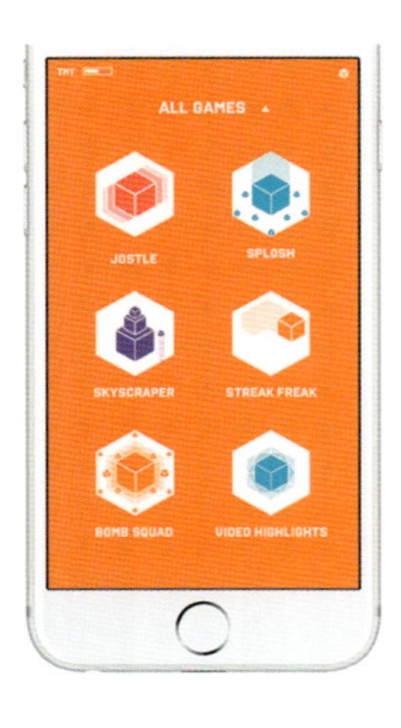

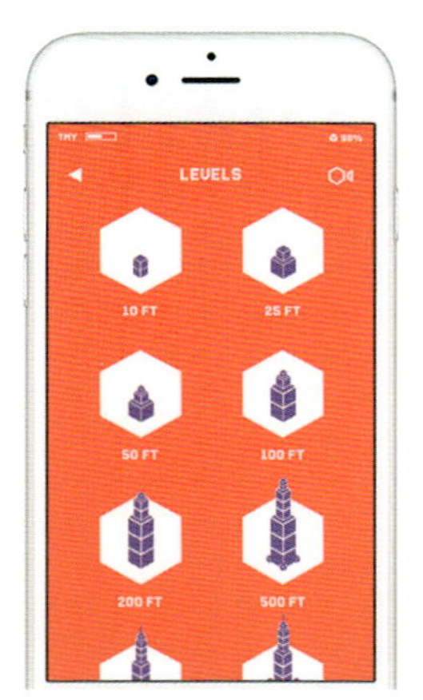

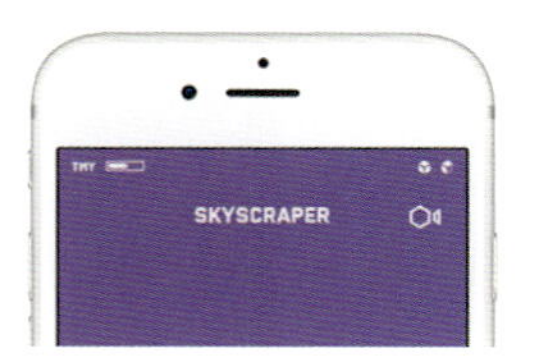

STREAK FREAK

OUT OF TIME!

1.54

FEET

01

61 __ 純粋に体験に没入できる遊び心を伝える

ボールとアプリをシームレスに繋ぐことで、だれもがシンプルに夢中になれる体験を設計。友だちと楽しい遊びを純粋に追求していた日々をイメージし、「楽観主義」と「動き」をブランドの軸に据えた。フィジカルとデジタルを繋ぐ色鮮やかな色彩と六角形のモチーフで、製品の中にある遊び心を表現している。

Designer: NewDealDesign

02

Play Impossible

www.newdealdesign.com/work/play-impossible

デジタルとフィジカルの世界をひとつに結びつける玩具。子供たちを魅了するアプリケーションの躍動的な動きとエネルギッシュなサウンドデザインが特徴。アプリはゲームボールをコントローラーそのものに変換する。フリーフォームプレイでは、投げた距離や蹴ったスピン量を追跡できる。

01　商品名でもある、「不可能」な幾何学的形態をモチーフに、ロゴをデザイン。そのロゴをベースとして、アプリでは六角形で構成されたシンプルで遊び心あるデザインを作り出した

02　アプリや製品だけでなく、ジャージやポスターなど幅広いアイテムをデザインしている。

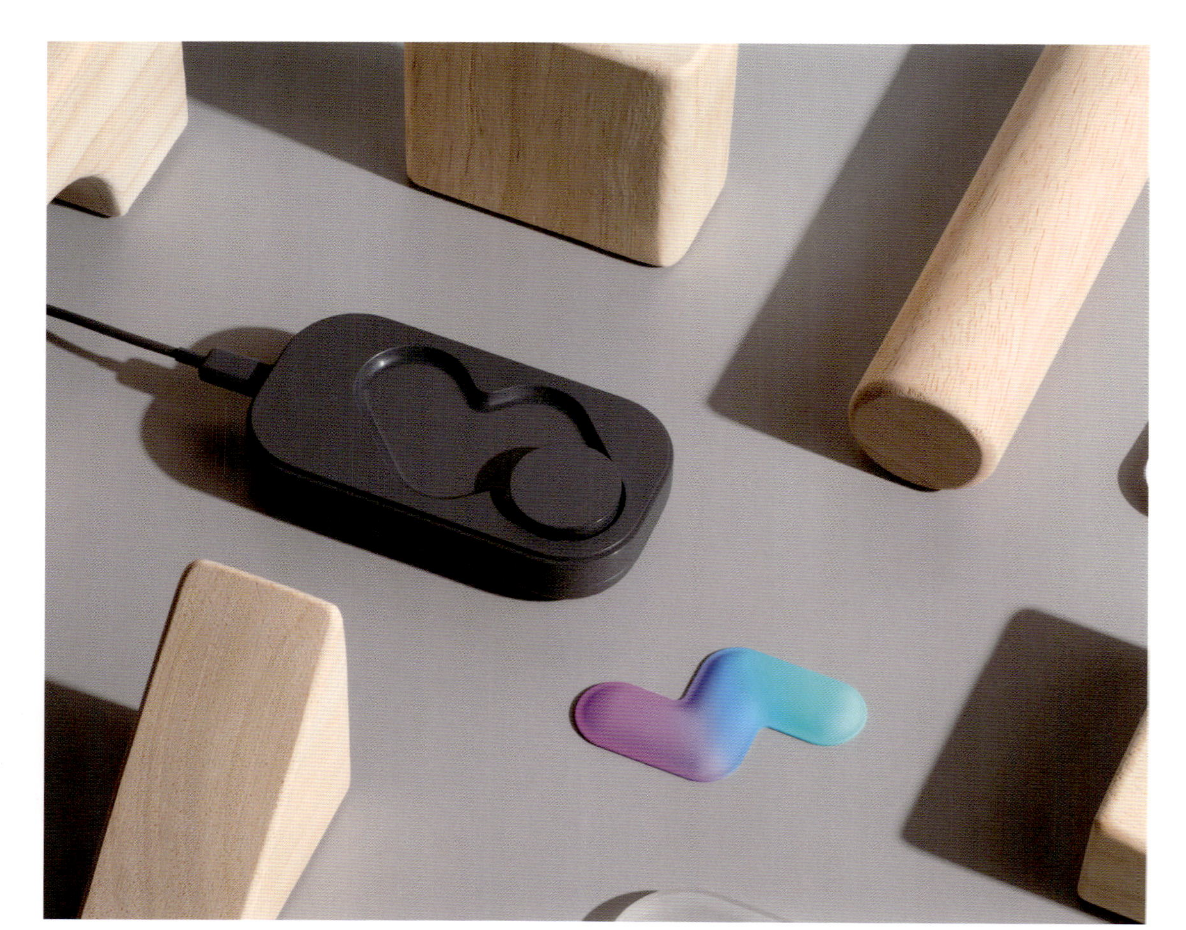

01

62 __ 体温計に優しさを加え、病へのストレスから開放する

アイコンのような特徴的な形態のプロダクトは、子供と親の関係をイメージした温かな遊び心を込めて作られた。アプリを監視しなければならないストレスを軽減して、親が気楽に使用できる手助けになるよう、温度レベルアラートを導入。設定により、アクションが必要なときにだけ通知が自動的にスマートフォンへ送信されるようになる。

Designer: NewDealDesign

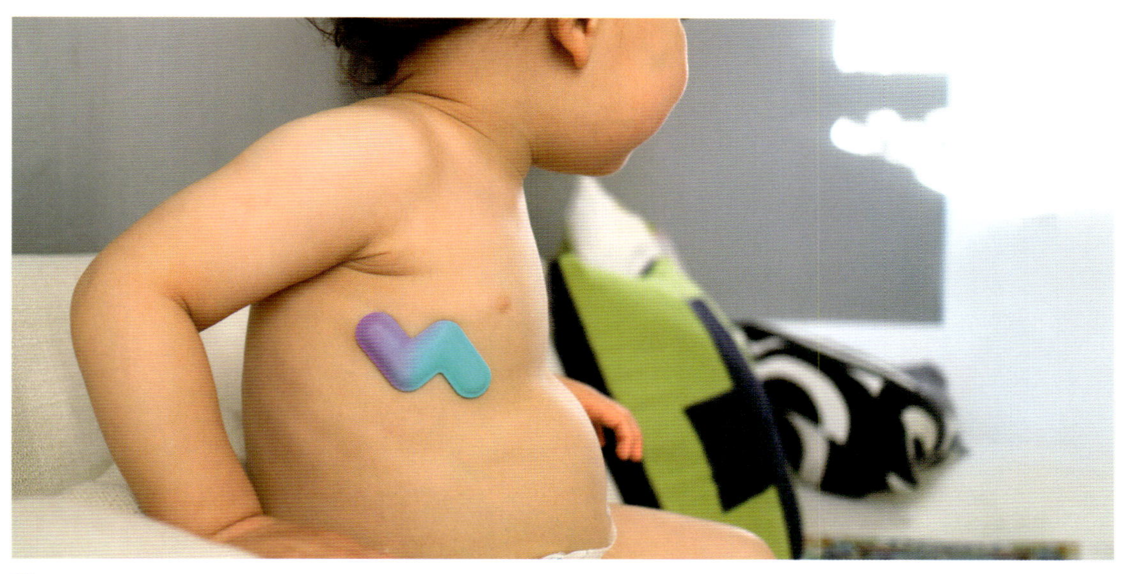

02

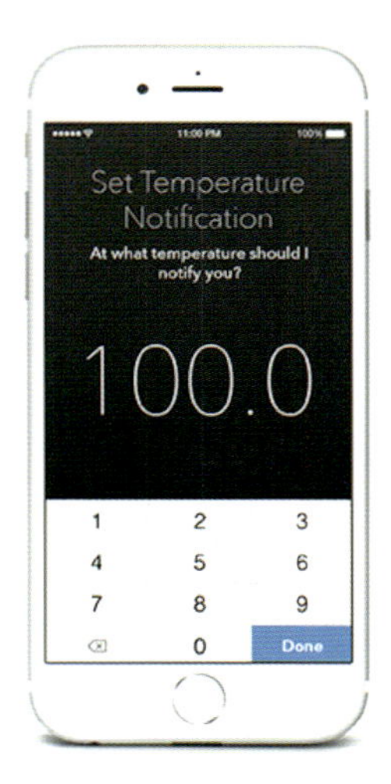

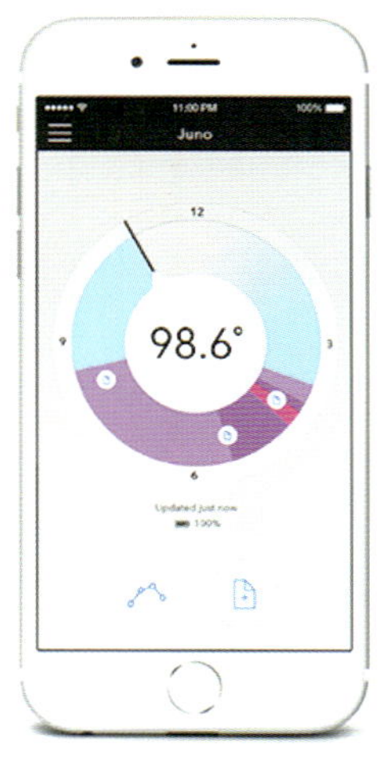

03

VivaLnk

www.newdealdesign.com/work/vivalnk

愛する人を見守るための、次世代の体温計。カラフルでシンボリックな形が特徴の FDA 認証をクリアしたウェアラブル温度計パッチを用いて体温を継続的に測定し、その情報をスマートフォンにワイヤレスで送信することができる。アプリは 12 時間間隔で温度データを表示。

01-02　この形状は Bluetooth と体温センサーの距離を離すことにより、接続範囲と品質が向上するという構造的な理解にも基づいている
03　温度チャートや薬に関するメモが見られるので、ユーザーはどのような治療法が有効かについてさらなる洞察を得ることができる。時計のような円グラフビューでは、急上昇と小康を素早く確認できる

01

63 _ ライトのオンオフの体験を、毎日の習慣に統合する

抽象表現主義者のマーク・ロスコからインスピレーションを受け、ライトパネルを流動的かつ動的に、そして生きている芸術に変える視覚システム。完全にオンにすると、画面が明るくイルミネーションされる。コントローラを使用すれば、ソフトウェアが毎日のルーティンを習得し、習慣にあわせた“スマートモード”が構築されていく。

Designer: NewDealDesign

02

03

Dragonfly

newdealdesign.com/work/dragonfly

不動産開発会社 Dragonfly Investments との提携により作られた、ライフスタイルとともに進化していくインテリジェントなホームシステム。シームレスで、スマートで、サステナブルな照明体験を提供する。また家主のために、簡単にインストールを行うためのハードウェアツールのカスタムセットも作られた。

01-03　家にある各ライトの強さは、輝きの明度によって表される。ライトはタップでオン／オフし、ドラッグすることで薄暗くなる。2本の指でスワイプして、すべてのライトをオンにすることができる。複数の制御システムと複雑なパネルの混乱を軽減する目的で、ニュアンスのスタイルガイド、セントラルUI、ハードウェアパネルを慎重に考案し、すべての機能（ライト、温度、色合い、セキュリティ）をシームレスに統合

64 _ 世界観への期待を創るUIデザインとエクスペリエンサビリティを向上するUX

文・須齋佑紀、津﨑将氏

UX/UIデザインの最先端の現場で活躍するデザイナーの能力には、大きな変化が現れている。本章ではそれらの変化を交えながら、今後より一層求められるであろう2つの能力の重要性を説明する。その能力とは、タイトルに示した通り、下記の2つである。

- **世界観への期待を創るUIデザイン**
- **エクスペリエンサビリティを向上するUXデザイン**

UIデザインと、UXデザインの重要性が同じ粒度で語られることに違和感を覚える方もいるかもしれないが、概念的な上位はあれど、ビジネスやサービスの現場ではどちらも欠かすことのできない能力である。とりわけスタートアップにおいては、時としてUIデザインの審美性がもっとも重要な強みとなるケースは珍しくない。

そんな時代の変化を踏まえて、まず「世界観への期待を創るUIデザイン」について述べる。

1. 投資判断に不可欠となったUIデザイン

「サービスを疑似体験すること」は企業や投資家の先行開発に対する投資・シードラウンド投資における重要な投資判断として、近年より一層求められる傾向にある。

サービスをつくる上で、UXデザインのフェーズでは、サービス要件が定義されるが、サービスをいくら言語で定義しても、その良し悪しやユーザーの受容性を判断する過程において、受け手側による属人的な言語の解釈に大きく依存し、企画中のサービスを疑似体験するというレベルで公正かつ均質に判断することは難しい。

では投資判断のためにサービスを疑似体験するというレベルで理解するために欠かせない要素は何か？　その重要な要素の1つがUIデザインである。「投資判断のフェーズでは、UIデザインの品質は重要ではないのではないか？」と考えられがちであるが、それはビジネスやサービスが飽和する前の話である。

近年、数多くのスタートアップによるサービスの台頭により、市場には類似のビジネス・サービスが飽和し全く新しいビジネス・サービスモデルは生まれづらい環境にある。そんな中、結果的に同質のビジネス・サービスモデルでも“成功”するものとそうでないものが必然的に存在する。

その要因として、宣伝、アセットによる集客力、ブランド力など様々なものが挙げられるが、とりわけスタートアップで成功しているサービスの多くが米国のユニコーン企業に倣い、デザインに注力した結果に起因しているように感じる。

ここでいうデザインとは、近年ビジネスやサービス領域で“計画”や“思考”に近い意味で使われるデザインではなく、審美性やインパクトを追求し可視化する意味でのデザインである。

後者のデザインは、前者のデザインに比べて、Webサービス領域(LPなどのコンセプト訴求や広告としてのWebサイトではなく、いわゆるサービスを利用するためのWeb)では疎かにされがちである。しかし、サービスが溢れ、類似のサービスが数多く存在する市場において、車や家電においてデザインが重視されることと同様に、UIは単なる目的を実行するための操作系としての価値だけではなく、審美性やインパクトが重視される時代が到来している。今やスマホアプリはユーザーの手元にあるブランドイメージそのものである。

須齋佑紀
東京都立大学工学部卒業後、家電メーカに入社し機構筐体設計に取り組む。入社2年目に上海に渡り、新製品の設計開発に従事。2年間の駐在後、帰国しコンサルファームで課長としてWebサービスやアプリの企画/設計/開発に携わった後、ARCHECOを創立。社内外の新規事業立ち上げに深く携わり結果にコミットし続ける。

津﨑将氏
新卒から事業会社にてサービス企画、制作、UI設計を経験し、新規事業立ち上げを多く経験。その後コンサルタントとして独立。UX部門立ち上げや研究分野でのUX評価指標構築、既存サービスのUX改善に従事し、ARCHECOに参画。リサーチ、企画、UI/UXデザイン、ユーザ評価、実装までプロジェクト全般に精通している。

この変化の詳細を、下記のような市場と思考の変化の結果であると考察できる。

近年、サービスが溢れ、必要な情報を取捨選択する機会が激増し、これまで考えられてきた人が消費行動を行う際の、Attention（注意）→ Interest（関心）→ Desire（欲求）→ Memory（記憶）→ Action（行動）という反応プロセスに変化が生じた。

情報が溢れたことにより、注意喚起された全ての情報に対して関心があるかないかを判断するのは、現代のスマホ世代のユーザーにとってあまりに非効率であったため、情報の取捨選択時に条件反射のようなモデルで自然とフィルタリングをするようになった。

この変化を一言で言い換えると、その情報が「大雑把に自分に関係あるかないか」を即座に見分けるようになったと言える。大雑把に情報を選別する方法としては、「その情報を与えるソース（サービス）に、自身の求める情報が得られると期待できるかどうか？」という瞬時の判断が大きく影響しているように思う。

同質な情報が数多く存在する中で、情報の本質だけでなく、ユーザーにあった切り口や与えられ方により、継続的に有用な情報を与えてくれる供給源を確保しようという欲求に根ざした判断である。この論理に基づくと、情報にたどり着く前に、ユーザーは取捨選択するのである。

ユーザーの手元にあるブランドイメージそのものであり、また、ユーザーに選んでもらうための拠り所となるUIデザインは、投資判断において今や紛れもなく重要な要素なのである。

2. 世界観への期待を創るUIデザインがユーザーを獲得する

では、どのようにしてソース（サービス）に期待してもらうか？　それこそが、スタートアップ

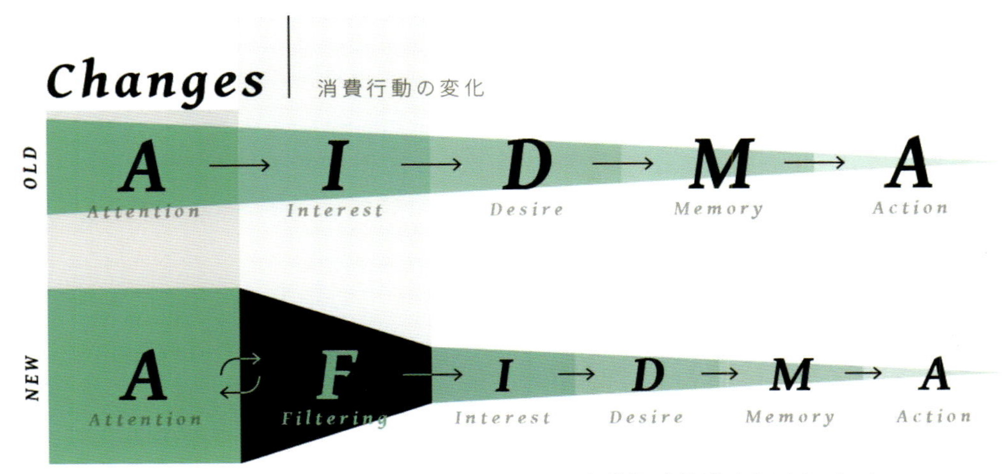

情報があふれたことによりユーザーの消費行動に変化が生じ、フィルタリング（情報の前捌き）をするようになった。

の一番の課題である。この課題を解決する方法として、下記のような方向性が挙げられる。

- **信頼できる人、企業、メディアと連携して期待を獲得する**
  (例:インフルエンサー、親しい人による拡散、大手企業とのタイアップ、すでにブランド力のあるメディアに露出する)
- **仕組みにより期待を獲得する。**
  (例:AIなどの画期的な仕組みを取り入れたサービス提供)
- **デザインにより期待を獲得する。**
  (例:デザイン性の高いUIによるサービス提供、美しい写真によるコンテンツ配信)

優秀なデザイナーが在籍していて、コネクション・資金・技術力のないスタートアップはデザインにより期待を獲得することに全力を注ぎ、UIをデザインするのである。ユーザーにソース(サービス)の醸し出す視覚的世界観に期待してもらい、利用開始につなげているのである。その世界観の大部分は、UIデザインによって構成されているのである。それこそが、デザイナーにしかできないソース(サービス)に期待を勝ち取る方法である。

従来の消費行動を行う際のユーザーのプロセスと、デザインを起点とした期待獲得モデルを比較すると、下記のような図に表すことができる。

上述のような顧客プロセスに配慮して、優れたデザインがユーザーの期待を勝ち取るケースが米国のユニコーン企業を中心に増え続け、投資判断として顧客との直接的な接点となるUI(Webやアプリ)のデザイン性の高さが無視できなくなってきたのである。

ここまでの内容だけを踏まえると、優れたUIデザインであればサービスが成功するような誤解を与えかねないが、実際はそうではない。ユーザーが利用を開始する直前のフェーズではソース(サービス)への期待が重要であるが、その後ユーザーに継続利用してもらうためには下記の2点の検討を外すことができない。

- **与えられる情報自体の質が担保されているか?**
- **エクスペンサビリティを確保できているか?**

前者はコンテンツの品質に依存するため、本テキスト後半では後者のエクスペンサビリティに

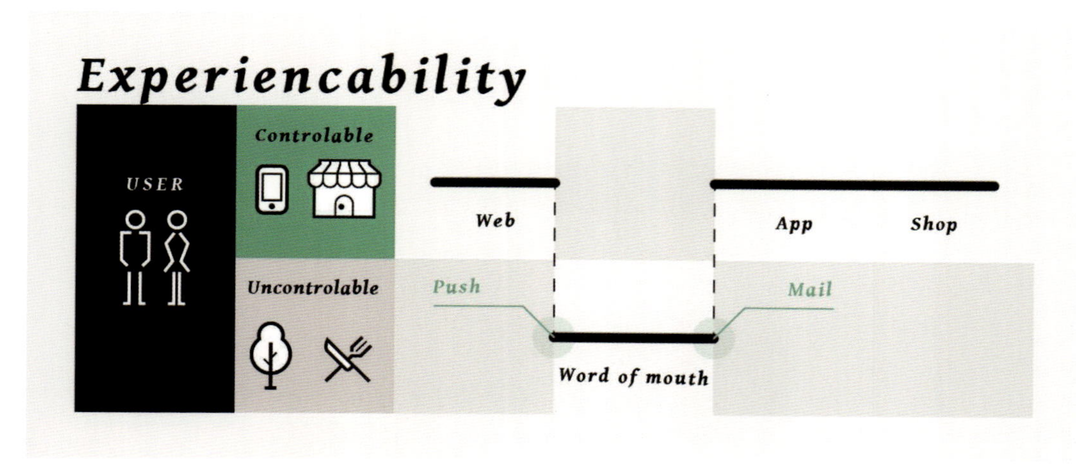

エクスペリエンサビリティ概念図。可・不可制御環境を横断的にサービスでサポートするためにARCHECOが提唱するエクスペリエンサビリティという概念を表す。

フォーカスして言及する。
エクスペリエンサビリティと聞いて、ピンとくる人はあまりいないのではないか？　エクスペリエンサビリティという言葉は株式会社ARCHECOが社内で活用している言葉である。
エクスペンサビリティという概念を理解し確立する術を身につけることで、UXデザインをサービスへと落とし込む際の検討漏れを大きく削減することができる。

3. エクスペリエンサビリティとは

エクスペリエンサビリティを理解するためには、UXデザインとUIデザインの領域の違いを把握する必要がある。UIデザインの領域は、ユーザーがインターフェイスに向かっているときのコミュニケーションに限定される。UXデザインでは、インターフェイスから外れた体験もデザインする必要がある。インターフェイスとユーザー間のコミュニケーションにおいて考慮すべき重要な要素の1つはユーザビリティである。インターフェイスを利用するユーザーが、目標を達成するためにインターフェイスと向き合う際の有効性／効率／満足度を示す。これらに配慮しUIデザインすることで、ユーザーの目標達成までの過程を容易で快適なものにできる。

しかし、同質のサービスが数多く存在する昨今、各サービスを運営するプレイヤーは、競合に対して「いかに早くユーザーにリーチして、獲得したユーザーをいかに離脱させないか」の競争にせまられている。そのためには、インターフェイスに向かう前のユーザーにリーチして、目標達成後にインターフェイスに向かっていないユーザーを自然なコンテクストでストレスなくサービスを再利用してもらうための施策を検討する必要がある。しかし、いずれの状況もインターフェイスに向かっていない状況下になるため、UIデザイン領域では検討できない範囲となる。そこで、インターフェイスに向かっていない状況下でのユーザーの体験において、ユーザーが目標を抱き、目的が発生（再発生）するまでの有効性／効率／満足度／再現性、また、インターフェイスに向かっていないユーザーが上記の目標・目的を達成するために特定のインターフェイス（またはサービス）の利用に至るまでの有効性／効率／満足度／再現性を示すものが、エクスペリエンサビリティである。
我々は、インターフェイスに接している、またはサービスがコントロール可能なタッチポイント（アセット）におけるユーザー体験を「可制御環境下」、インターフェイスから外れたユーザー体験を「不可制御環境下」と呼んでいる。
競争が激化した市場において、不可制御環境でいかにエクスペリエンサビリティを向上するかがサービスの、ひいてはビジネスの成功を握る鍵となるであろう。不可制御環境から、可制御環境へユーザーにアクセスしてもらう具体的な方法の代表的な例として挙げられるのが、スマホのPush通知やメルマガである。ユーザーがインターフェイスに向かっていない状況においても、スマホの携帯性を活用して、デバイスから受動的にユーザーをインターフェイスに向かわせることのできる大変有効な手段である。
しかし、Push通知やメルマガが毎日何通も届いたら、多くのユーザーは不快感を覚えるだろう。それが起点となりサービス利用からの離脱へとつながりかねない施策である。エクスペリエンサビリティ向上において、再現性という要素を検討する意義はそこにある。では、再現性を向上するにはどうすべきか？　下記の2つの方向性に大別できる。

- **内発的モチベーション喚起**
- **低ストレスな（持続可能な）外発的モチベーション喚起**

内発的モチベーション喚起とは、興味や関心を持っていることに対して、目標・目的が自発的に発生し、それを達成しようとするモチベーションが湧いてくる状態を喚起することで、外発的モチベーション喚起とは、意識、強制、インセンティブ、評価などが要因となり、目標・目的が発生しモチベーションが喚起される状態である。外発的モチベーション喚起を持続的に行うためには、上記の要因と目標達成までのストレスのバランスに配慮して、外的な要因を与える必要がある。つまり、いかに外的な要因が日常のコンテクストに溶け込んでいるかが重要である。

4. エクスペリエンサビリティを向上するための検討方法

上述の内外的モチベーションを喚起する要因をイネブラと呼ぶ。一度の使い切りではなく、1人のユーザーが複数回利用することを前提としたサービスをユーザーの循環システムとして捉えると、イネブラを検討しシステム内に組み込み確立する必要がある。

イネブラは2つの性質に分けて検討することができる。

- **感性的イネブラ**
- **実存的イネブラ**

感性的イネブラの例としては、前章で述べた通り、UIデザインなどで構築された世界感などが挙げられる。それに対して、実存的イネブラの例としては、ポイント還元や割引などの物理的・数値的な要因が挙げられる。ポイント原資や活用できるアセットが十分でない場合は、デザインドリブンなサービスを検討することが求められ、感性的イネブラでいかにユーザーとエンゲージメントを構築するかがサービスの成功の鍵となる。

いずれにしても、サービスの作り手の強みを活かして、サービス内にイネブラを確立することで、サービスの作り手が定めたゴールに向かってユーザーが離脱せずに利用を続けるような仕組みを構築することが可能になる。

これら2つのイネブラを定義して、エクスペリエンサビリティを向上するための戦略・施策をより具体化することで、企画段階から想定ユーザーに根ざしたサービスを設計することができる。

以下に、サービス設計に欠かせない確立すべき主要なイネブラと、その検討のフレームワークを

世界観への期待を創るUIの事例。“MOGLID”はARCHECOが提供する、個人のクリエイターと大企業をマッチングするWebサービス。高品質なアウトプットへの意志を体現したクリエイターが多数在籍している。

示す。

流入イネブラ確立
ユーザーがサービスを知り、不可制御環境から可制御環境に至るまでの仕組みを確立する。また、その際、ユーザーはどのような媒体を利用するか定義する。

例）・**SEOの強みを活かして、Webの検索エンジンで検索ワードを入力した際にユーザーへサービスの存在を認知させ、ユーザーをサービスへ誘導する。**
・**SNS運用の強みを活かし、魅力的な動画コンテンツを配信し、SNSから自社メディアへユーザーを誘導する。**

送流イネブラ確立
ユーザーが可制御環境からサービスの利用開始に至るまでの仕組みを確立する。また、その際、利用するサービスの機能は何かを定義する。

例）・**サービスを初回利用する際の金銭的ハードルを下げるために、初回無料キャンペーンをアプリ内で告知しサービス利用を促進する。**
・**一部の機能はタダで利用できるよう無料解放し、サービス利用における成功体験を蓄積してもらう。**

還流イネブラ確立
ユーザーがサービスの再利用に至るまでの可・不可制御環境それぞれの仕組みを確立する。また、その際、再利用する機能は何かを定義する。

例）・**一度サービスを利用したユーザーが、サービス利用を通じて得たポイントの失効を知らせるPush通知を送信する。**
・**初回サービス利用時にユーザーの趣味、嗜好を収集し、ユーザーにマッチする商品のセール情報や入荷情報がメルマガで通知される。**

定着イネブラ確立
ユーザーにサービスを持続的に利用してもらうための仕組みを確立する。また、定着後はどのようなユースケースに分類できるかを定義する。

例）・**ユーザーの趣味嗜好を長期的に把握することで、精度の高いレコメンド情報を提示する。**
・**ユーザーが複数の関連サービスを同一のアカウントで管理しているため、容易にサービスを解約できない状態になる。**

ロイヤルイネブラ確立
ユーザーがロイヤリティを感じ、サービスへのエンゲージメントを高めてもらう仕組みを確立する。また、ロイヤリティの高いユーザーと一般ユーザーとの差分は何かを定義する。

例）・**サービスの利用頻度、単価の高さやサービスの継続利用期間の長さに応じてユーザーをランク分けし、ランクの高いユーザーのみが利用できる優待サービスを提供する。**

上述のイネブラを定義することで、サービスにおける最低限のエクスペンサビリティを検討することができる。

5. まとめ

本テキストでは、ビジネス・サービスの成功において、UIデザインとUXデザインは共に不可欠であることを説明すると共に、それぞれの重要性を「世界観への期待を創る」ことと、「エクスペリエンサビリティを向上する」ことに限定して説明した。今後、ビジネス・サービスにおいて、この2つの能力を身につけたデザイナーが、より一層活躍する世の中になっていくことを心より期待する。

PRODUCTION PROFILE

Ada
ada.com
先進的でパーソナライズされた医療をすべての人が受けられる未来を実現することを使命とし、医師、科学者、エンジニアのチームによって2011年に設立。世界中の何百万人もの人々が自分の健康を理解し、適切なケアを受けることを支援する、AI搭載の健康プラットフォームを提供している。洗練された人工知能技術は、臨床的意思決定をサポートし、受給者と支給者に対して質の高い、効率的な医療を提供することを可能にしている。Adaは2016年にリリースされ、130カ国以上で医療アプリの第1位となった。

ARCHECO
archeco.co.jp
UXデザインの最先端の学術的知見と独自ノウハウを活かして、ビジネスの根幹を担う戦略策定、提供価値の定義、サービス設計から、アプリ／Web／プロダクトのデザイン・実装まで行うUX/UIデザインコンサルティングファーム。

Are.na
www.are.na
「いいね」ではなく、「思考」をサポートするためのソーシャルメディア。アーティスト、デザイナー、クリエイティブ起業家から構成されるメンバーで運営されている。

Awesome Design LLC
awsmd.com
サンフランシスコとサンホセに拠点を置く、データ駆動型のUI/UXユーザーインターフェイスのデザインエージェンシー。徹底的な製品・ユーザーリサーチにより問題を解決し、人間を中心に据えた設計の専門知識を通じて顧客の目標を達成する。エンタープライズレベルのクライアントとの長期的なパートナーシップに集中しており、また挑戦的な新興企業とのコラボレーションにも門戸を開いている。

Cuberto
cuberto.com
Webアプリからモバイルアプリ開発の分野まで、あらゆる課題に取り組むことができる、有力な専門家チーム。何年もの経験と、ビジネスプロセスの深い知識が強みである。安易な手法に頼ることなく、常にデザインと開発の最新トレンドを理解し、時代とともに進化し続けている。

Daniel Korpai
danielkorpai.com
dribbble.com/danielkorpai
インディペンデントのユーザーインターフェイス／ユーザーエクスペリエンスデザイナー。国際ビジネスとマーケティング心理学に基づいたデザインが特徴的。思想に富んだ製品を設計し、デザインすることに熱意を傾け、素晴らしい体験をクライアントに提供する。また、自分の旅を記録し、それを他人と分かち合うことも好き。現在、ヨーロッパを旅行中。

Eddy Gann
eddyg.co
ユーザーインターフェイスとユーザーエクスペリエンスのデザインの分野に5年以上携わっている。その間、短期間のデザインスプリントから長期の配信契約に至るまで、幅広いプロジェクトを手がける。スタートアップ、金融、教育分野の様々なトップブランドをクライアントとする。ユーザーエクスペリエンスのデザインとアニメーションへの情熱があるからこそ、彼のすべてのプロジェクトにはどこかユニークで魅力的な要素が含まれている。彼は新しい技術を試すチャンスを常に探し、高品質の経験を提供している。

Flask LLP
flaskapp.com
2013年に設立したiOSアプリ開発会社。2名のみのスモールチームで活動し、iOSの機能を活かしたシンプルで使いやすいアプリを作成している。現在までに10個以上のアプリをリリース。2016年にはStandlandとZonesが日本のApp Storeの今年のベストに選ばれ、2017年にはStandlandが世界10カ国のApp Storeで選ばれた。

GoodPatch
goodpatch.com/jp
UI/UXデザインを強みとした新規事業の立ち上げや、企業のデザイン戦略立案、デザイン組織構築支援などを行い、デザインの価値向上を目指しているデザイン会社。東京、ベルリン、ミュンヘン、パリにオフィスを構え、あらゆる手段でデザイン課題を解決している。

Jana de Klerk
dribbble.com/janadeklerk
南アフリカ出身、現在はカナダのトロントに拠点を置くUXデザイナー。ユーザーの問題を解決するために、ユーザーフレンドリーなインターフェイスデザインに常に情熱を注いできた。デザインのインスピレーションは、才能のあるShopifyのチーム、家族、友人、ムードボードへ無限の愛からきている。

Johny vino
www.johnyvino.com
数多くの作品を手掛けながらも、デザイン界の中では型破りな経歴を持つ。インドの小さな村に生まれ、現在はせわしない街ニューヨークで暮らしている。Microsoftでインターンシップに取り組む傍、スクール・オブ・ヴィジュアル・ アーツで修士課程を学んでいる。

河原香奈子（かわはらかなこ）
多摩美術大学　情報デザイン学科卒業後、Web制作会社などを経て株式会社ブラケットに入社。誰でも簡単にオンラインストアがつくれる「STORES.jp」のリードデザイナーをつとめたのち、株式会社バンクの創業メンバーとして即時買取りアプリ「CASH」や後払い専用旅行代理店アプリ「TRAVEL Now」の立ち上げに携わる。

Lake Coloring
www.lakecoloring.com
アーティストとそのアートワークにフォーカスした塗り絵アプリ。世界中から集められた才能あるイラストレーターの絶え間なく成長し続けるコミュニティにより、塗り絵のコレクションを提供している。そのミッションは質の高いコンテンツをサポートしながら、誰もが心の安らぎと創造力を発揮する、くつろげる場所をつくること。あらゆる細かいディテールが、塗り絵の時間をリラックスできるよう作り込まれている。

Musixmatch
www.musixmatch.com
世界中のどこのトラックからでも歌詞を検索、楽しむことができる世界最大の歌詞プラットフォーム。歌詞のカタログは何百万人もの寄稿者によって作成、同期され、翻訳されている。ユーザーはMusixmatchはもちろん、Spotify、Apple Music、そのほか数十の音楽サービスを接続して、音楽と同期した歌詞を楽しむことができる。

NewDealDesign
www.newdealdesign.com
過去20年で最も革新的で市場で席巻しているプロダクトを支える、サンフランシスコの中心部に拠点を置くテクノロジー・デザイン会社。スタジオのクリエイティブリーダーで創始者であるGadi Amitが率いる多くの専門分野に渡るチームは、人間的、文化、テクノロジーを結び、様々な世界のトップブランドとディストリビューターに、デジタルとフィジカルで楽むことができる体験を提供している。クライアントはMicrosoft、Google、Fitbit、Intel、Deutche Telekom、Verizonなど。

Nota Inc.
www.notainc.com
2007年シリコンバレーにて設立。日本支社を京都に構え、世界トップシェアを誇るスクリーンショット共有ツール“Gyazo”、あらゆる情報を自動で整理できる画期的な知識共有サービス“Scrapbox”など、クリエイティブなコンテンツ作成・発信の支援を行うことを目的としたプロダクトの開発・運用を行っている。

Oleg Frolov
http://frolovoleg.ru/
ロシア出身、幅広い分野で10年以上の経験を積んだデザイナー。Avito、Yandex、Fitbitなどの大手企業での経験を経て、現在はMagic Unicomにてデザイン部門を統括している。優れたプロダクトとは、仕事の遂行を補助するだけではなく、人々に心地よい感情を呼び起こすことができると信じている。ユーザーの気持ちを大切にすることは、デザインプロセスの重要な部分であると考えている。だからこそ、飽きることなくUIデザインの実験を続けている。それらのコンセプトを通して、ユーザーが何を愛しているか理解し、自分が彼らをどのように幸せにできるかを考えている。

Paperpillar
dribbble.com/paperpillar
インドネシアのジョグジャカルタに拠点を置く情熱的なデザイナーのチーム。インタラクションデザイン、ブランディング、イラストレーションなどの制作を手がける。

Ryder Carroll
bulletjournal.com
デジタルプロダクツのデザイナー、著者、スピーカー、そしてBullet Journalメソッドの発明者。アディダス、アメリカン・エキスプレス、シスコ、IBM、メイシーズ、HPなどの企業と協働。ニューヨークタイムズ、LAタイムズ、ファスト・カンパニー、ウォールストリート・ジャーナル、BBC、ヴォーグ、ニューヨーク・マガジン、ブルームバーグなどに取り上げられた。最近では、彼のTEDxのトークに基づいた書籍「The Bullet Journal Method」を完成させた。

STRV
www.strv.com
米国のトップスタートアップに優れたモバイルエクスペリエンスを提供するデベロッパー。受賞歴のあるデザインから、細やかな品質テストまで、ビジネスに新たな扉を開くために必要なすべてのものを揃えている。

Studio Neat
www.studioneat.com
2010年にTom GerhardtとDan Provostにより設立。問題を解決するシンプルなプロダクトをデザインする2人組。自分たちの活動を、小規模であることを利点とするスモールビジネスと考えている。素晴らしく、また役に立つ製品を作ることに専念している。

Tinrocket
www.tinrocket.com
2006年、John Balestrieriが設立。ブルックリンを拠点に、モバイルとデスクトップ用の創造的なソフトウェアを開発している。代表的なアプリとしては、Waterlogue、TinrocketによるOlli、Percolator、Popsicolorなどがある。

Versett
versett.com
カルガリー、トロント、そしてニューヨークに拠点を置く、プロダクトデザインとエンジニアリングを手がけるデザインスタジオ。

UI GRAPHICS ARCHIVE

2015年に発行された書籍『UI GRAPHICS』に収録された論考集。Appleのフラットデザインの提唱、そしてGoogleによるマテリアルデザインという概念の提出など、インターフェイスデザインはその概念を根底から変えるほどの転換を見せた。当時のUIにまつわる変化と、それによって開かれた可能性はどのようなものであったのか？ここに集められているのは、この領域に携わる研究者や実践者の知見である。変化の早い領域であるので、移り変わりゆく時代背景にも留意して読み進めていただけたら幸いである。

65 _ メタファー、ボタン、テクスチャ、色面、ピクセル

文・水野勝仁

メタファー

「フラットデザインは原則的にメタファーを使わない。言い換えれば、フラットデザインはメタメディアという表現の自由度と柔軟性の高さを駆使し、活かしていこうとする流れである。物理的制約を表現する必要もなく、文化を表象する必要もなく、コンピュータの性能やデバイスの性質を活かしてデザインする世界だ[1]。(渡邊恵太『融けるデザイン』)」

インターフェイス研究者の渡邊恵太のように、多くの人が指摘するフラットデザインの大きな特徴は「メタファー」を使わないことである。フラットデザインの流れを決定づけたiOS7 [Fig.1] に関するインタビューで、Appleのデザインを統括するジョナサン・アイブもユーザーがタッチインターフェイスに慣れたので物理的なボタンを模倣する必要がなくなったと述べている[2]。メタファーが現実の見立てであるとともにヒトの身体と深い結びつきを持っていたことを考えると、フラットデザインはヒトの身体を当てにしないでGUIを組み立てるものとも言える。同時に、フラットデザインに関して「コンピュータの性能やデバイスの性質を活かしてデザインする世界だ」という渡邊の指摘もまた重要である。なぜなら、アイブとともにインタビューを受けたAppleのソフトエンジニアリング担当上級副社長クレイグ・フェデリギは、iOS7を「ポスト・レティナ(ディスプレイ)・ユーザー・インターフェイス」と呼び、その実現にはGPUの性能の劇的な向上が不可欠であったと述べているからである[3]。フェデリギの発言は、現実・身体に基づくデスクトップメタファーおよびスキューモーフィズムとは異なる新たなインターフェイスの形式であるフラットデザインが、コンピュータの処理能力を活かすことではじめて生まれたことを示している。

フラットデザインは、メタファーという表象の部分とレティナディスプレイなどの機能の部分を合わせて考える必要がある。理念的にはメタメディアとしてどんな機能も模倣できるコンピュータであったが、これまではCPUやGPUの処理能力やマテリアルの加工技術が追いついていなかったために、その万能性は制限されていた。だからこそ、現実世界やヒトの身体に基づくメタファーによるコンピュータの機能制限がぴったり合致したと言える。しかし、処理能力と加工技術の向上によってコンピュータが機能と形を変幻自在に変えることができるようになった現在では、メタファーから脱却してコンピュータに合わせたインターフェイスを制作する必要があるのではないか。これがフラットデザインからの問いかけなのである。

だが実は、メタファーは消えていない。「レティナ=網膜」と、ディスプレイにメタファーが与えられているからである。「レティナ」がヒトとコンピュータにそれぞれあり、ふたつの「レティナ」が情報をやり取りする回路となる。肉眼では判別できないほど精細なピクセルを持つディスプレイに「レティナ」というメタファーを使用することは、ヒトを凌駕する描画能力をどうにかヒトの能力の範囲に収めておきたいという表れではないだろうか。しかし、コンピュータはヒトを超えていく。その最もわかりやすい例がレティナディスプレイ [Fig.2] であり、その高精細さによって可能に

水野勝仁
1977年生まれ。甲南女子大学文学部メディア表現学科講師。「ヒトとコンピュータの共進化」という観点からインターフェイス研究も行う。また、メディアアートやネット上の表現を考察しながら「インターネット・リアリティ」を探求している。ブログ：http://touch-touch-touch.blogspot.jp

なったフラットデザインは「あなたがたは現実世界・身体の限界を超えることができるのか」というコンピュータからの挑戦とも捉えられる。だとすれば、フラットデザインはメタファーからの脱却とともに、ヒトとコンピュータとの関係の大きな転換も示しているのではないだろうか。

ボタン

「ボタンというものはタッチスクリーン端末において最も不満を募らせるインタラクションです。ちょっと考えてみれば明らかなことです。マウスを使っているときなら、ボタンをクリックするときに、実際に指でボタンを押しているわけだからまだ許せます。でも、スマートフォンを使うのであればガラスを擦っているだけで、まったくフィードバックがないわけですよ[4]。(WIRED「一夜にして世界中を席巻したiPhoneアプリ「Clear」の裏側」)」

iOS7以前に、ボタンを一切使用せずジェスチャーのみで操作できるアプリとして注目を集めたのが「Clear」[Fig.3]である。アプリ制作者のフィル・リュウの言葉はフラットデザインで「ボタン」[Fig.4]がなくなっていくことを予言していたとも言える。そもそもデスクトップメタファー、スキューモーフィズムのボタンそのものがピクセルの集まりであって、それを「押す」ということ自体が新しい行為だった。「インターフェイス美学」を提唱するセーレン・ポルドは、GUIのボタンは表象と機能とが結びついたキメラ的な存在であると指摘している[5]。ここでの「機能」はレティナディスプレイやGPUなどの物理的なものではなく、それらとともにソフトウェアが実装していく

Fig.1 iOS6 と iOS7 のホーム画面の比較

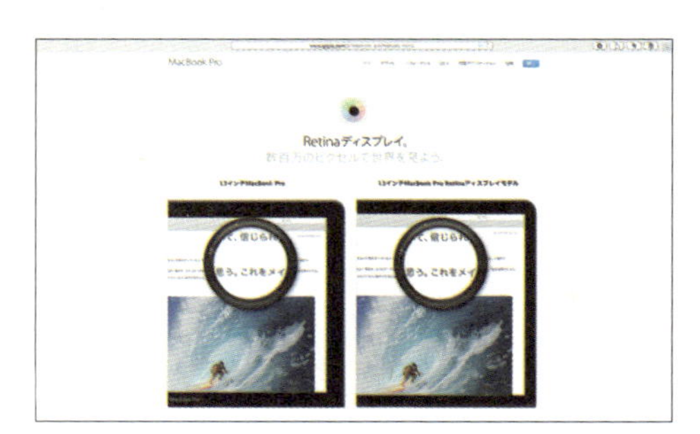

Fig.2 レティナディスプレイ

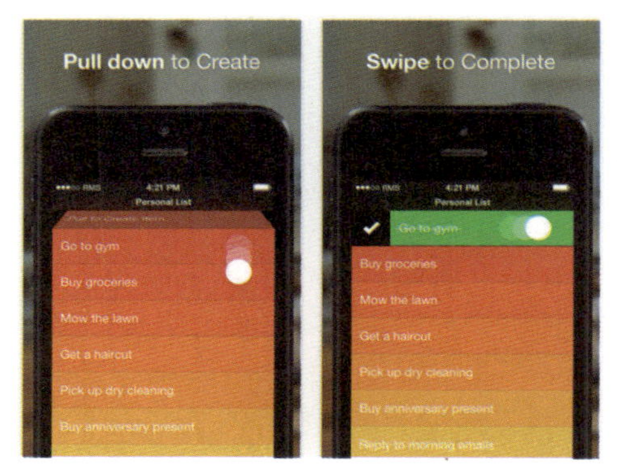

Fig.3 Clear

機能である。ソフトウェアによる機能がレティナディスプレイやGPUによってリアライズされて表象と結びつくのである。ソフトウェア以前の表象は表象であり、それは見るものであっても操作するものではなかったのだが、コンピュータが表象と機能とを結びつけ、見る対象が操作する対象になった。ベルギーの画家ルネ・マグリットが描いた《これはパイプではない》[Fig.5]は表象と機能との分離を表している。表象の「パイプ」でタバコを吸うことはできない。しかし、GUIのボタンは「ボタンではない」けれど、ボタンのように機能する。マウスでモノを押した感覚があるし、スキューモーフィズムであれば視覚的にリッチな表象が押した感を演出してくれる。

GUIのボタンがもともとマウスからの感触のフィードバックに基づいて表象と機能とを組み合わせたキメラ的存在だとすれば、タッチパネルの「フィードバックがない」という感覚がGUIのボタンにフィードバックされると、表象と機能とを結びつけていた感触がなくなることになる。その結果、表象と機能とが分離させられるようになり、フラットデザインでは「ボタンではない」のであれば「ボタン」の形態にする必要はないということになった。インターフェイスから「ボタン」のような現実世界由来の慣れ親しんだ形態がなくなり、フラットな平面が形成された。この意味ではフラットデザインはメタファーは使用しないが、身体からのフィードバックを受け付けているとも言える。だが、ここでの主導権は変幻自在に変化するコンピュータにある。フラットデザインではGUIのボタンの機能はそのままで、タッチへの「フィードバックのなさ」から表象をヒトの身体感覚とは関係なく自由に変えられるようになったからである。このことが意味するのは、ヒトがインターフェイスにおける表象と機能との結びつきを統御できなくなったということである。デスクトップメタファーからスキューモーフィズムがヒトを出発点としたGUIだとすれば、フラットデザインはコンピュータを起点としているGUIと考えることもできる。

テクスチャ

「私は私の作品がiOS7ととても似ているという友人のメールをいくつか受け取った。私はそれが本当かどうかはわからないけれど、Appleがテクスチャを使うことをやめたことと、私が自分の作品に一度もテクスチャを使っていないことは確かなことである[6]。(ラファエル・ローゼンダール「Apple、iPhone、iOS7、テクスチャ、フラット、カラー、スクリーン、ピクセル」)」

NYおよびインターネットを活動拠点にしてい

Fig.4 つい押したくなるGUIのボタン

Fig.5 ルネ・マグリット《これはパイプではない》(1948)

るアーティスト、ラファエル・ローゼンダールはブログにiOS7と自分の作品のテクスチャについてのテキストをあげ、そこで「ピクセルは常にフラットな表面にある。スクリーン上の画像は本当にフラットで、そこにはテクスチャがない」と指摘している。そしておもしろいことに、ローゼンダールはフラットデザインからヒトとコンピュータとの違いへと話を展開し、「本当のところ、ヒトとコンピュータはとても異なっていてお互いを真に理解できないのである」と締めくくっている。

フラットデザインからヒトとコンピュータとのわかり合えなさへと展開するのはどこか突飛な感じがするかもしれないが、ローゼンダールのこの考えこそがフラットデザインがメタファーからの脱却とともに示しているもうひとつの大きな変化、ヒトとコンピュータの関係の転換点を示唆するものなのである。インターフェイスデザインに関して言うと、コンピュータは今までヒトの身体に基づく感覚を取り込んだデスクトップメタファーやスキューモーフィズムといったテクスチャを重視するインターフェイスでヒトに従うような素振りを見せてきた。しかし、処理能力を上げ、レティナディスプレイやスマートフォンなど様々なデバイスを得たコンピュータは、これまで見せてきたヒトへの従順さをひっくり返して、フラットデザインというコンピュータ自体を起点にしたピクセルの光によるノーテクスチャの美学をヒトに見せ始めている。フラットデザインのノーテクスチャは、ヒトとコンピュータとが互いに異質な存在であることを改めて示すものなのである。だからこそ、コンピュータ特有の表現を追求するローゼンダールは、自分の作品[Fig.6]にテクスチャを使わないのである。

色面

「そもそも、フラットな色面というのは、自然界には存在しない。モノとして存在する以上、光を受けているので、影も生じるし、汚れもある。フラットに、同じ色が続いている状態というのは、もともと理論上のもの、仮想的なものだということができる。つまり、自然界では汚れがあったり、影や光沢がある状態が普通で、フラットな色の面というのは「異物」なのだ[7]。(佐藤好彦『フラットデザインの基本ルール』)」

ローゼンダールの作品にはテクスチャがなく、彼自身が言うように、そこは数学の等式に基づいたベクター画像で作られたクリーンな平面である[8]。この平面は三次元からの行為、つまりヒトの行為をほとんど求めてもいないように見える。テクスチャがないため押すのか引くのかなど行為の手掛かりがない。作品の体験者は「何をすればいいのかわからない」状況に置かれる。これはインターフェイスデザイナーの深津貴之がフラットデザインを評して言った「どこ押せばいいか謎」というのとほぼ同じ状況である[9]。フラットデザインはヒトの行為を求めているが、デザインが二次元であればあるほど、つまり理想に近づけば近づくほどその平面は「どこ押せばいいか謎」な状態になっていく。ローゼンダールの作品にはインタラクションがない作品もいくつかあるのだが、それも一目見ただけではわからない[Fig.7]。インターフェイスデザインとしては失格であろう。しかし、フラットデザインのインターフェイスもピュアになればなるほど、ローゼンダールの作品に近づいていくはずである。

ただ興味深いのは、ローゼンダールの作品は必ずどこかをクリック／タップしたくなってしまうのである。ボタンがあるわけでもなく、「どこ押せばいいか謎」な状況であるにもかかわらず、ついどこかをクリック／タップしてしまう。それは『フラットデザインの基本ルール』で佐藤が指摘するように、ローゼンダールが作る色面が自然界には存在しない「異物」だからであろう[Fig.8]。ヒトはその異物としての光に好奇心から、もしくは恐怖から手を出してしまう。もしかしたら、それはメタメディアとして自由に振る舞えるようになってきたコンピュータとコミュニケートしたいがゆえに出る一手かもしれない。ピクセルの光で満たされたクリーンな色面に魅了されて、つい手／指を伸ばしてしまう。伸ばした手／指の先にある色面がヒトの行為に反応することもあれば、反応しないこともある。反応があれば、それは気持ちのいいインタラクションであり、反応がなくてもピクセルの色面による表現は自然にはないクリーンさで見るものを魅了する。ピクセルの色面に手を伸ばしてしまうことは機能以前の反応と呼んだほうがいいものである。コンピュータおよびピクセルのクリーンな平面という異物にヒトが手を伸ばしてしまうことが、ローゼンダールの作品の根幹をなしているとともに、フラットデザインの根幹にもある。ローゼンダールの作品は表象から機能を切り離すことで、フラットデザインの理想の表象に限りなく近づくことができる。しかし、インターフェイスデザインでは機能を切り離すことは不可能であるがゆえに、フラットな色面にテクスチャという「汚れ」を施さざるを得ない。そして、その「汚れ」こそコンピュータにおけるヒトの痕跡なのである。

ピクセル

「“真のデジタル化”とは、アプリが画面上のピクセルにすぎないという事実を踏まえることです。つまり、現実世界の限界を超えた色と画像を使ったデザインを作ることです[10]。(「Windows 8.1　ユーザー エクスペリエンス ガイドライン」)」

Fig.9　Windows 8.1

鮮明なフラットデザイン[Fig.9]を打ち出した「Windows 8.1 ユーザー エクスペリエンス ガイドライン」はあくまでもディスプレイ上の話である。しかし、ここで言われている「アプリが画面上のピクセルにすぎないという事実を踏まえること」はディスプレイに留まることなく、この事実を踏まえたアプリが「現実世界の限界を超えた色と画像を使ったデザイン」を行い、それがヒトの身体を新たな方向に導くと考えると、ここで言われている「真のデジタル化」はとても大きな射程

Fig.6 《room warp.com》(2014) は鮮やかなノーテクスチャの5つの色面が揺れ動く作品

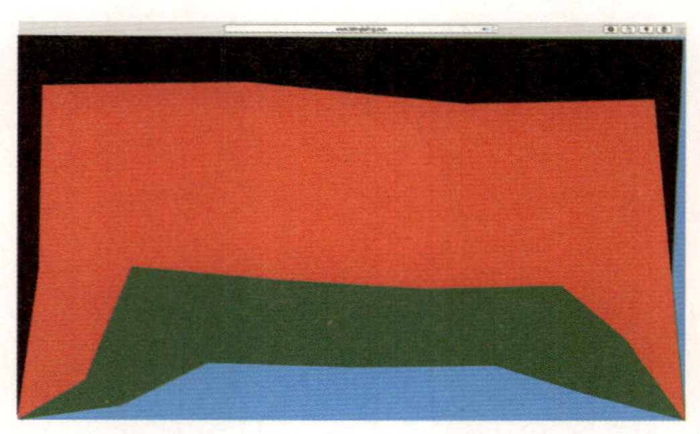
Fig.7 《falling falling.com》(2011) はノーテクスチャの色面が「倒れる」のを見る作品

を示している。

現実世界とのつながりであったメタファーを使わないフラットデザインは、現実世界由来の行為と結びついていないピクセル独自の反応を多く作り始めている。フラットデザインは「ボタン」のような明確なモノではなく、色面のような異物の表象に機能を与え、「ボタン」だから押すというのではなく、そこにあるノーテクスチャのピクセルの集まりがヒトを魅了し、ヒトの反応をアドホックに引き出す。そして、その反応が組み合わされて新しい行為ができる。フラットデザインは色面などのクリーンな平面を最大限活かして、ヒトの新しい行為を作るひとつの試みであり、その理想の形である。「理想」であるから、フラットデザインが掲げる完全なフラットには決して辿り着くことはないであろう。しかし、フラットデザインを意識することは、ディスプレイの光とその背後に存在するコンピュータによる新しい世界を考えることである。そして、その新しい世界とヒトとのあいだに生じる反応を見つめる中で、ヒトの新しい行為が生まれる。つまり、フラットデザインではデスクトップメタファーやスキューモーフィズムのように現実世界に由来するヒトの行為に基づいてヒト中心の行為を設計するのではなく、コンピュータおよびピクセルのクリーンな平面というヒトにとっての異物に基づく行為を設計するものなのである。そこでは、コンピュータがヒトの眼で判別できないほどに細かいピクセルを制御するように、そして、ヒトが網膜からの視覚情報で身体を動かすように、レティナディスプレイに映るピクセルの集まりがヒトの身体を精細に操作する。「アプリが画面上のピクセルにすぎないという事実を踏まえること」で自由になったピクセルの色面が、ヒトの身体を「現実世界の限界を超えた」行為に導いていくのである。

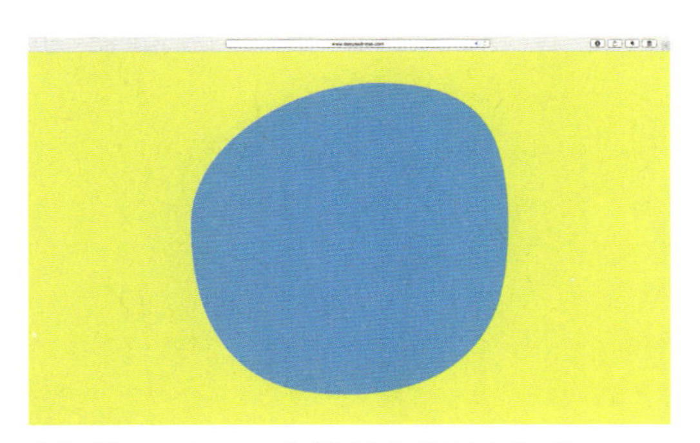

Fig.8 《deep sadness.com》(2014) に表示される、汚れなきふたつの色面

参考文献・URL

1. 渡邊恵太『融けるデザイン』、ビー・エヌ・エヌ新社、2015、p.30
2. USA Today, Jony Ive: The man behind Apple's magic curtain、2013、http://www.usatoday.com/story/tech/2013/09/19/apple-jony-ive-craig-federighi/2834575/ (2015年10月10日アクセス)
3. 同上
4. WIRED「一夜にして世界中を席巻したiPhoneアプリ「Clear」の裏側」、2012年、http://wired.jp/2012/02/18/iphone-app-clear/ (2015年10月10日アクセス)
5. Søren Pold、Button, Fuller, M. ed., Software Studies: A Lexicon、MIT Press、2008、p.33
6. Rafaël Rozendaal、Apple, iPhone, iOS7, textures, flat, colors, screen, pixels、http://www.newrafael.com/apple-iphone-ios7-textures-flat-colors-design-screen-pixels/ (2015年10月10日アクセス)
7. 佐藤好彦『フラットデザインの基本ルール』、インプレスジャパン、2013、p.62
8. Rafaël Rozendaal and Jürg Lehni、Compression by Abstraction: A Conversation About Vectors、http://www.newrafael.com/compression-by-abstraction-a-conversation-about-vectors/ (2015年10月10日アクセス)
9. 深津貴之「開発者必見！ 5秒でわかるフラットデザインまとめ」、2013、http://fladdict.net/blog/2013/05/flat-design.html (2015年10月10日アクセス)
10. 「Windows 8.1 ユーザー エクスペリエンス ガイドライン」、Microsoft、2014、p.16

66 _ マテリアルデザインとその可能性

文・深津貴之

2014年、Googleの開発者カンファレンスGoogle I/Oにて、モバイルアプリのターニングポイントとなる発表があった。デザインフレームワーク、マテリアルデザインの発表である。その品質の高さも話題になったものの、焦点はそこではない。Googleがデザインのフレームワークを発表したこと、それ自体が多くの開発者とデザイナーに衝撃を与えたのである。なぜならGoogleの強みは技術であり、Androidではデザインは二の次と考えられていたからだ。デザインやインタラクションの分野はAppleの独壇場、多くの人々の共通認識はそのようなものだった。

さて、Googleはどのような意図で自らデザイン志向の方向に舵を切ったのだろうか。本稿は、このマテリアルデザインについて、総合的な観点から考察をする。構成としては、まず最初にマテリアルデザインの歴史的経緯を解説する。その後、マテリアルデザインのもたらす可能性と制約について考えていく。

1. マテリアルデザインの背景

マテリアルデザインの背景と文脈を理解するためには、モバイルにおけるフラットデザインの歴史を知る必要がある。まずはiPhoneの発表からマテリアルデザインの出現まで、おおまかな文脈の流れを解説する。

iOSとスキューモーフィズム

iOS初期からiOS6までのスマホアプリは、スキューモーフィズム系のデザインによって先導されてきた。スキューモーフィズムとは現実世界のルールを取り入れたデザイン様式のことである。発表当初からiOS6までのメイントレンドは、バーやボタンなどに強い立体表現を用いたデザインであった。アプリケーションの設計においても、連絡帳はメモ帳をモチーフに、電子書籍はページめくりのエフェクトがかかるなど、実世界のオブジェクトの挙動をまねたものが主軸であった。またアイコンなどにおいても、積極的に革や木のテクスチャを取り入れてきた。

スキューモーフィズムは、新しいテクノロジーの出現時には非常に有効な手法である。なぜならばユーザーは、既存のオブジェクトやテクノロジーと比較することで使い方を想像することができるからだ。新しいテクノロジーには往々にして新しい外見を与えがちであるが、多くの場合、ユーザーが使い方をイメージできずに失敗に終わる。スマートフォン、アプリ、タッチスクリーンなど様々な新概念を普及させるにあたって、Appleはこのスキューモーフィズムを有効に使って成功した。[Fig. 1]

メトロによる問題提起

現在のiOS、Androidにおけるフラット系デザインの潮流の発端は2010年に遡る。この年、MicrosoftがWindows Phone 7用のデザインコンセプトとしてメトロ(後にモダンUIに名称変更)を発表した。メトロはその名の通り、そのビジュアルコンセプトとして地下鉄の公共交通サインをモチーフにしていた。

深津貴之
大学で都市情報デザインを学んだ後、英国にて2年間プロダクトデザインを学ぶ。2005年に帰国し、thaに入社。2013年、THE GUILDを設立。UI／インタラクティブ関連を扱うブログ「fladdict.net」を運営。現在は、iPhoneアプリを中心にUIデザインやインタラクティブデザイン制作に取り組む。

メトロは、紙のグラフィックデザイン、特に1950年代のスイススタイルに大きく影響を受けている。この様式は、モダニズムの流れを組み、国際化するグラフィックデザインの中立性や永続性を重要視したスタイルであった。[Fig.2]

メトロデザインでは特に、大きな写真と平面的な色面構成、グリッド、中立的かつダイナミックなタイポグラフィなどにその影響が強くみられた。iOSのリッチなビジュアルが主流であった当時、その目新しさはデザイナーの間でおおいに注目を集め、様々な模索がされることとなった。しかしメトロには、モバイルUIの実用面においていくつかの課題があった。

Dribbbleによるフラットデザインの流行

フラットデザインの流行に、Dribbble[Fig.3]が果たした役目は大きい。Dribbbleはデザイナーやイラストレーターがスケッチや作品を公開をするためのSNSである。同サービス上で公開されるコンセプトスケッチのトレンドは、メトロの発表以後、フラットデザインへと大きく傾いていった。これにはいくつかの理由がある。ひとつは新規性。自身の作品への注目を集めるためには、新規性のあるビジュアル表現に人気が集中する。2つめがデザイナーの参入障壁。美しいグラフィックを作るのに手間と時間がかかるスキューモーフィズム系のグラフィックに比べて、フラットデザイン系のグラフィックスは間口が広かった。このため、iOS系のリッチなアイコンやUIを苦手としたデザイナーでも気軽に参加でき、また素早く作品を発表することができたのだ。

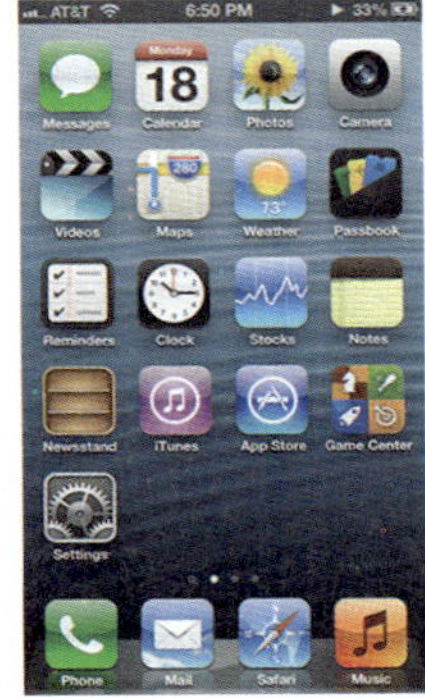

Fig.1 iOS5、iOS6 のアイコン

もっともこの時点では、フラットデザイン作品の大半はコンセプト上のスケッチ、机上の空論だった。もちろんUIとして実用に足るものではない。Dribbbleで発表される作品は、あくまでビジュアル的な第一印象が優先されるためだ。この頃から少しずつフラットデザインを採用したiOSアプリなどが出始めた。しかしその大半は、「どう操作をすればいいかわからない」ような実用外のアプリであった。実用性に難を抱える一方で、ビジュアルとしてのフラットデザインは強い人気を保ち、モバイルウェブを中心に着実に広がっていった。これはフラットデザインとスタイルシートの相性のよさが理由と考えられる。レスポンシブやマルチスクリーンにおいて、スキューモーフィズム系グラフィックの作成コストはものすごく高かったからである。

iOS7による普及

2013年6月、スティーブ・ジョブズの亡き後、

Fig.2 メトロデザインのUI

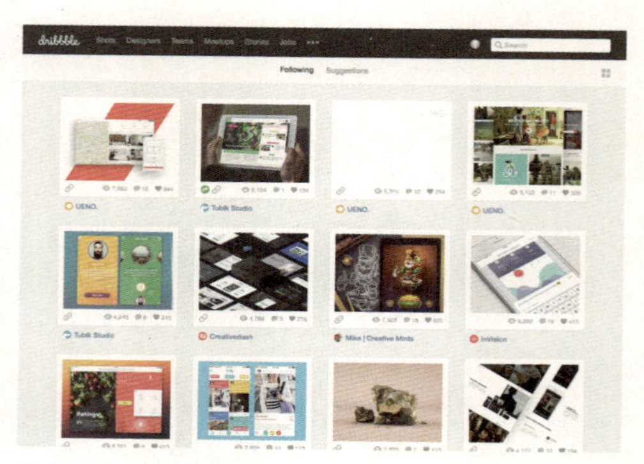

Fig.3 https://dribbble.com

ジョナサン・アイブ率いる新体制によりフラットデザイン化されたiOS7が発表された。iOS7では従来のスキューモーフィズム的なグラフィックが排除され、起伏のほぼない完全にフラットなデザインに移行した。

これらの変化にはいくつかの理由が考えられる。ひとつはマーケティング的な理由。フラットデザインの普及につれ、従来のiOSのデザインはいかにもクドく、時代遅れに見えてしまったため。もうひとつが機能的な理由。iOSが発表されて6年が経過し、ユーザーはスマートフォンの操作を十分に習熟した。このため、わかりやすさのために過剰なメタファーを用いる必要がなくなり、よりシンプルな表現へと移行することが可能となったのである。ページめくりエフェクトは、iPadや電子書籍に対し説明が必要な初期段階では必要だった。だがもはや、誰もiPadの使い方を悩む段階ではなくなった。またiOS7のUI設計においては多分に政治的な事情があったと推測され、ソフトウェアデザインの責任者であったグレッグ・クリスティが退職し、ジョナサン・アイブに権力が集約されるという変化もあった。

もっとも、iOS7のフラットデザインにもいくつかの課題があった。それは、スキューモーフィズムを前提としたiOS6以前との互換性である。iOS6以前の設計をそのままフラット化したため、iOS7ではタッチ領域やコンテンツの前後関係などの認知的な問題があった。これらを解決するため、iOS7のフラットデザインには、従来のフラットデザインと比べた場合、いくつかの特徴がある。ボタン領域すらドロップシャドーや立体を排除する過激なフラット化、細く大きい文字を使ったタイポグラフィ、ブラー表現の多用、パララックス効果などである。これらの表現のいくつかは、iOSの抱える課題解決のために導入されたものである。たとえばジャイロによる視差表現(パララックス)や、背景をボカす表現などは、フラットな中でのコンポーネントの前後関係やタッチ領域を可視化するためのものである。またタップ可能な部分と不可能な部分を明示するため、タップ可能領域でのテーマカラーの使用が徹底された。

発表当初こそiOS7のフラットデザインは賛否両論であったものの、最終的にiOS7以後、Appleのフラットデザインは順調に受け入れられていった。各種の課題は、iOSのアップデートを経るごとに少しずつ解決していっている。

そしてマテリアルデザイン

これまで述べてきたように、モバイルにおけるフラットデザインの潮流は、MSのメトロをきっかけとし、Dribbbleによるバリエーション展開、

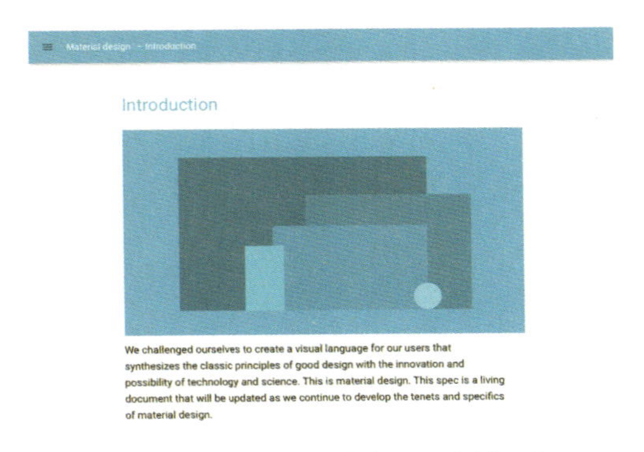

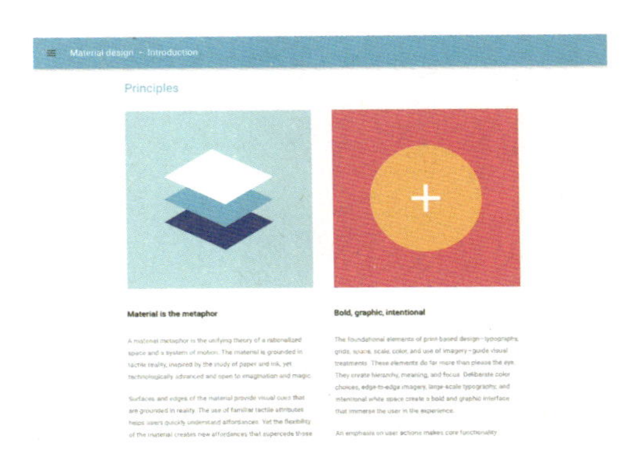

Fig.4 Googleによるマテリアルデザインのガイドライン

iOS7による普及という流れを経て発展した。この流れの集大成として、2014年の6月にGoogleが発表したのがマテリアルデザインである。マテリアルデザインは、今までの文脈や経緯を踏まえ、様々な工夫が凝らされたフラットデザインの集大成となっている。後発であるだけに、視認性、タッチ領域の可視化、マルチスクリーンなど様々なものが高い水準で調和している。

特筆すべき点は徹底した意味の付与であり、決定的なのが画面を構成するピクセルへの考え方である。マテリアルデザインでは、ピクセルを厚みのある物理的な存在（マテリアル）と解釈する。厚みをもったピクセルは変形可能なカード、あるいは、模様が自在に変わるインクとして扱われる。前後の重なりに応じて影が発生し、アニメーション時には質量を持ったものとして加減速しながら移動する。つまりビジュアル上はフラットデザインであるが、概念や挙動としては物理世界の拡張シミュレーションなのだ。画像がフラットなのは、ドロップシャドーをクリック領域や階層構造に集中させるためにすぎない。iOS7は抽象化のためにスキューモーフィズムを捨て去った。だがマテリアルデザインでは、視覚的にこそ抽象化したものの、動きや挙動のルールにおいて、逆に強くスキューモーフィズムを彷彿させる。「厚さのあるピクセル」は現実には存在しないマテリアルである。だがマテリアルデザインは、「厚さのあるピクセル」が現実にあった場合どのように挙動するかをシミュレートしたデザインなのである。

発表されたばかりのマテリアルデザインは、現状ではまだ発展途上であり、開発ライブラリの不足といった現実的な課題はある。また、そのガイドラインやベストプラクティスも現在進行形で模索されている。しかし、現存するフラットデザインの系譜においては、コンセプトレベルで最も先進的であることは疑いがない。[Fig.4]

2. マテリアルデザインの可能性と制約

フレームワークとしてのデザイン

マテリアルデザインの最大の特徴は、単なるガイドラインにとどまらないフレームワークであるという点である。この点において、開発者の中にはマテリアルデザインを指して「デザインにおけるRuby on Rails」と言う人もいる。フレームワークを採用する最大の利点は、車輪の再発明を避けられることだ。デザイナーはマテリアルデザインのマナーに則ることにより、プロジェクトごとにトーンや文字サイズ、グリッド設計などに、過度なリソースを費やす必要がなくなる。このように、マテリアルデザインを採用することで、デザイナーはコンセプトや構造、サービス設計といった高レイヤーにリソースを集中できるようになるのだ。

チームでのデザイン

デザインマナーがガイドライン化されているということは、デザインが1人の才能に依存しないということでもある。マテリアルデザインを採用することで、チーム内の複数のデザイナーが平行して作業することが容易になる。また引き継ぎや新規メンバーの参入時にも、プロジェクトのリスクを最小にすることができる。

Android全体における操作感の統一

デザインやUIの基礎をGoogleが厳格に定めるということは、単にひとつのアプリでトーンが統一できることに留まらない。アイコン、色、位置関係などがアプリをまたいで統一されていれば、ユーザーはアプリケーションの機能や構造を予想することができる。これはAndroid全体におけるユーザー体験の向上を意味する。逆を言えば、各サービスは表面上のビジュアルで差別化ができなくなるということでもある。デザイナーの作業は、「誰のために何を作るべきか」といった、より本質的で高度な部分に集中していく。

デザインとエンジニアリングの融合

ガイドラインとしてのマテリアルデザインの大きな特徴は、デザインとエンジニアリングの統合性である。マテリアルデザインの本質はデザインコンセプトであるが、そのガイドラインは単なるべき論に留まっていない。ガイドラインでは従来はセンスや「そういうもの」とされていた様々なデザインロジックが、エンジニアリングレベルまで分解され言語化されている。「こうあるべきである」というコンセプト、「なぜこうなのか」というロジック、そして「実際にどう実装するのか」というコードと数値的なパラメータ、この3つが高いレベルで融合していることが、マテリアルデザインの最大のポイントである。

多様性とイノベーションへの足かせ

フレームワークや標準化は生産性や開発効率を向上させる一方で、多様性やイノベーションを阻害する。これはパソコンのキーボードを想像するとわかりやすい。現在のキーボードはQWERTYという配列方式であるが、これはタイプライター時代に標準化されたフォーマットだ。この配列はいくつかの課題を抱えているが、新しいキー配列が提唱され普及までいくことはない。なぜなら、すでに普及しているものを塗り替えるよりも、そのままにしておくほうが楽だからである。このように標準化は、往々にして技術革新や多様性を阻害してしまう。

たしかにマテリアルデザインそのものは優れた設計コンセプトである。だが、皆がマテリアルデザインに厳格に従ってしまえば、新しいデザインやインターフェイスは生まれにくくなる。また、たとえ新しいものが出ても、移行や普及が難しくなってしまうだろう。フレームワークに乗りつつも、必要に応じてフレームワークから外れることが今後のデザイナーの課題となる。

差別化とブランディングへの制約

マテリアルデザイン上において、外見やUIで大きな差別化を行うのは難しい。基本的なビジュアルや挙動が、すべてのAndroidアプリで統一されるためである。このため、ルック&フィールや手触りが価値の中核となるような企業ブランディングは行いにくい。しかしながら、これに関しては、企業ブランディングのルールを過度にスマートフォンに持ち込むことは、リスクになりかねないと断言できる。基本的にはOSのルールが先に立つ範囲内でのブランディングに留めるべきである。ビジュアルデザインのトーンそのものにおいては、過度のブランディングを行わないほうがよい。内部の写真やイラストレーション、コンテンツなどで差別化をするのが望ましい。

後方互換性や開発コストの制約

iOSと比した場合、Androidでは旧端末を含めたデバイスの分断化が激しい。マテリアルデザインを導入する場合、現状では主に3つの選択肢がある。ひとつは旧端末を切り捨てる。もしくは、旧端末のためにマテリアルデザインを実装する。または、新旧の端末でアプリやデザインを出し分ける。同様に、ライブラリ等も発表当初は充実しているとは言えず、マテリアルデザインで提唱されたかなりの部分を独自実装する必要があった。実際に多くのアプリがマテリアルデザインの導入に二の足を踏んでいたのは、この要素が大きい。本来なら生産性を高めるはずのマテリアルデザインは、デバイスの分断化によってそのポテンシャルを発揮しきれていない。過渡期のために仕方がないことだが、開発においては大きなコストとなる。しかしながら、この問題は時間とともに徐々に解決していくことと思われる。

まとめ

Googleが発表したマテリアルデザインは、紙や物理のルールを骨格に、既存のデザインにおいてセンスとして説明されていたものを、エンジニアリングしたものである。これはスキューモーフィズムから始まったスマートフォンUIとモバイル市場が十分に成熟し、これまでの様々なアプローチが集約されたひとつの到達点とも言える。マテリアルデザインはあくまでフレームワークであるため、開発の効率化やデザインの抽象レイヤー化を加速する一方で、普及の仕方次第ではモバイル市場全体の多様性が失われることに注意をする必要はある。だが、概してモバイル市場のデザインを一段階高く引き上げるものと考えてよいのではないかと思う。

マテリアルデザインの実際的な落とし込みについては、Googleが開催しているMaterial Design Awardの事例を見るのがよいだろう。

https://design.google.com/articles/material-design-awards/

ここに掲載されているものが、現状マテリアルデザインに関するベストプラクティスと考えても問題はない。

このアワードの受賞作品には、ひとつの興味深い傾向がある。マテリアルデザインに「厳格」であるとは限らないことだ。Pocket、Tumblr、NY Timesなどは、どれも高いレベルでマテリアルデザインを実現しているが、彼らはすべての部分でマテリアルデザインに忠実なわけではない。受賞作品たちは、マテリアルデザインを独自に解釈し、様々なオリジナルの実装や落とし込みを行っている。TumblrやB&Hのアプリなどの挙動はその例となる。マイクロブログサービスであるTumblrでは、FABボタンを押した際、独自の6つのメニューが花弁のようなポップアップとして展開される。またB&Hでは、商品をカートに入れたとき、過剰なほどの演出が行われる。どちらもマテリアルデザインのガイドラインを逸脱しているが、それをGoogleがアワードで表彰しているところが興味深い。全体傾向として、Googleはマテリアルデザインをあくまでフレームワークと位置づけているように見受けられる。マテリアルデザインにどこまで準拠するか、どのように落とし込むかをサードパーティに任せているということだ。日本の伝統芸能における守破離のように。まずはマテリアルデザインのルールをしっかりと守り、勘所がつかめてきたところでルールの破り方を覚え、マテリアルデザインの根底をそのままに制約から離れることを目指すのがよいかと思う。マテリアルデザインを足がかりに開発を加速しつつ、かといってガイドラインに束縛されることなく、さらなる発展や模索が起こることを期待したい。

67 __ インターフェイスと身体

文・渡邊恵太

はじめに

インターフェイスデザインに関わっていると、身体や身体性という言葉を耳にすることがあると思う。しかし、身体や身体性という言葉は何か抽象的で、自分にはあまり関係ない話だと思ってしまうかもしれない。

一方で、任天堂のWiiやMicrosoftのKinect、あるいはLeapMotionといったジェスチャー認識が可能なデバイスが市場に出まわり始めているということは認識しているはずだ。身近なところでは、スマートフォンのほとんどがマルチタッチディスプレイを採用し、ジェスチャー操作が一般的になっている。インターフェイスが機械のようなボタンを対象にした「押す」あるいは「クリック」という操作から、より自然な行為を通じて機器と接することができるようになっていることには気づいているだろう。

ここでは、インターフェイスにとってなぜ身体が重要なテーマであるかについてその経緯を紹介しながら、身体が中心になる時代のインターフェイスデザインの体験や自己帰属感ということについて考えていく。

操作のデザインから行為デザインへ

GUIは、ボタンやラベルなどを配置し、ユーザーはそれらをマウスとカーソルを利用してターゲットをクリックするインタラクションであった。したがってGUIの設計は、パッと見てわかりやすく、機能へアプローチしやすいレイアウト、そして操作によって切り替わり変化していく画面で迷子にならないナビゲーション、操作の結果が明確であるフィードバックがポイントとなる。いわば、インターフェイスデザインというのは、効率的に使いやすくするための「操作のデザイン」である。

GUIは、ゼロックス社の研究所が作り出したAltoを元に、AppleがLisaを経てMacintoshを開発、発売し広く普及する。さらに1990年代では、液晶ディスプレイの解像度や品質の発展と普及によって、GUIは高度化し複雑化する機械を操作する最良の方法として位置づけられる。特に携帯電話とウェブは、対象者が専門家ではなく広く一般的な人が利用することになったために、GUIのわかりやすさ、使いやすさは極めて重要な課題となった。

こうしてGUIの重要性がますます高まった2006年頃、ハードウェア、センサーレベルのインターフェイスにもテコ入れがなされた。それがマルチタッチディスプレイだ。これを普及させるきっかけとなったのは、やはり最もユーザーインターフェイスに注力してきた企業、Appleであり、現在のiPhoneやiPadである。

iPhoneは、まずペンでの操作を一旦保留にして、指で操作させるものとし、マルチタッチディスプレイの特徴である複数の指での操作と整合性をもたせた。そして、マルチタッチの操作方法にタップ、ダブルタップ、ピンチ、スワイプなどのジェスチャー文法を導入し、それに応じた適切なGUI表現も再開発された。

こうしたマルチタッチとそれに応じたGUI表現によって、機械の制約はかなり緩和され、iPhoneやiPadは「操作」というよりも「行為」によって接する装置となった。つまり、「画面を切り替える」というより「めくる行為」に、「クリック」というより「触れる感覚」になったりしている。いわば、操作のデザインから「行為のデザイン」という視点が入ってくる。行為のデザインは、効率的に使

渡邊恵太
明治大学 総合数理学部先端メディアサイエンス学科専任講師。Cidre Interaction Design株式会社代表取締役社長。博士(政策・メディア)。近著に『融けるデザイン ハード×ソフト×ネットの時代の新たな設計論』(ビー・エヌ・エヌ新社、2015)

いやすいということだけではなく、行為にとっての自然さが求められる。そしてこれがインタラクションデザインということになる。
「行為のデザイン」は、手で何か物をつかみ持ち上げたり、押さえて固定したり、机の上の紙を移動させたりする、そんな日常的な人の行為に近づく。そして、常に対象と行為の関係が大事になる。しかも、ピンチによる拡大表示や、スワイプによる氷の上を滑るような低摩擦感を導入し、実世界以上の行為のなめらかさや操作性を得られるようにすることも大事である。

今日ではマルチタッチ入力の他に、WiiやKinect、LeapMotionといった新しいセンサーが一般的に広がり、より人間の自然な動き、行為が入力方法として利用できるようになりつつある。入力インターフェイスデバイスの変化によって、画面のある部分をクリックしていく静的なナビゲーションから、画面全体をユーザーの行為の動きに同調させて表現する動的なものになったわけである。

行為のデザインと身体

行為のデザインで重要になるのは、インタラクションの発想である。つまり、どのようなグラフィック表現に対してどのような行為があり得るのか?を考えることだ。マルチタッチですら、ディスプレイ平面の指の動きであってもマウスに比べれば多数の作法、行為がすでに生まれているし、そもそも入力とも思わせないような方法が行為のデザインである。

さて、行為ということをデザインとして考えなければならなくなったことで、見えてくるのが身体の存在だ。

インターフェイスを、「操作を使いやすくするグラフィックデザイン」だと考えてしまうと身体との関係性は希薄に感じてしまうが、行為のデザイン、インタラクションデザインとして捉えれば、行為の基本となる身体を無視できない。

だから、身体という言葉がインターフェイスデザインの分野でも取り扱われるわけだ。そして、これは単純に抽象的な思想の話ではなく、今まさにどう設計するかが問われている。

身体をどう捉えるか

インターフェイスデザインにおいて身体を考える場合に重要になるのは、物質としての身体というわけではない。知覚と行為が循環しながら常に環境と身体がどう関係を持っているのかという、身体の現象的側面や性質、身体性である。

実世界では、日々私たちは何か物を手にとったり、道具を使ったり、椅子に座ったりと、環境の状況に柔軟に対応しながら途切れることなく知覚と行為が循環している。インタラクティブシステムが面白いのは、この知覚と行為の循環が、半分ディスプレイの中に入り込んでいる点である。つまり、ディスプレイの中に向けて行為し、ディスプレイを通じて知覚する。GUIであればカーソルであるし、ゲームであればキャラクターかもしれない。この画面の中に半分入り込んだ知覚と行為の循環がディスプレイの前の身体という物質を差し置いて、人々に新たな体験を提供可能にしてしまっている。

こうしたインタラクティブシステムの特徴は、少し立ち止まってよくよく考えてみないとわからないほど自然に使えてしまっているが、実はインタラクティブシステムがもたらす体験というものはどういう仕組みなのか考えることは難しい。な

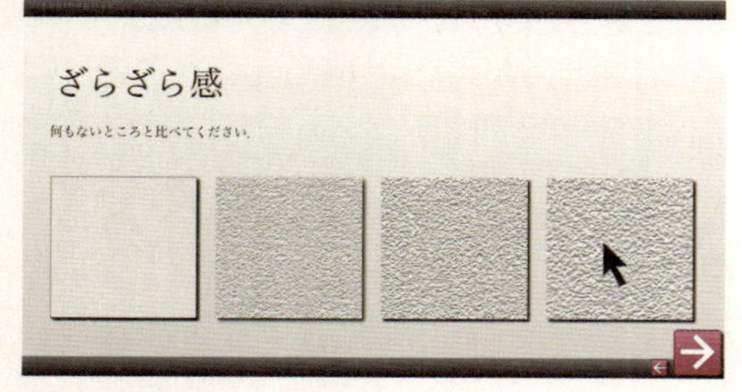

Fig.1 VisualHaptics

ぜこれが難しいかというと、「人の体験とはどう生まれるのか」を考えることと同義だからだ。

さて、そんな難しい体験とは何か、インタラクションとは何かを考えるヒントがある。それが「自己帰属感」である。

自己帰属感

自己帰属感とは自己感の一種で、「いま目の前で動いている手は、自分の手である」「今見えている風景は、自分が見ている風景である」という、風景や手、あるいは道具に対して現れる、「自分が」という部分の理由となる感覚のひとつである。

一般的には、自己、自分については、「自分が見ているのだから、その風景は自分が見ている」と考えることだと思う。しかし哲学や認知科学の分野では、その「自分」をカッコに入れて保留し、自己感覚を発生的な認知現象として検討する。

この自己帰属感が、身体を前提としたインターフェイスやインタラクションにおける体験の設計について大きな意味を持ってくるのだ。

動きが身体の延長感を作る、カーソルと自己帰属感

筆者は、カーソルに遅延を与えたり変形させたりすることによって視覚的に感触を与えるVisualHaptics（2002）[Fig.1]を開発し、なぜ視覚的な情報のみでも触覚のような感触を感じてしまうのかについて考えていた。その際はカーソルが身体の延長であるから、カーソルにフィードバックを与えることが感触へとつながるという仮説で説明をしていた。しかしカーソルが身体の延長であるというのはわかるようでわからないことで、どうにかそれを立証したいと考えていた。

そこで、筆者は図に示すようにインタラクティブシステムにおいて、この自己帰属感を検証するためのマルチダミーカーソル実験（2013）という実験を行った[Fig.2]。

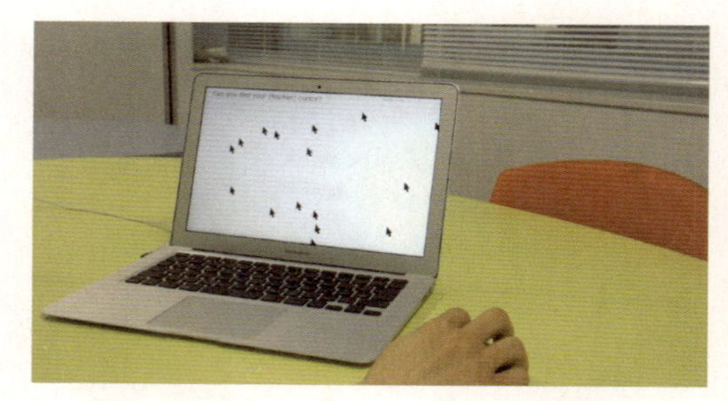

Fig.2 Cursor Camouflage　マルチダミーカーソルの実験

実験はシンプルで、色形は同じで様々に動くダミーカーソルの中から、自分が動かしているマウスと連動するカーソルを見つけられるか、というものである。ダミーカーソルの色形が同じであるために、色形からどれが自分のカーソルであるかは判断できない（紙面では当然、同じ色形であるために判別はつかない）。

この実験の結果、ダミーカーソル中から、動きのみで自分のカーソルを見つけ出せることがわかった。しかも、実験の意味を理解してしまうと、早い人では平均1～2秒程度で自分のカーソルを

見つけられることがわかった。

この実験によって、動きの連動という情報のみで「それが自分である」という感覚、つまり自己帰属感を確認できた。すなわち、カーソルにある身体の延長感、一体感は動きの連動が原因と考えられるのだ。

また、動きに遅延を入れると、たとえば500ミリ秒程度であっても、数秒で発見できた自分のカーソルの発見が急激に難しくなる。さらに遅延を入れていくと、もはや発見は無理に等しいほど難しくなり、自分で操作しているかもわからない感覚、勝手に動いている感覚になる。そして、「自分の体験」ではなくなるのである。

さらにこの実験から、横で見ている人（他者）は、操作者がカーソルを発見したとしても、どれがその人が操作しているカーソルであるかは画面を見ているだけではわかないこともわかった。同じ対象を見ていても、わかる／わからないという正反対の知覚があるものは珍しい。この点からも、自分の体験を得るためには、連動性／同期が重要であることがわかる。連動性が、自分と他人の境界を分けているのだ。よく、「やってみたらわかる」という言い方をすることがあるが、まさにこれは「やってみたらわかる」こととはどういうことかを表現しているとも言える。そして、やってみなければ、それは永遠に「自分の」体験にはならない。やってみることで自分が見つかるということは、裏を返せば、体験とはそこに現れる自己感の発生である。 なお、この実験や実験に至る背景、自己帰属感とデザインについては拙著『融けるデザイン』に詳しく書いている。

インタラクティブシステムと自己帰属感

インターフェイス設計が、多様なセンサーをベースに、行為とグラフィック（対象）の関係性というインタラクションを設計することとなると、目的への効率性としての使いやすさの観点だけでなく、この自己帰属感をうまく設計しないことには、効率性以前の問題になってしまう。つまり、身体の延長感が得られず、自分の体験にならず、接することに不快感を覚えることになってしまう。

逆に自己帰属感がうまく設計できれば、身体の延長、一部になるかのような操作感を提供することができる。そして、インターフェイスで重要とされる、そのデバイスやインターフェイスそのものを意識させない透明性が得られる。結果的にユーザーは、目的のタスクやコンテンツに集中することができる。また、そのデバイスと接すること自体が、ユーザーの新しい体験をスムーズに広げる。自己帰属感の低いインタラクションは、いつまでたっても操作の対象としての意識がつきまとい、身体に近寄ってこない。これが不快感の原因である。

iPhoneのiOSヒューマンインターフェイスガイドラインには、自己帰属感という言葉こそ使われないが、「Multi-Touchインターフェイスはデバイスと直接つながっている感覚をユーザーに与え、画面上のオブジェクトを直接操作している感覚を高めます」という記述がある。iPhoneにはカーソルはない。しかしカーソル並に連動して画面全体が動く。よく指と連動して動いている。ここが、身体と画面の中の接続ポイントになる。指を使っているから直接的なのではなく、極めてなめらかに連動するから直接つながっている感覚になる、と考えたほうがいい。iPhoneのGUIは美観もよく、画面の切り替えにはアニメーションもよく使われ、どちらもなめらかに動くために、自己帰属感になり得る連動的動きとアニメーションが混同されがちであるが、直接つながっているような感覚を与えているのは前者の連動的な動きであることに気をつけるべきだ。

GUIの気持ちよさ、
感触につながる自己帰属感

先に紹介したVisualHapticsは、動きの連動に遅延を与えることで感触を与える手法である。こういった感触は、普段パソコンの処理に負荷がかかることでカーソルが止まってしまうようなとき

に、「ひっかかり」「重み」を感じることがあることとよく似ている。スマートフォンやテレビの番組表なども、操作に対して反応が悪いことを「重い、もっさり」などと表現することがある。逆に反応がよいことを、「さくさく」という言い方で、一種の気持ちよさを表現する。つまり応答速度、連動性が、これらの感触を生み出している。

応答速度の重要性は従来からUI設計で重要視されてきたが、しかしなぜ応答速度がよいことが心地よさ的なものにつながるのか？と言われると、それはあまりうまく説明できなかった。

しかし、自己帰属感という考え方を導入すると、応答性は身体や行為の連動性であり、それによって対象として扱っていたものが、自己への帰属が起こる自己帰属感を生むからである、という視点が得られる。また、逆に連動性を乱すことで感触や透明性を低下させ、「対象」としてその存在を人に意識させるということもできる。

そして、この連動性、自己帰属感から、ある設計の軸が見えてくる[Fig.3]。一番左側が自己帰属感が高い状態で、いわば自己、自分である感覚である。右側は、他者、他者感である。動きの連動性が高いと左、低いと右であり、その中間に、さくさくとした気持ちよさ、もっさりなどの感触、自分の動きとは関係ない動きとしてアニメーションが入ってくる。このように設計を捉えることで、今まで表現しにくかった気持ちよさとは何かを説明しやすくなる。たとえば、「この動き方は面白いけど自己帰属感は得られるほどじゃない、さくさくともっさりの間だ」とか、「ここのコンテンツはユーザーに確実に注意を与えたいので、あえて連動性を切って対象としての意識与えよう」など、体験の設計が検討できる。こういった自己帰属感の視点がないと、気持ちよさとはアニメーションのギミックを入れることだと誤解してしまう。

自己帰属感の展開Ⅰ：LiveTexture

VisualHapticsという遅延による視覚的質感、感触表現以外も、筆者らは自己帰属感と質感というテーマで研究を行っている。

UIのプリミティブなコンポーネントとして、面、背景、テクスチャがある。まずそういった基本的な箇所に自己帰属感を与える試みだ。

彫刻が施されたコップやアクセサリ類のきらめきは、手に持つと、そのきらめきが手の動きに連動しキラキラとする。このきらめきは紛れもなく自己の動かしに連動するきらめきである。ここにも自己帰属感が生まれていると筆者らは考えた。

そこで試作したのがLiveTexture（2015）[Fig.4]というシステムである。LiveTextureは、スマートフォンの加速度センサーで傾き検出し、様々な角度の傾きに応じて画面に表示されているテクスチャの光源位置が移動する。つまり、ある物を手に持ったときの反射をシミュレーションしたものである。ただし目指しているのは、光源のシミュレーションのリアリティではない。光源の変化が手の傾きに連動することで、画面の中のバーチャルなグラフィックのテクスチャに対して直接持っているような感覚、自己帰属感が生まれるのではないかという狙いだ。実際に体験可能であるので試してもらいたい。実際に体験してみると、実に自然で当たり前の感覚が得られる。しかし、光源の動きを停止する（二本指でタップすると停止／再開）と通常の画像に戻るわけだが、一度LiveTextureの状態を体験してしまうと、まるでテクスチャが死んでしまったかのような感覚や重さのようなものを感じる。実はこういった角度に応じた光源

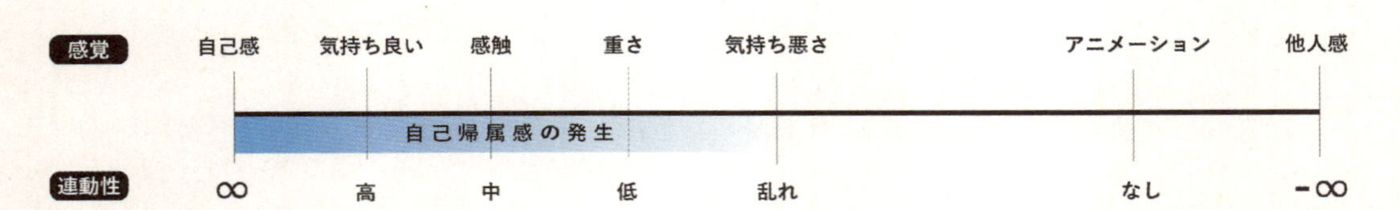

Fig.3

制御は、iOS7でフラットデザインになる直前にiTunesの音量ボタンのアルミの光沢表現で一時使われていた。しかしiOS7でフラットデザインへ移行されるとともに、この表現手法はなくなってしまった。筆者らは、これを自己帰属感の観点で引き続き研究を行っている。

Fig.4 LiveTexture

自己帰属感の展開2:画面の中に「入る」

筆者らはWorldConnector [Fig.5]というシステムを開発した。これはカメラ側とディスプレイ側に棒を取り付け、その棒を持つことによってユーザーは画面の中に入っているかのような追体験をできるというものである。これも自己帰属感がベースになっている。

カメラ側に取り付けられた棒は、画面の中にフレームの下部から表示され、常に固定されて見える。ディスプレイ手前に表示された棒は、そこで接続されて知覚される。映像風景がどんなに動こうとも、映像の中の棒とディスプレイから伸びる棒の関係はまったく変わらない。つまりここに「連動」が生まれる。

こんな方法に似た手法を使った音楽PVがある。歌手、安室奈美恵さんのGolden Touch [Fig.6]というPVである。このコンテンツは、映像のある特定した場所の上に指を置くことによって、指が置かれていることを前提としたアニメーション、映像が展開され、たとえば映像側を動かして指でボタンを押させたり、鳥が指に止まってきたりするような表現をする。ユーザーは指を置いているだけにもかかわらず、「自分が」押しているような感覚に近いものを得られたり、触れたり、触れられているような感覚が得られる。なお、このような指を置くというコンセプトは、齋藤達也氏、佐藤雅彦氏による書籍『指を置く』(美術出版社)ですでに取り組まれている。これもグラフィックに対して新しい体験を得られるので、ぜひ参照してみてほしい。

Fig.5 WorldConnector

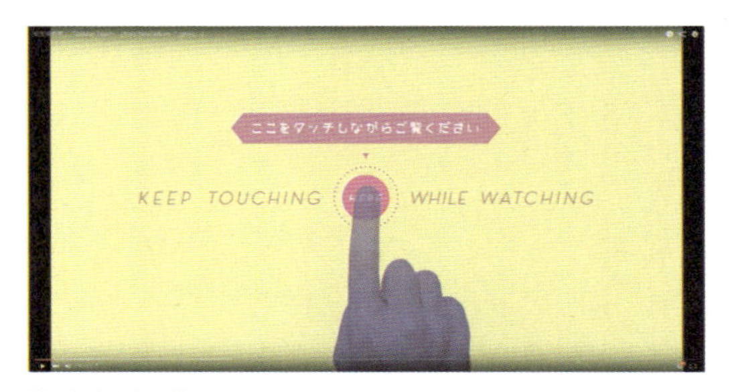

Fig.6 Golden Touch

おわりに

インターフェイスと身体というテーマでその必要性とその設計方法についての考え方を紹介してきた。コンピュータの特徴は万能性であるだけに、インターフェイスが人々に様々な体験を与える。コンピュータの歴史は30～40年程度の歴史しかなく、インタラクティブ性という意味での設計の自由度はここ15年くらいといっていいかもしれず、今は黎明期とも言える。したがって、身体や行為を対象とした設計はまだまだ検討されるべき段階である。このテキストが身体との関係性、その設計のヒントになれば幸いである。

68 _ 前提条件のデザイン

文・菅俊一

私たちは、一人ひとり頭の中で考えていることはまったく違う。そして相手が何を考えているかは直接見ることができない。自分自身だけのことを考えてみても、状況が変われば以前とまったく違うことを考えてしまっていることがある。そんな中で、私たちはどれだけ他人のことを想像することができるのだろうか。

たとえば、一度想像してみてほしい。自分の大好物を山盛り食べて満腹になった後に、倒れそうなほどお腹を空かせている人の気持ちが想像できるかどうかを。きっと自分が満腹になっているときは、もう食べ物のことなんてまったく考えたくもないはずだし、そんな状態でお腹が空いているときの他人の気持ちなんてまったく想像できないはずだ。

自分以外の人間が頭の中で考えていることについて想像するのは、ものすごく困難なことなのだ。

「当たり前」とのギャップ

先日も、こんなことがあった。筆者は美術大学で教員をしているのだが、普段は映像やインタラクションデザインに加えて、新しい視点での観察や気付きを得るための思考技術を教えている。この教育内容の本質と、コンピュータの操作技術というのはまったく関係がないのだが、現在のデザイナーの制作環境がコンピュータベースになっていることから、基礎的な教養としてコンピュータ（と、いくつかのソフトウェア）の操作の習得は避けては通れない。もちろん、これらのスキルというのは、あくまで自学自習して触らないと身に付かない領域ではあるのだが、まったく扱えないと支障が出てくるということもあり、あるタイミングで必要最低限の操作方法を教えるようにしている。

当然のことながら、学生全員がコンピュータに対して同じ知識レベルということはありえない。特に美術大学に通う学生ともなると、普段からコンピュータで絵を描いてきた学生と、まるでコンピュータに触れずに絵を描いてきた学生というまったく別の層がいるため、コンピュータの経験は千差万別だ。そのような、様々なレベルの違いがあることを考慮に入れながら、教育内容を定めていかなければならない。

たとえば、コンピュータをまるで扱えない人というのはどのくらいのレベルなのかというと、まずコンピュータの電源の入れ方からわからない。だから当然コンピュータを持っていて日常的に使い慣れている人なら「当たり前」に通じる話がまったく通じない。画面上の触れる場所、クリックできる場所とそうでないところの違いがわからない。いつ、どこで何をすればいいのかがわからない。こういう状態である。もちろん、自分だって未知の機械に触れたときは同じような状態に陥るはずなので、他人事ではない。

通常、私たちが新しい道具に触れるときというのは、操作→反応→結果というプロセスが繰り返されるわけだが、知らない道具に触れたときは、そもそも操作がおぼつかないだけでなく、その操作によって得られる反応を見逃してしまうことが多い。私たちは、「この後こうなる」という結果のモデルが頭の中にできていないとそれを認知する準備ができないので、結果をきちんと捕まえて受け入れることができない。そして、そういったすれ違いが積み重なり、「何をやっていいかわからない」という状態に繋がるわけだ。

菅俊一
1980年生まれ。コグニティブ・デザイナー／表現研究者／映像作家／多摩美術大学講師。人間の知覚能力に基づく新しい表現のあり方を研究し、映像・展示・文章など様々なメディアを用いて社会に提案することを活動の主としている。http://syunichisuge.com

私たちは何かをするとき、常にやっていることの結果に当たりを付けて、行為を行っている。

予測によって振る舞う私たち

私たちは普段、行為をする直前に予想・予測してから振る舞うことを当たり前に行っている。たとえば朝食に熱々のコーンスープを飲むとしよう。そのとき、いきなり何も考えずにスプーンを口に運んで飲む人は、滅多にいないと思う。私たちは、熱いスープをそのまま口に運んだら、どんな痛い目に遭うかを経験的に知っているからだ。

私たちは、熱いスープの飲むときにまず何をすればいいのか、何をチェックしないといけないのかを知っている。だから失敗しないし不安もない。

同じことをコンピュータの話で考えてみると、この文章を読んでいる多くの人たちがそうであるように、コンピュータを使えている人たちは、どこをクリックすればどういったことが起こるのか、クリックした後に目の前で何をチェックしなければいけないのか、変化するところを知っている。だから無意識の内にあらかじめ変化するところを確認できるよう心の準備をしているため、行為を完了させることができる。

厄介なのが、私たちは一度経験して知識を持ってしまったことについては、すでに知っていることが当たり前になってしまうということだ。だから、知らなかったときのことは思い出せないし、自分もかつてそうだったのにもかかわらず、知らない人の気持ちや判断の様子などは想像することができなくなってしまう。

たとえば、ここからは先の文章を決して読まずに次の[Fig. 1]をまず見て欲しい。この図は、Lという文字を4つランダムに配置してみたのだが、さて、あなたにはこの図形がどのように見えただろうか。

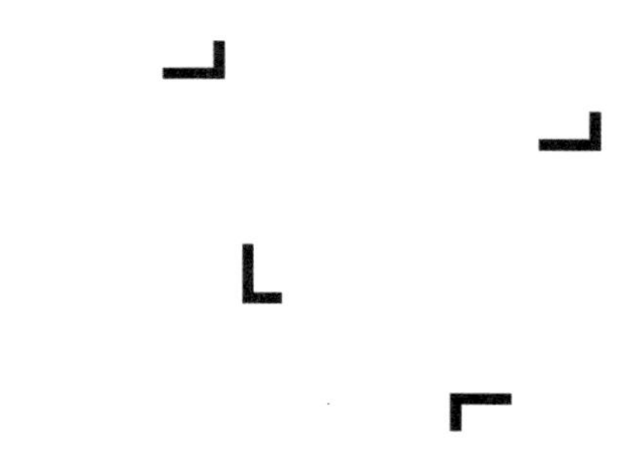

Fig. 1

この図は、上段の2つのLが目、中段のLを鼻、下段のLを口として顔を構成したものだ。あなたは、一度この図が顔であるということを伝えられ、知ってしまうと、もう二度と一番最初に見た「意味不明」な状態には戻ることができず、顔にしか見えなくなってしまう。そして一度顔に見えてしまうと、さっきまで自分がこの図を顔に見えなかったときのことを思い出すことができない。

私たちは、どんなものにでも勝手に意味を見出してしまう。だからこそ、無意味なものにある枠組みや意味を与えられてしまうと、私たちはそこから逃れられない。それは決してネガティブな話ではなく、こういった能力を使うことで私たちは、まったく新しい概念のものに触れたときに学習し、慣れることができ、新しい操作を習得することができる。

しかし、私たちが未知のものに触れて慣れるというのはやはり時間がかかり、めんどくさく、ストレスが伴うものでもある。デザインの役割は、そのストレスの解消にある。どうやって人間が未知のものに相対したときのストレスを取り除き、自然と新しい概念を取り入れ、慣れる手助けができるか。そのために、デザイナーはありとあらゆる技術を使って試行錯誤を行い、知恵を絞り手を尽くす。デザインという仕事とは、サービス業と呼んでもいいのかもしれない。

サービスとは想像力のこと

デザイナーが行うデザイン行為、つまり未知のものに相対したときのストレスを取り除くサービスの根幹に必要になるのは、想像力だ。印刷物だろうと立体物だろうと映像だろうとソフトウェアやサービスだろうと、制作物に触れる相手について、どんな気持ちで触れるのか、どんな状況で触れるのか、徹底的にイメージしなければ作ることはできない。

未知の状況についての想像力の事例として、かつて筆者が母親（乳幼児を育てている専業主婦）向けのテレビコマーシャルを制作していたときに考えていたことを紹介する。

彼女たちの多くは、生活時間の中でテレビをつけてはいるが、真剣に画面の前に顔を向けて見ていることは少ない。当然だろう。彼女たちは日々の生活や家事で忙しく、たとえば干した洗濯物を取り込んで、畳みながら見ていたり、夕食の支度をしながらテレビをつけていたりする。

つまり、目は洗濯物や手元の包丁にあるわけだから、テレビ画面なんか見ていない。このような前提条件がある状況では、いくら画面で面白いことをやっていても見てもらえることなんてない。そう考えた私たちは、テレビコマーシャルが始まったときに一番最初にテレビから鳴る音声やナレーションを活かすことにした。

たとえば、「お母さん」といったような普段彼女たちが話しかけられている呼び方でコマーシャルを始めるなど、彼女たちがつい目をこちらに向けざるを得ないような情報を最初に音声で示すことにこだわった。まずは、見ているかどうかわからない無意識の状態から、意識する状態になってもらわないとお話にならない。ものすごく些細なことかもしれないが、目を向けていなくてもアクセスできる音でまずコミュニケーションをとるというのが非常に重要だと考えていた。

もうひとつ、音とコミュニケーションに関してのエピソードを紹介したいと思う。以前私が企画に携わった展覧会の話だ。最近の企画展では、映像作品や解説のための映像展示が増えてきた。その際の展示方法として、ディスプレイの前にヘッドホンが置いてある様子を見かけることが多い。つまり、静かな展示環境を守るために、音声が出る作品についてはディスプレイの前で来場者が自分でヘッドホンをかけて、立ち続けなければならないというわけだ。

もちろん、表現として伝えたいメッセージを最大限に見せるためであったり、情報伝達手段のひとつとして音声を使うということは非常に効果的ではあるのだが、会場を訪れた来場者の目線で見てみると、ディスプレイの前に立って見ているだけでなく、わざわざヘッドホンをかけて視聴するのは非常に「めんどくさい」行為でもある。

そこで、私たちは映像作品ではヘッドホンを使わず、音量バランスとスピーカーの位置を調節することや、場合によっては音を使わずに映像だけでコミュニケーションがとれる方法を検討し、できるだけ静かで、かつ来場者がわざわざヘッドホンをかける必要のない展示空間を成立させることにした。

展示の設計では、年齢や性別、知識など、異なる前提条件を持つ様々な来場者たちに対して、伝えたい情報を、どうやってストレスなく頭の中に入れられるかを考えることが重要になってくる。展示物の順番や案内、展示台の高さやキャプションといった様々な要素を、来場者目線で自然と情報が入るよう配置する必要がある。

また、展示の設計に関してはもうひとつ重要な配慮がある。コンピュータを用いた作品などは、毎朝開場前にセットアップ作業を会場スタッフに行ってもらうわけなのだが、たとえば「電源を入れ、コンピュータが立ち上がるのを待ってから特定のアプリケーションを起動し、設定ファイルを読み込み実行した後に挙動に問題がないか確認し、詳しい数値を変えて微調整する」といった細かい作業を毎朝、展示会場にある多くの作品について、コンピュータの操作スキルも未知数なスタッフに依頼するというのは、極めてリスクが高いことは容易に想像がつくと思う。

たとえコンピュータ操作を日常的にやっている人に詳細な指示書を渡したとしても、開場まで時間がなく、使い慣れていないコンピュータで作品を起動しなければいけないという状況の中で、会期中ずっとミスなく作業を完遂できる人がどれだけいるだろうか。

そのため、こういった現場ではよく見られる工夫として、電源を入れるだけで自動的にセットアップが完了するような仕組みを設計しておくようにしている。ただ作品を作るだけでなく、コンピュータ操作が不慣れな人による日々の運用まで見越して設計をしておかなければ、展示は行えない。人間の解釈や知識レベルの差を気にしなくても済むシステムを設計するということが、とても重要になってくる。

私たちは「めんどくさい」を嫌う。たとえものすごく楽しいことが先に待っていたとしても、大抵の場合はその入口にある「めんどくさい」という気持ちが勝ってしまう。いくら楽しさや学びがあるといったことをアピールしても、そう簡単には「めんどくさい」の暴力に勝つことはできない。

それでは、私たちはその「めんどくさい」の暴力にどのように打ち勝っていけばいいのだろうか。

新しい前提条件を開発する

「めんどくさい」の暴力に打ち勝つために、私たちができることには一体何があるだろうか。そのひとつの方法として、誰しもがこれまでの人生の中で経験し学んできた常識を使って設計するというやり方がある。つまり、過去の遺産を使って新しく発生する学習をゼロにするという考え方だ。

しかし、このような方法で学習をゼロにしてしまうと、これまで経験したこと以上の体験を作り出すことはできないし、結果として様々な表現や技術の衰退へと進むしかなくなってしまう。だから解決策としては、自然と「めんどくさい」のハードルを乗り越えられるようなアイデアを獲得しなければならない。私はそのハードルを乗り越えるためのヒントが、私たちの頭の中に生まれつきインストールされている知覚現象の中にあるのではないかと考えている。

生まれつきインストールされた知覚現象とは、私たちがついつい抗えずに見てしまったり、何も説明なく見た途端にわかってしまうといったようなものだ。そして、それらの現象は必ずしも私たちがすべてを把握しているというわけではない。私たち自身に生まれつきどのような知覚現象がインストールされているのか、まだまだわからないことがたくさんあるのだ。

たとえば「仮現運動」と呼ばれる知覚現象がある。この現象は、1912年に心理学者マックス・ヴェルトハイマーが発見した、短い時間間隔で連続的に視覚刺激を呈示すると、物理的には存在しない運動を知覚してしまうという現象だ。この、現代社会にとってはなくてはならないものである映像メディアを成立させている原理も、ヴェルトハイマーによって仮現運動という知覚現象が発見されなければ、生まれていなかったかもしれない。

もちろん、ヴェルトハイマーが発見するまで、これまでの人類史の中でもひょっとしたら経験的に動いて見えてしまうようなことはあったはずだ。しかし、発見され、現象そのものがきちんと言語化されることによって初めて、私たちは自分自身が無意識に持っていた知覚現象に気づき、それを利用することができるようになっていった。

きっとこの仮現運動と同じように、これまで言語化されていないが、普段から無意識の内に使っている知覚現象はまだまだたくさんあるはずだ。このような、これまで問題にされていないがたしかにデフォルトとして私たちがそう見えてしまう知覚現象のひとつに、物理空間を超えた図の同一性がある。右の[Fig.2]を見てほしい。

[Fig.2]では、最初に描かれていた線が画面右から消えていくと共に、画面左から線が現れる。このような流れの映像(http://syunichisuge.com/d/linewarp.mov)を見たときに、私たちはひとつめの線が去って行った後、次のまったく別の新しい線が左から現れたように見ることができず、ひとつの線が、右に消えたら今度は左から出てきたように見てしまう。つまり、線の同一性を保持して見てしまうのだ。

いわゆる「ワープ」と言われるような、物理的には実現されていない現象についても、私たちは目の前に起きた刺激から辻褄を合わせて知覚してしまう。

このような、私たちの世界には物理的には存在していないが、初めて見ても違和感を感じることなくしっくりくるように見えてしまう、「新しいデフォルト」と呼べるような知覚現象を見つけることが、私は「めんどくさい」の暴力に打ち勝つためのひとつの大きなヒントになるのではないかと考えている。

まったく新しい概念や情報提示なのにもかかわらず、あまりに違和感がなさ過ぎて当たり前に見えてしまうようなことは、まだまだこの世界には数多く存在している。それを発見し、自由に扱えるようにすることこそが、インターフェイスのような領域を扱うデザイナーにとっては重要な使命になってくるはずだ。

そして最終的には、体験する人すべてが知らず知らずの内に無意識下で行われる操作や認知の世

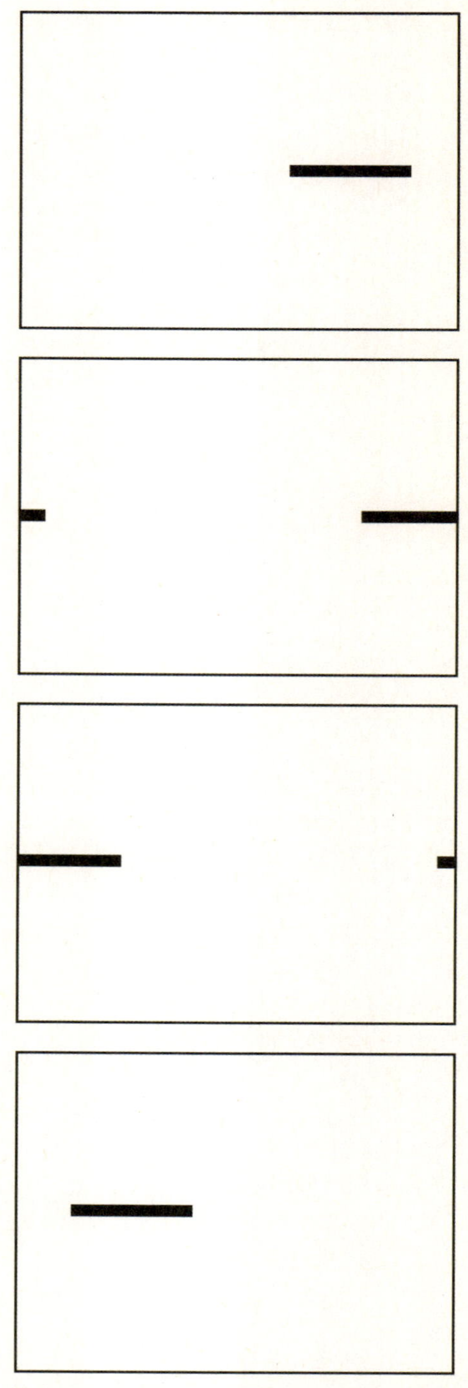
Fig.2

界を作り上げることが理想なのではないだろうか。

前提条件のデザインへ

ここまでこの文章では、私たち一人ひとりが何か行為を行う際には、知識や経験といった、前提条件を元にした予測によって振る舞いを決めているが、前提条件自体は、人によってまったくバラバラなため、行為を促すデザインにおいては、このバラバラな前提条件をどのように扱っていくかが重要である、という話を進めてきた。

そして、その解決策を考えていくうえで、知識や経験の手前にある、人間であれば誰もが生まれつき備えている知覚現象を探ることが大きなヒントになるのではないかという提案を行った。

現在では、デザインという概念は様々な領域に拡大し､単に造形を行うということだけではなく、システムへの洞察や設計までもがデザインの領域に含まれるようになっている。しかしどのように領域が広がったとしても、あくまで私たち人間自身が見て、触って、感じるものであるということは変わらない。

そう考えると、あらゆるデザインにはインターフェイスデザインの視点が必須になっている時代に変化したとも言える。そして、これまで書いてきた通り、人が関わるデザインにおいては、一人ひとりが持っている行為や認知の前提条件のズレをいかにして適切に修正・操作していくかということが重要になる。

前提条件のデザインには、何か特別な技術があるというわけではない。しかし、あえて技術のようなものをひとつあげるとするならば、徹底的に他者の行為や思考を観察し、些細なことでも見逃さずに分析していくという地道な努力ができるかどうかだろう。

これは、頭でわかっていたとしてもそう簡単にできることではない。なぜなら、私たちには先入観があり、誤解があり、思い込みがあり、慣れがある。観察を本当に役立つように利用していくためには、過去の経験や知識に無意識に引っ張られてしまう自分自身と闘わなくてはならない。

しかしもし、そのような闘いを厭わず、人間の持っている前提条件を侮らずに、徹底的にリサーチを行い、検証を続けるデザイナーがこの世界に増えてくれれば、前提条件のデザインによって様々な分野のデザイン領域は進化し、私たちの社会自体がより暮らしやすいものに進んでいけるのではないだろうか。

参考図書：『差分』（佐藤雅彦・菅俊一・石川将也共著、美術出版社、2009）

69 __ 情報に「触れる」、インターフェイスの触覚

文・緒方壽人 (Takram)

テーブルの上に冷たい水が注がれたグラスがあるとしよう。

グラスを握れば、手には水の冷たさが伝わる。グラスを動かせば、グラスの中の水はテーブルの上を移動し、グラスを傾ければ、水はこぼれる。グラスを手に取れば、水の重さを感じることができ、グラスを口に運べば、水の清涼さを味わい、喉の渇きを潤すこともできる。グラスを叩けば、コンコンという音がし、グラスの縁に沿って指を滑らせれば美しい音楽を奏でることだってできるかもしれない。

現実の世界で行われる「触れる」という行為は、こんなシーンひとつとってみても、かくも複雑で豊かな情報(形、温度、位置、振る舞い、重さ、味、音…)に満ち溢れている。しかも、驚くべきことに私たちはこのような行為を普段特別意識することなく行っているのである。

一方で私たちは、ディスプレイの中のカーソルを手元のマウスで遠隔操作するといった、現実世界とはかけ離れたもどかしい方法で、長らくデジタルな情報を扱ってきた。そのような状況は未だに続いてはいるが、インターフェイスデザインやメディアアート、コンピュータサイエンスといった様々な分野で、情報をもっと自然に、現実のモノに直接触れるように扱うための様々な試みが行われ、最近ではタッチパネルを搭載したスマートフォンの普及によって、直接(正確には薄いガラス1枚を隔てて)情報に「触れる」世界も現実のものとなってきた。

しかし、冒頭の例でも挙げたように、「触れる」ための方法はもっともっと多様な可能性に溢れている。本稿では、私が開発・デザインを手がけた、情報に「触れる」ためのインターフェイス「ON THE FLY」を一例として紹介するとともに、それが生まれるきっかけになったエピソードや、影響を受けた作品や先行研究、アーティスト、研究者などを紹介していきたい。

ミニマムインターフェイス

ON THE FLYは、何の変哲もない紙のカードをテーブルの上に置くと、カードの上に文字や映像が浮かび上がる、紙とデジタルメディアを融合したインターフェイスである。東京スカイツリーにある「千葉工業大学東京スカイツリータウンキャンパス」のほか、Intelをはじめとする様々な企業のショールームなどの常設展示、イベントなどでのインタラクティブな情報表示用のインターフェイスとして国内外で利用されている。「on the fly」(=「その場で」「動的に」「即興で」)という名の通り、高速で高精度な画像認識技術によって、カードをテーブルのどこに置いても、すばやく動かしても、常に紙の位置にぴったり合わせた映像を正確に映し出すことができる、いわばインタラクティブなリアルタイムプロジェクションマッピングである。また、動かした紙の位置を認識するだけでなく、紙に開けられた複数の穴を指でふさぐことで、穴をスイッチ代わりにして表示されるコンテンツを切り替えることもできる。

ON THE FLYが生まれたきっかけは、2008年に山口情報芸術センター(YCAM)で行われた「ミ

緒方壽人
デザインエンジニア。東京大学工学部卒業後、IAMAS、LEADING EDGE DESIGNを経て、2012年よりTakramに参加。ハードウェア、ソフトウェアを問わず、デザイン、エンジニアリング、アート、サイエンスなど、領域横断的な活動を行う。

ニマム インターフェイス展」という展覧会であった。「インターフェイスの未来」をテーマとした展覧会で、国内外から選定されたそれぞれの作品も大変興味深かったが、YCAMからの依頼は、作品の出品依頼だけでなく、展覧会の会場ナビゲーションのためのインターフェイスを考えてほしいというものだった。

フェイスとフェイスのあいだに開いた「穴」

紙のフライヤーに開いた穴をインターフェイスとして使うというアイデアが生まれた直接のきっかけは、実はこの展覧会のグラフィックを担当されていたgood design companyの水野学さんのミーティング中のふとした一言だった。フライヤーのデザインを考えるミーティング中に展覧会のテーマを説明していたときのこと、水野さんから「そもそもインターフェイスって何なんですかね」と質問されたのだが、それに対して「言葉の意味としてはInter-faceなので、フェイスとフェイスのあいだにある何かということなんですが…」というような説明をしたのを覚えている。すると水野さんはA4のコピー用紙を指で挟みながら「…このあいだにある何か…」と呟いてしばらく考え込んだ後、「穴を開けようか」と仰ったのである。ポスターやフライヤーに穴を開けることで「インターフェイス」というテーマを表現するというのはそれだけでもグラフィックデザインとしてとても面白いアイデアなのだが、そのアイデアを聞いて、さらにその穴をインターフェイスとして使い、来場者がフライヤーの穴に触れることで会場案内のトリガーになるとしたら、展覧会のフライヤー自体がまさに「ミニマムインターフェイス」として機能するのではないか、という閃きが生まれたのである。

デザイン・エンジニアリング

私が当時所属していたLEADING EDGE DESIGNでも、現在所属しているTakramでも、デザインとエンジニアリング、ソフトウェアとハードウェアを区別せずにそれらを振り子のように行き来しながらものづくりをする「デザイン・エンジニアリング」という考え方を重視している。ON THE FLYについても、紙に開いた穴をインターフェイスとして使うにはどうすればよいか、試行錯誤をしながら、デザインと同時並行で開発を進めていった。最終的には再帰性反射材と呼ばれるマテリアルをテーブルの天板に使い、モーショントラッキング用の赤外線カメラと組み合わせることで、特殊な紙や印刷技術を使わずにこのシステムを実現させることができた。紙（ハードウェア）とデジタルな情報（ソフトウェア）を融合させるというアイデアが生まれる背景には、このような「デザイン・エンジニアリング」の考え方が根底にある。

レイテンシ

このシステムを開発するうえで、技術的に最も注力したポイントはレイテンシである。レイテンシ(latency)とは、ユーザーが何か操作をしてから実際に反応が起こるまでの遅延時間のことで、当然現実世界では、何かモノを動かしているときにモノが遅れてついてくるということはなく、レイ

テンシは0である。つまり、レイテンシが少なければ少ないほど、それだけ「対象を意のままに操っている感覚」が生まれることにつながる。

たとえばディスプレイの中でリアルタイムのカメラ映像にCGなどを合成するAR（Augmented Reality）と呼ばれるような技術では、CGのレンダリングに合わせてカメラ映像の側を遅延させることで、体感上のレイテンシがほぼないようにユーザーに感じさせることが可能だが、ON THE FLYでは、人が手で動かしている紙そのものに映像を投影するため「ごまかし」が効かない。最終的には通常のカメラよりフレームレートの高いモーションキャプチャ用の赤外線カメラを使うことや、穴の開いた紙という特徴を利用した独自の画像認識アルゴリズムを組み合わせることで、レイテンシを最小限に抑える工夫がなされている。

ちなみに、このレイテンシを極限までなくす研究としては、東京大学石川渡辺研究室の「ダイナミックイメージコントロール」に関する研究がよく知られている。高速で移動するオブジェクトに情報を投影するというコンセプト自体は、ON THE FLYともかなり近いが、専用に最適化された超高速カメラと超高速プロジェクタといったハードウェアの開発など、興味深いプロジェクトが数多く発表されており、今後の展開からも目が離せない。

入力と出力を物理的に近づける

ON THE FLYを情報に「触れる」インターフェイスとしてみると、手を動かすという「入力」と、それに応じて映像が変化するという「出力」という関係があることがわかる。レイテンシをなくすことは、時間軸方向でその「入力」と「出力」をできるだけ近づけるということを意味しているが、動かした紙そのものに映像が投影されることは、物理的にも「入力」と「出力」をできるだけ近づけることを意味する。

この「入力」と「出力」を一致させるという考え方について個人的に印象に残っているのが、メディアアーティストの岩井俊雄さんによるワークショップである。おそらく2000年前後、もちろんスマートフォンやタブレットは存在していない。ワークショップの中で、岩井さんは手元のMIDIコントローラのつまみを回して、画面の中に描かれた1本の針がそれに合わせて左右に振れるデモを見せてくれた。この時点では、単につまみという入力装置とその状態を表す情報表示の関係にすぎない。次に、岩井さんがとった行動は、そのMIDIコントローラから配線を引き出し、つまみの部分だけを取り出して、画面の真ん中に両面テープで貼り付けるというものだった。プログラムもデバイスも変えず、単につまみを物理的に画面に貼り付けただけなのだが、その瞬間、それ

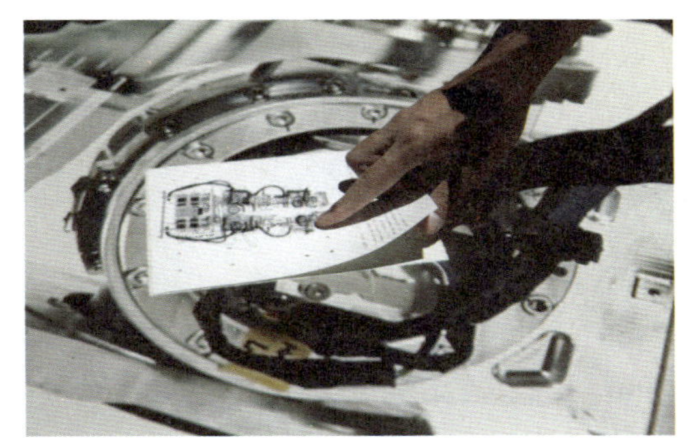

Photo: Wataru Umehara

Courtesy of Yamaguchi Center for Arts and Media [YCAM]

Hisato Ogata《ON THE FLY》
紙とデジタルメディアを融合させ、情報に「触れる」体験を促すインターフェイス「ON THE FLY」。一見真っ白な紙のカードをテーブルの上に置くと、カードの上に文字や映像が浮かび上がる。紙に開けられた複数の穴がスイッチの代わりとなり、穴を指でふさぐことでコンテンツの切り替えが可能になる。

まで画面の中の世界でしかなかった針に直接「触れて」動かしているという感覚が劇的に生まれたのだ。

さわれる「ビット(情報)」から、操れる「アトム(原子)」へ

最後に、情報に「触れる」インターフェイスとして、MITメディアラボ 石井裕教授の「タンジブル・ビッツ」をとりあげないわけにはいかない。現実の物理世界における最小単位がアトムなら、デジタル情報の最小単位はビットである。そのビットにタンジブルな(直接触れられる)物理的実態を与えようというのがその鍵となるアイデアだ。具体的な研究や作品については、ここで説明するまでもないが、2000年にその研究成果が一同に展示されたICCの「タンジブル・ビット」展で衝撃を受けたことは今でも鮮明に記憶している。展覧会の図録には、「海岸線にて」と題されたこんな言葉が寄せられている。

「海が陸に出会うところ、海岸線が生まれる。海岸線は、風景のなかの単なる一本の線ではない。そこには、熱さと乾き、そして激しく打ち付ける波と戦いながら、潮間帯のなかで厳しい生存競争を繰り広げる生き物たちがいる。同時に、そこは光と水と空気と微生物たちが混じり合う、豊穣な空間でもある。海と陸との境界線で、彼らは多様かつ独創的な進化の花を咲かせた。何百万年か前に、私たちの祖先もこの境界線を越えて、海からやってきた。今私たちは、もう一つの海岸線を越えようとしている。物理世界の『陸』と、デジタル情報の『海』とのあいだに横たわる新しい海岸線を。」

そして今、石井教授は「タンジブル・ビッツ」をさらに進化させた「ラディカル・アトムズ」というビジョンを掲げて研究を進めている。デジタル情報におけるビットをプログラムによって自由自在に操れるのと同じように、バイオテクノロジーを含む最先端のテクノロジーを駆使して、物理世界におけるアトムを自由自在に操ってしまおうというわけだ。

ビットとアトムの海岸線を超える試みはまだまだ始まったばかりである。テーブルの上のグラスが踊りだすとき、人とモノ、人と情報のあいだに、あなたはどんなインターフェイスをデザインするだろうか?

70 _ レスポンシブ・タイポグラフィ

文・iA

ウェブサイトを作るときは、まずは本文のテキストを定義することから始めるものだった。本文の定義次第で、中心となるコラム（列）の幅が決まり、その他はそれに連なって自ら定義される。これは昔の話。近年までは画面の解像度は基本的に共通だった。しかし、今は様々な大きさのスクリーンや解像度に対応する必要があり、事情は複雑になっている。

自社サイト「ia.net」の再ローンチ準備のときに、私たちが取り組んでいた実験「レスポンシブ・タイプフェイス」についての簡単なテキストを書いた。しかしサイトの再ローンチに含まれているレスポンシブ・タイポグラフィとデザインという自分たちの軸である要素が見逃されてしまう恐れがあった。だからここで、レスポンシブ・タイポグラフィについてフォーカスして、ゼロから細かく説明することにする。

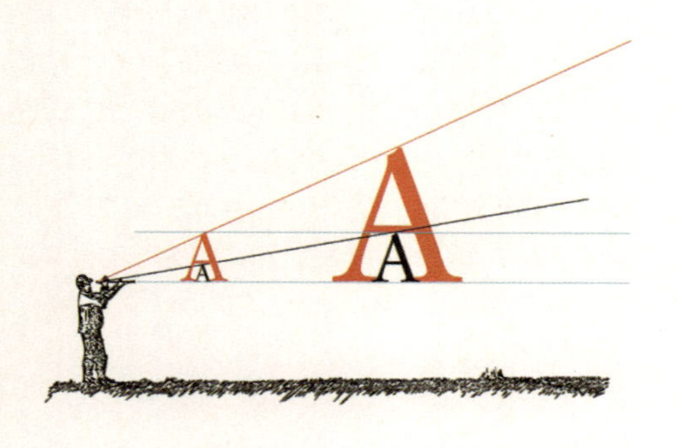

あらゆる画面サイズに対応したレイアウトをいくつも作成するのを避けるために、多くのウェブデザイナーはレスポンシブ・ウェブデザインのコンセプトを取り入れている。このコンセプトを簡単に説明すると、レイアウトが自動的にデバイスごとの表示特性に合わせて調整されることを意味する。これを実現する手法はいくつもあるが、次のポイントがある。

1 アダプティブレイアウト：レイアウトを限定し、段階的にレイアウトを調整する手法

2 リキッドレイアウト：流動的にすべての幅に対応するレイアウト手法

両方の手法に利点や欠点があるが、ブレイクポイントを極力少なくしたアダプティブレイアウトが有利だと信じている。なぜなら、読みやすいことのほうが、表示領域を目一杯活用することよりも重要だからである。これは複雑な話題で、反論もあるだろう。しかし、読みやすさを最優先した場合、列幅などの「媒体」を制御できることが重要である。リキッドレイアウトの場合はこの点で問題がたくさんある。これについての詳細はまたの機会にしよう。

タイプフェイスを選ぶ適切なトーン

どのタイプフェイスを活用するべきなのか決めるときが来る。フォントの選択は主にどのようなトーンにしたいかに左右される。しかし、フォントは各々の特色、取り扱いに関する要求（または制限事項）があり、視覚的または技術的な結果とつながっている。近年では、ウェブフォントの選択肢が非常に多くあるので、適切なものを探すの

オリバー・ライヒェンシュタイン
東京、チューリッヒ、ベルリンに拠点を置くウェブデザイン会社、Information Architects (iA)の設立者。自社開発ソフト「iA Writer」がベストセラーとなる。Web Trend Mapや国際的なデザイン会議の講演者としても知られている。https://ia.net/

が新たな課題になりつつある。

2012年にレスポンシブ・タイポグラフィの実験のために、私たちは独自のタイプフェイスiABCをデザインし、自社サイトで使用した。サイトの洗練されたコンテンツとトーンに合っていたので、私たちはセリフ体を選ぶことにした。アプリ「iA Writer」用には等幅フォントのタイプフェイスを選んだ。このソフトの主目的として、早くドラフトを出すことがあったので、Nittiという書体を選んだ。注意深さを保ちつつ、力強い感じのする書体だ。iPadの最初のOSは、可変幅フォントに対応できる自動カーニング機能がなかった。私たちは迷わず、低品質で表現される可変幅書体を選ぶより、等幅書体を選ぶことに決めた。

3年後、書体Nittiに対する愛着から、ウェイトが可変の可変幅書体Nitti iAが生まれた。

「セリフ」か「サンセリフ」?

多くの場合、「セリフ」か「サンセリフ」のどちらを使うかで選択肢が分かれる。これは根本的で複雑な選択だが、役に立つ簡易的なルールも存在する。「セリフ」書体は清潔で真面目な牧師みたいで、「サンセリフ」書体は知的で荒れた雰囲気を持つハッカーのような存在だ。様々な要素が絡み合うので、片一方がより良いわけではない。セリフは権威主義な雰囲気があり、サンセリフは民主主義的な雰囲気がある。もちろん、これは5000年にわたる書体に関する歴史を、適当な数行にまとめたに過ぎないことを忘れないでほしい。

多くの人は画面上のタイポグラフィについて、セリフかサンセリフの選択は自動解決型だと考えている。しかし、そんなに簡単なことではない。常識に相反するが、本文書体サイズで12ピクセル以上を選べば、両方の書体は同等である。12ピクセル以下だとセリフ書体はレンダリングが不鮮明だが、現代のモニター上では12ピクセルはいずれにせよ確実に小さ過ぎる。

どのサイズ?

本文の文字サイズは個人の志向によって決まるものではない。文字サイズはその文字を読む距離に影響を受ける。本に比べて、デスクトップコンピュータは基本的に読む距離は遠いので、印刷物の文字サイズよりもデスクトップコンピュータの文字サイズは大きくないといけない。

次ページの図の通り、文字が読み手から離れていれば離れているほど、文字サイズを大きくする必要が出てくる。2つの黒い「A」と赤い「A」は同じ実寸だが、右の2つはより遠くに置かれているので、読み手からすると小さく見える。右の赤い「A」は読み手からすると左の黒い「A」と同じ大きさに見える。

遠くに文章を持てば持つほど、文字は読み手にとって小さく見える。読む距離の遠さを埋め合わせるために、文字サイズを大きくする必要がある。どれだけ大きくするべきかは、簡単に決められることではない。もし経験が浅いのであれば、便利な方法がある。自分のウェブサイトを見ながら、印刷品質の高い本を読みやすい距離で持ち、お互いを比較するのだ。

印刷物に比べてウェブデザインの経験がないグラフィックデザイナーは、ウェブ上の本文テキストの巨大さに驚く。これはもちろん真横で文字を比較した際に大きいだけで、読み手の視点からすれば話は別であることを考える必要がある。

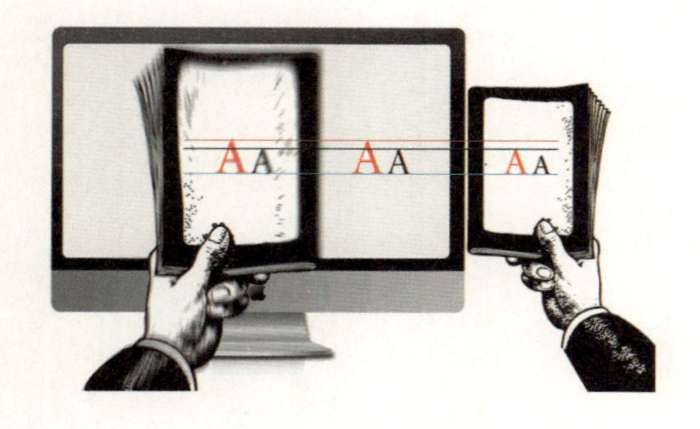

2つの本の文字と、読み手からさらに距離の遠いコンピュータ画面上の文字サイズを比較する際、本文テキストの文字サイズを大きくして調整した場合、新しいサイズは腑に落ちない場合がある。これは普通の反応だが、慣れた後は「普通」だった小さいサイズに戻りたくなくなるだろう。

私たちはこのような「視覚的に均等」な文字サイズを2006年から推奨している。当初はGeorgiaの16ピクセルを本文向けの最良なベンチマークとして提案した。これは数多くの怒りと失笑を引き起こしたが、今となれば標準になった。高い解像度により、この標準も徐々に陳腐化している。後程この件についてはふれよう。

行の高さとコントラスト

本文の文字サイズは、先程の読み手の視点を表現する仕掛けで評価できたとしても、行の高さはさらに調整が必要である。印刷物に比べて、モニターとの遠い距離とピクセルスミア（ピクセル潰れ）の関係上、多めに行の高さを設定することが賢明だろう。140%が適切な基準値だが、使うタイプフェイスに左右される。

近年、コントラストが弱すぎないこと（例：薄灰色の背景に灰色の文字）、不必要に派手（例：黄色背景にピンク）でないことを確認することは基本になっている。画面用の書体は白背景の上に黒で表現されることを基準に作られているので、暗い背景色を使うのは若干難易度が高い。しかし、これも正しい手法によってうまく機能させることが可能だ。現代の高コントラスト画面上では、はっきりとした白背景に黒ではなく、濃い灰色の文字や、薄灰色の背景も好まれる。しかし、どの組み

合わせにするかというのは大きな問題ではない。

iPhone対iPad

私たちが開発していたソフトウェアに適している書体を探す中で、私たちはレスポンシブ・タイポグラフィについて多くのことを学んだ。iPad用にiA Writerを開発したとき、適切な書体の定義を定めるのに何週間もの時間を費やした。当時は高解像度のiPadスクリーンはまったく新しい取り組みで、理解できるまで時間がかかった。AppleがiPhoneに続けてiPad向けにレティナディスプレイを導入したときに再びすべてが変わった。書こうと思えば、iA Writerに使用した印象的な書体をどのように作ったかだけで一冊の本が書けるが、一般的なことでもまだたくさん伝えたいことがあるので、本題に戻ろう。

現行のiPhone用WriterとiPad版を比較したら、フォントの大きさが同じではないことに気付くはずだ。

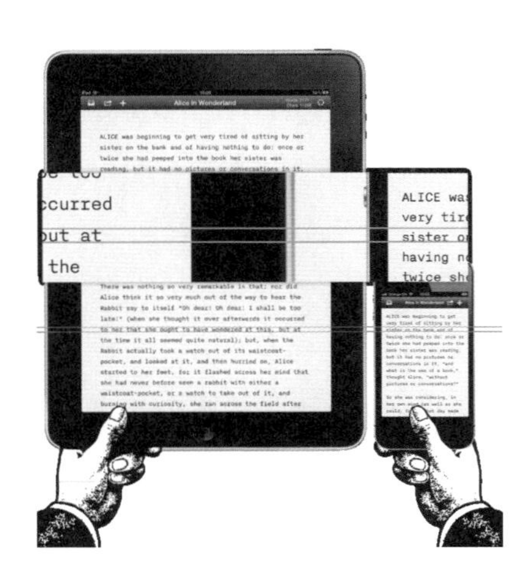

何故iPhoneとiPadに異なる文字サイズを使用したのか？ 上記の説明を注意深く読んでいる人はすでにその理由に気付いているだろう。

1　距離が一定でなくても、一般的にiPhoneよりも、人はiPadを若干遠くに持つ。iPadを朝食時にテーブルで持つ場合と、ソファに座って膝の上に置く場合と、ベッドに寝ながら目の前に持つ場合など、様々な距離で読むだろう。ノートパソコンやデスクトップパソコンのようにそれほど表示が異ならない例と比較して、iPadの表示はまったく異なる種類の課題だった。すべての状況に適しているサイズを実現するために、私たちは一番遠い距離を使用して書体の大きさを定義することにした。結果的にベッドに横になって読む場合は、通常よりも若干大きな書体サイズになるが、不自然ではない。また、ベッドでうつ伏せ状態で文書ソフトを使う機会は本来少ないはずだ。

2　iPhone上では画面領域がiPadよりも狭いので強制的に調整しなければならない。

幸いiPhoneは顔の近くに持つことが多いので、強制的に小さいフォントを使うことはうまく機能する。平均的な画面を見る距離を比較すると、iPhoneもiPadも読み手の視点からは同じ体感文字サイズだ。

iPhoneはiPadよりも近くで持つことが多いので、行の高さもより小さくできる。これはまた小さい画面による必然とも言える。

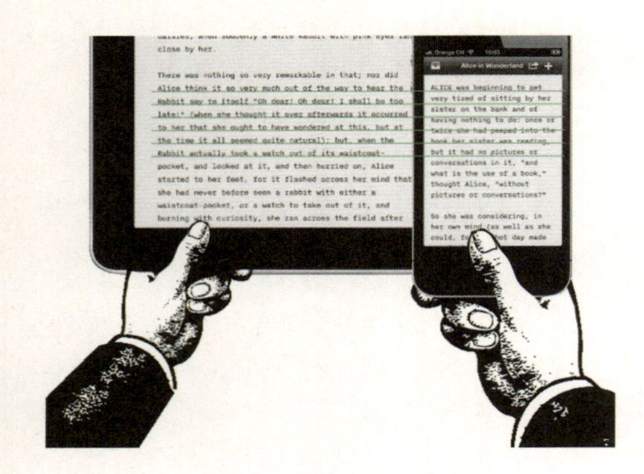

画面用にデザインをした場合、いつもすべての画面で有利に働くわけではない。インタラクションデザインは工学である。それは完璧なデザインを探す行為ではなく、一番良い妥協点を見つける行為だ。私たちの場合は、行高、枠幅と文字間の距離を仕方なく縮小した。

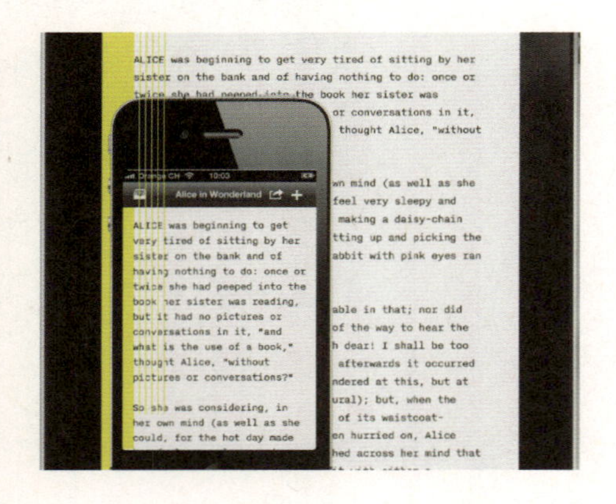

これらの調整は微妙過ぎて、知らない人は画面枠も小ささのあまり気づくこと自体少ない。なぜ私たちはこの画面枠を思い切ってなくさないのか？　この画面枠は美学ではない。文章が呼吸できるようにし、行から行へと視線が移りやすいようにしてくれる。こんな話は、なんだか難しい話に感じるかも知れないが、まだこれは基礎に過ぎない。

デスクトップコンピュータはどうすれば良い？

人によっては、Mac用の「Writer」の大きな文字サイズについて文句を言う。iPad上で一番大きなミニマルサイズを選んだと同様に（色々な距離で持たれるデバイス）、Mac向けにも一番大きなミニマルサイズを選択した。私たちのベンチマークとなる基準は、iMac 24インチ高解像度で、体感文字サイズが他のデバイスと多かれ少なかれ均一に感じられるサイズだった。

iA Writerでは、使われているMacの機種を特定できるので、解像度を特定することが可能だった。すべての構成を調べ、書体サイズがすべての機種で確実に最適な選択であることを確認した。

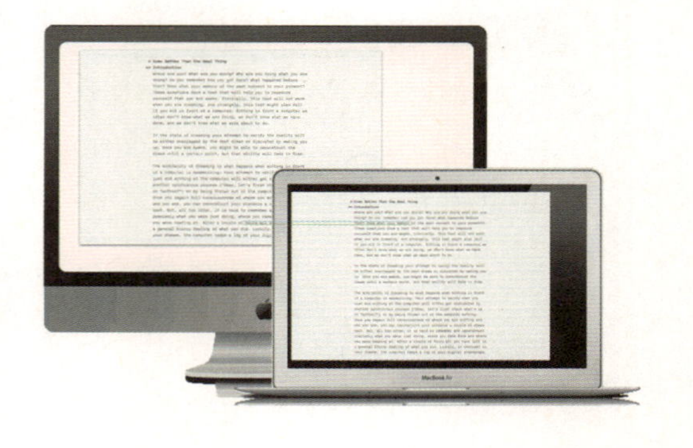

「なんでユーザーに書体サイズを単純に選択させないのか?」と聞くかも知れない。文字サイズを選ぶことは志向の問題ではなく、画面を見る距離の問題である。ほとんどのサイトやソフトは異常に小さい文字サイズになっているので、新規ユーザーは最初慣れ親しんだ書体サイズを選択した場合、小さすぎるサイズを選択するだろう。これでは、私たちの作った文書ソフトを使う本当の喜びを決して経験できない。すべてのユーザーに特定の表示を強制したかったのではなく、iA Writerは設定をいじらずに機能し、文を書くことだけに集中できるソフトにしたかったというのが主たる理由だ。これこそがiA Writer成功の秘訣であり、これを変えることはこのソフトの根幹をいじくることになる(私たちが改善しないといけない機能は、視力の悪い人向けのアクセシビリティだ)。

それなら、なぜデバイス解像度に合わせて自動調整しないのか? それこそが本来のレスポンシブ・タイポグラフィじゃないのか? その通りである。今はそれに似たことに取り組んでいる。解像度を調整するにあたって、正しい視覚的ウェイトを選び、タイプフェイスが本当に意図したように機能したか、すべてのサイズと解像度で確認する必要がある。また、フォント変更に対して、書体サイズと解像度調整も合わせて必要である。だからこそ、Mac、iPad1、2、3用のiA Writerはすべて異なるフォントウェイトが設定されている。デジタルフォントのウェイトの設定論理や、新しいウェブサイトに関する思いを説明するためにはもっと時間と場所が必要だ。次回の記事を楽しみに待っていただきたい。

今回の記事に対する反応

ソーシャルメディアボタンがないにもかかわらず、この記事※はリツイートが多く、論議も少しされた。批判は主に、リキッドレイアウトVSアダプティブについてのものだった。このトピックは別の機会に対応したいと思う。次の質問を聞いて驚いた。

@iA「インタラクションデザインは工学だ」という表現以外は理解できた。この表現はどういう意味?@bokardo

普段は「ウェブデザインは工学だ。それは完璧を追求する行為ではなく、一番良い妥協点を探す行為だ」と言っている。「ウェブデザイン」という文言が入っていれば、わかりやすく技術的な要素がもう少し明確になる。「インタラクションデザイン」という表現を使った理由は、説明例としてソフトを使ったからである。

グラフィックデザインは高度なグラフィック操作が可能かつ必要であり、ウェブデザインは視覚的デザインと技術の妥協点を最初から考えることを要求する。最適な結果を得るためには、長所や短所が色々ある中で、数多くの現実的な解決策を検証し、妥協点を見つける必要がある。

グラフィックデザイナーはよく上記の発言の反論として、彼ら自身も多くの技術に対応していることを指摘してくる。きっとその通りだと思う。しかし、車を開発することとウェブサイトを開発することに差があるのと同様に、ウェブサイトをデザインすることと雑誌をデザインすることには差がある。その差は必要とされる技術の種類の差である。

結論として、ウェブやソフトウェアのデザインをする過程で、私たちがする主な作業は、妥協点を検討し、短所が最も少ない解決策を発見することである。自由な表現環境に慣れている多くのグラフィックデザイナーは、こうしたことを苦手と感じるだろう。

※本記事は2012年6月iAのサイトに掲載された

71 __ UIとモーションの関係性

文・鹿野護（1）／森田考陽（2）

1

グラフィカルユーザーインターフェイス（以下GUI）のデザインは、グラフィックデザインの領域であると言える。しかし最近のスマートフォンを代表するGUIの高度なアニメーションの組み合わせを見ていると、表現としてはもはやモーショングラフィックスの世界に突入しており、本格的な映像デザインの領域といっても過言ではない。またGUIがページ単位で区切られていた頃から比べると、広がりや奥行きといった空間性が取り入れられており、その世界を捉える視野、すなわちカメラのような存在もより重要になるはずだ。さらに今後のバーチャルリアリティ内でのGUIを考えると、もはやユーザーを取り巻く環境そのもののデザインにもつながっていくことが予想される。本稿では映像デザインの観点から、GUIデザインの未来について、実例を見ながら考察してみたい。

動きによってもたらされるもの

最新のスマートフォンのユーザーインターフェイスを観察すると、様々な動きが組み合わされていることがわかる。たとえばiOS9のロック画面[Fig.1]。まず電源を入れよう。わずかにフェードインしながら背景が拡大するかのようにこちらに近づいてくる。非常に微細な動きではあるが、ユーザーがその世界の扉の前にわずかに近づいたことを演出している。その後、ロックを解除するためにスワイプすると、画面が横にスクロールするのにしっかりと連動して、背景が黒くフェードアウトする。4桁のパスワードを入力し終わると、ふわっと背景が明るくなり、無数のアイコンが画面の手前側から立体的に飛び込んでくる。しかもそのアイコンの動きは一斉ではなく、それぞれに速度差があり、有機的な印象を作り出している。これはモーショングラフィックスでもよく使われるテクニックである。

この間わずか数秒のことだ。操作に慣れたユーザーなら2秒ほどでロックを解除するだろう。たった数秒の中に丁寧に作り込まれたモーションが無数に組み合わされているのである。さて、果たしてGUIにこうした動きは必要だろうか。単なる機能性だけを考えるとNOだ。しかし、こうした丁寧なモーションがあるからこそ、ユーザーはこのGUIの世界を感じ取ることができるし、気持ちよく意識を没入できる。おそらく無意識的にGUIが醸し出している世界観を捉えるのだ。

法則性は細部に宿る

前述したような画面全体が動くダイナミックなモーションではなく、次はもっと小さなケースを見てみよう。iOSの代表的なUI要素のひとつ「スイッチ」は、2つの値を切り替えるために使用されるものだ。ユーザーがタップすると円形のつまみ部分が、瞬時に右と左へ入れ替わり、ONとOFFを表現している。一瞬で切り替わるため、多くのユーザーは2枚の画像が入れ替わっているように認識しているかもしれない。

しかし、よく観察してみると、わずか0.4秒の時間に、様々な動きが組み合わされていることがわかる。ツマミ部分は横方向にスライドするのだ

鹿野護
WOWアートディレクター。宮城大学教授。コマーシャルからユーザーインターフェイス、インスタレーションまで様々な分野のビジュアルデザインを手がける。これまでインタラクティブな映像作品を国内外にて多数発表。

森田考陽
WOW inc. 所属。インターフェイスデザイナー。1981年生まれ。多摩美術大学情報デザイン学科卒。プログラマー、プロダクトデザイナーだった経験を活かした横断的なアプローチで、画面の中だけに縛られないデザインを行う。

が、その動きには繊細なバネのような慣性が加えられており、同時にその奥の緑色の背景はディゾルブでグレーに変化していく。さらに背景の中央から小さな白いカバーが現れ、まるで蓋をするかのように背景部分を覆う。実に多くの動きが連携している。こうした動きの組み合わせから見えてくるのは、GUIの持つ物質的な特性であり、その世界の中に横たわっている時間や環境的な法則性である。細部に宿る動きの連なりが、GUI全体の世界のあり方を決定づけてしまうのである。

動きが作る存在性

アニメーションの語源はAnimaであり、命がなく動かないものに「生命」を吹き込んで動かすことを意味している。生命という言葉を聞くと大げさに思うかもしれないが、現に我々は様々なアニメーション作品に感情移入し、時には感動さえしてしまう。

ちょっと想像してみてもらいたい。右手で持った小さな消しゴムがちょこちょこ逃げ回り、左手で持ったハサミがそれを追いかける。無意識に我々は小さな消しゴムを応援してしまうことであろう。人間は単なる物・道具であっても、動きが加えられることによって、一種の生きたキャラクター性を見出すのである。それは小さな子どもでも大人でも同じであるし、おそらく文化が異なったとしても同様の認識をするはずだ。すなわち「動く」ということと「生命」は、本能的に結びつけられたものに違いないのである。

もちろんGUIに生命は必要ない。しかし命とはいかないまでも、ユーザーの操作に適切に反応し、振る舞ってくれる存在でなければならない。それがより自然かつ聡明な反応で、ユーザーを適切に導けるような自律的な機能を持っていたらなお良いであろう。

モーションのデザインによって、こうした自律性を表現することが可能だ。すなわち、操作対象のシステムに表情の変化や身振り手振りを与えるのである。いわばこれは、無機物に命を宿らせるようなもの。動くことによって、捉えどころのないブラックボックス的なシステムにキャラクター性を与えるのだ。

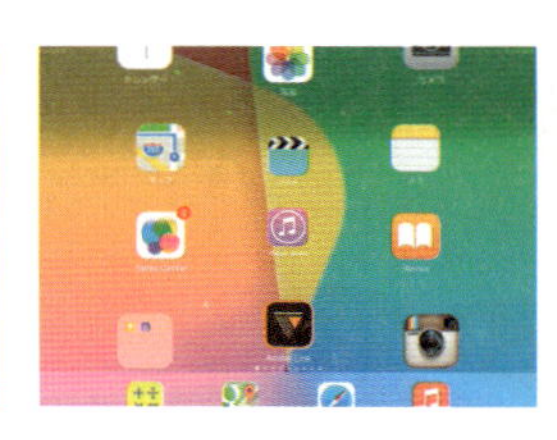

Fig.1 iOS9 ロック解除画面のモーション

映像的ストーリーテリングとGUI

今後GUIのデザインが映像デザインとして捉えられるならば、映画やドラマで用いられている手法を参考にすることが可能となるだろう。特に映画的なストーリーテリングの技法は、GUIにおける機能や操作フローの文脈を伝えるのにも役に立つはずだ。もともと映画は無声映画から始まった。初期の映画にはセリフはほとんどないのである。こうした技術的制約もあって、映画ではストーリーを伝える際にセリフだけに頼るわけにはいかない。言葉を使えない代わりに、カメラの位置や動き方、照明、人物の配置や画面構成、編集といった様々な技法を駆使して、伝えたいことを表現していたのである。実際、こうしたメソッドは非常に強力に人々の心理を捉えるため、現代にも引き継がれている。無声映画の時代に比べれば、凄まじい進化を遂げた現代の映像技術ではあるが、こうした映画史初期のストーリーテリングの方法は、今でもなくてはならないものなのである。

中でもカメラワークの考え方は、昨今の空間性を持ったGUIにおいて、様々な発想をもたらしてくれるのではないかと考えている。たとえばカメラを水平方向に移動させる「パン」という撮影方法は、情報を次第に明らかにし、範囲やヒントを示す演出として用いられることが多い[Fig.2]。映画のシーンとしても、たとえば主人公が部屋に入ってきて、その部屋がどんな状況かを示す際に使われたりする。少々極端かもしれないが、これをGUIのモーションとして考えれば「横スクロール」の活用方法に関連づけて考えることができるだろう。たとえば、モバイルアプリの中には初回起動時に横スクロール型のウォークスルー画面を通じて使い方を説明してくれるものがあるが、これも映像的に考えれば、次第に情報を開示する目的のパンの一種と言ってもよいのかもしれない。

Fig.2「パン」カメラの水平方向の移動

Fig.3 VR分野UIデザインは今後の発展が期待される

世界の構築

あらゆる電子機器や、パソコン、スマートフォンなどに搭載されているユーザーインターフェイスは、その使われ方に応じて変化してきた。インターネットの普及とウェブサイトの進化もインターフェイスデザインに大きな影響を与えたと言えるが、やはり今最もアクティブに進化が続いているのはiOSやAndroidなどのモバイルデバイスに関連したものであろう。そのためGUIを考える際も、モバイルデバイスのUIが中心になりがちだ。しかし、その流れはApple Watchのような腕時計型デバイスや、カーナビ、さらにはApple TVのようなスマートTVへ広がりを見せているし、今後もバーチャルリアリティ（以下VR）や人工知能、Internet of Thingなども含めて様々な展開が予想される。

特にヘッドマウントディスプレイを用いたVR分野におけるユーザーインターフェイスのあり方は、まだまだ発展途上である[Fig.3]。視界を完全に遮り仮想空間に没入した状態で、どのように情報に触れ、操作するのか。もはやそれはデバイスの中のユーザーインターフェイスではなく、ユーザーインターフェイスの持つ世界にユーザーが逆に入り込む感覚と言えるだろう。こうした状況の

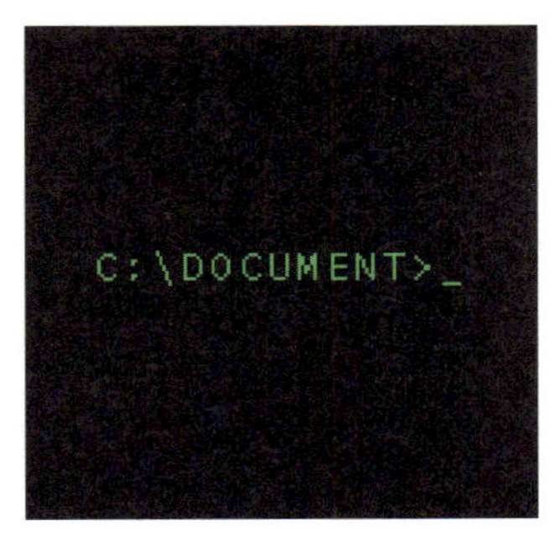

Fig.4 CUIの文字入力画面。最後のアンダーバーだけが点滅して挿入位置を知らせてくれる

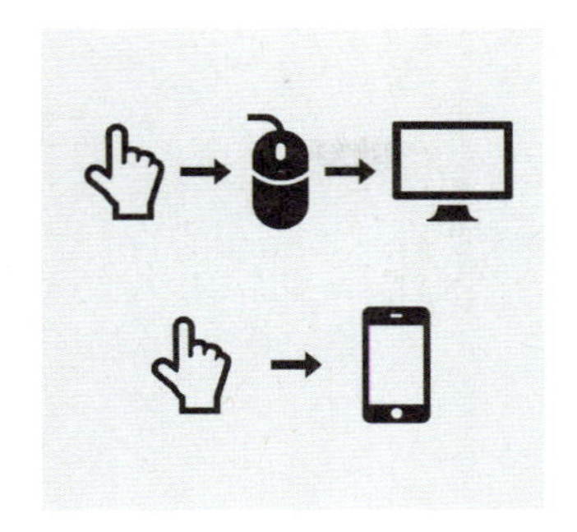

Fig.5 タッチスクリーンでは人間の操作を機械向けに変換するデバイス(マウス)がない

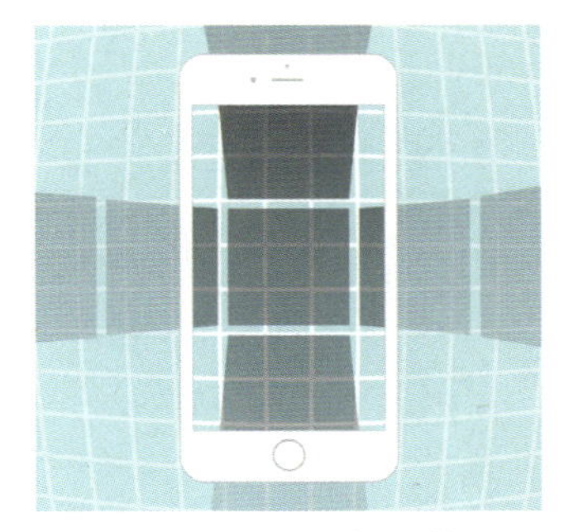

Fig.6 スクリーンという窓から様々な要素がレイアウトされた空間を覗いているイメージ

中で、映画的なストーリーテリングの手法はこれまで以上に意味を持つに違いない。それはあたかも、ユーザー自身が情報を切り取る「カメラ」になることであり、ユーザーインターフェイスと仮想空間がシームレスに融合した、新たな概念の誕生とも言えるはずである。このようにユーザーインターフェイスにおけるビジュアルデザインは、映像という枠組みすら超え、ユーザーを包み込む仮想環境、言い換えれば世界そのもののデザインにつながっていくと予想ができる。

2

デバイスの進化とともに、表現の幅が広がってきたインターフェイスデザイン。中でも近年の描画能力の発展によって活発にデザインされているのがモーションだ。モーションについて表面的な演出としてとりあげることはこれまでにもあったが、なぜ効果的なのかについてはあまり語られることがない。そこで本稿では、いくつかの事例を通して、インターフェイスにおけるモーションの役割について考えたい。

注意を引く

私たちがスマートフォンやPCで文字を入力しようとしたとき、スクリーンの大半の領域は静止しているが、次に文字が挿入されるところには|や_のような線が点滅表示されてはいないだろうか？　規則的に表示・非表示を切り替える2コマの動きは、インターフェイスにおける最もシンプルなモーションだ。このモーションは、人間の目が静止しているものより動いているものに対して注意を引かれる、という性質を利用している。GUIより以前から使われている、CUI[Fig.4]と呼ばれる文字だけが表示されるインターフェイスでも使われている手法である。

また、同じようなモーションとして、スマートフォンの通知機能で見られる画面の端に一時的に表示されるポップアップ(モードレスダイアログ)もある。こちらは人間が中心視野より周辺視野で動くものを捉えやすいという性質を使って注意を引きつけている。このようにスクリーンの大半の領域が静止している中で、一部のものだけがユーザーの操作とは直接関係なく動くという受動的なモーションは、どこに注意を向けるべきかをユーザーに知らせ、操作の手がかりを与えるという役割を担っている。

しかし、一部の過剰に動く広告バナーや、頻繁に通知を送ってくるアプリのように、その性質を逆手にとったものも多く存在している。人間はこのモーションを意識して無視することが難しいため、何かに集中したいときにこのモーションが使われると、とても煩わしく感じてしまう。良くも悪くも簡単に注意を引けつけることが可能なため、デザインには細心の注意が必要だ。

反応を返す

先の受動的なモーションに対して、ユーザーの操作によって直接変化が起きる能動的なモーションも存在する。そのひとつが反応を返すモーションである。

たとえば、PCでウェブブラウジングしているときに、リンクの貼られている文字にマウスカーソルを重ねると、矢印だったカーソルが手の形に変化したり、クリックすると文字の色が変化するのを目にしたことがあるだろう。ロールオーバーやマウスダウンと呼ばれている処理だ。こういった動きをインターフェイスに加えることで、ユーザーは自分の行った操作がうまくいっているか確認でき、これから起きることを予測できる。

ユーザーの操作に対してインターフェイスの反応がすぐに返ってくる、つまりモーションがすぐに始まることを表した言い回しに"さくさく"動くというものがある。逆の意味で使わているのが"もっさり"だ。こうした言い回しは以前からあったが、iPhoneの登場以降よく使われるようになった。その理由は、マウスよりもiPhoneのようなタッチスクリーンを使ったインターフェイスのほうが、デバイスとの接し方が直接的[Fig.5]になり、結果として求められる反応速度が上がってきているためだと考えられる。

人間は、自分が行動してからすぐに変化が起きると、それを自分の行動に伴う結果として直感的に受け入れることができる。その反面、何も反応を返さなければ無視されたと感じて同じ行動を繰り返してしまうし、0.5秒でも遅延を挟んでから動きが始まると、自分の行動とは無関係に機械が勝手に始めたような違和感を覚えてしまう。つまり、反応を返すモーションにおいて、すぐに変化を見せることは非常に重要な要素なのだ。

理解を促す

能動的なモーションにはもうひとつの役割がある。それはインターフェイスの構造や現在の状況に関して、ユーザーの理解を促すためのものだ。

初期のiPodが登場したとき、それまでの携帯音楽プレーヤーが目的の曲をせいぜい数十曲から選べれば良かったのに対し、iPodでは1,000曲から探し出せる必要があった。Appleはアルバム名やジャンルによる階層構造とクリックホイールを使ってこの問題を解決するのだが、インターフェイスにおいての注目点は、操作をした際に次の画面が右から左に入ってくる動きをすることだ。このモーションは、ユーザーの操作に対して反応を返す役割に加え、スクリーンに表示されている階層が操作によって一段深くなったという変化についての理解も促しているのである。

右には深い階層がある、戻るときは左、という構造の考え方は様々なインターフェイスに共通するルールになっている。PCの画面のように大きなスクリーンサイズがあれば、全体図を見せることが比較的容易なので構造を理解させやすいだろう。しかし、iPodやスマートフォンのような限られたスクリーンサイズでは全体図を見せることが難しい。そこで、左右に動くというモーションを画面間のトランジションに使うことで擬似的にスクリーンサイズを拡張し、構造の理解を促しているのである。

私がインターフェイスの構造を考える際には、ユーザーが目にしているスクリーンを窓と捉え、その窓の向こうにインターフェイスの空間が広がっているとイメージ[Fig.6]することが多い。空間にはボタンや文字、画像といったインターフェイスを構成する要素が3次元にレイアウトされており、ユーザーが何かを操作するたびに、その要素が時間軸を持って移動しているのだ。

こうした具体的な空間イメージは、重要な要素をレイアウトのどこに配置するかを決める場合

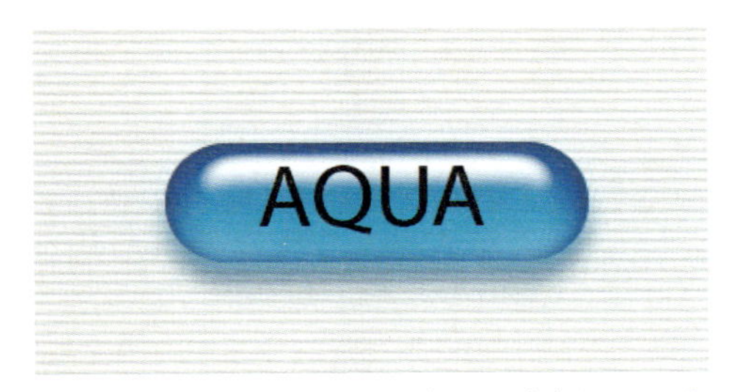

Fig.7 Appleの創業者、スティーブ・ジョブズがOS Xの発表で公開した「なめたくなる」デザイン

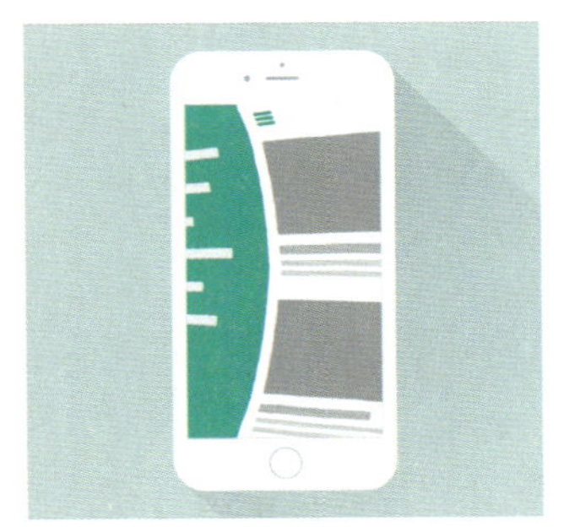

Fig.8 プルットデザインの例。サイドメニューの画面が左から現れ、ムニュッと元の画面を押し出す。

や、複雑に絡んでいる機能をどこから表示させると自然になるのかを考える際の大きな指針となる。また、ユーザーもインターフェイスを使いながら、制作者と同じような空間イメージを頭の中で思い描くことが可能で、全体図や構造の把握が容易になるというメリットがある。

使いたくなる

注意を引く、反応を返す、理解を促す、インターフェイスにおけるモーションの役割を大別するとこの3つに集約される。現在、これらを高いレベルでデザインに落とし込むことで優れたインターフェイスが実現されているのだが、ではこの先、モーションを使ったインターフェイスにはどんな可能性があるだろうか？　その答えのひとつが、動きによる質感の表現にあると私は考える。

フラットデザイン以前のスキューモーフィズムデザインでは質感の表現はあくまで静的だった。「なめたくなる」とお披露目されたボタン[Fig.7]はキャンディーのような半透明で光沢のある質感でリアルに描かれていた。それに対しフラットデザインでは、静的な表現は極限までシンプルになり、そこに書かれているコンテンツの内容自体が際立つようになっている。そしてモーションを使って質感が動的に表現されているのが特徴だ。

たとえばGoogleのマテリアルデザインでは、紙とインクというメタファーをモーションで表現している。リストの項目が選択されると、インクが拡がっていくようにシームレス、かつダイナミックに形状を変化させ、画面全体に内容が表示される。これは反応を返す、理解を促すモーションだが、とても心地良いテンポ感で動くため、見ていると使いたくなる。

私の所属するWOWでも「プルットデザイン」という呼称でモーションによる質感の表現に取り組んでいる。張りのあるプルンとした動きをインターフェイスに加えることでゴムやゼリーのような質感を出しているのだが、ユーザーが使いたくなるように、可愛らしさや遊び心を感じるモーションを目指している[Fig.8]。

言葉にすると感覚的すぎる「使いたくなる」モーションは、機能面から見るとなくても問題なく動作するため、インターフェイスの開発では後回しにされがちだ。しかし、どんなに優れたインターフェイスも、まずは使ってみてもらわなければその価値には気づいてもらえない。ユーザーが「使いたくなる」モーションには、インターフェイスにおいて最も重要な役割が任されていると言っても過言ではない。

今後、インターフェイスにおけるモーションの役割はますます重要になるだろう。デザイナーがモーションの効果を深く理解することで、大きな可能性が広がっていくのだ。

72 _ GUIの歴史：インターフェイスは常に身体の中にあった…

文・水野勝仁

「認知意味論的な考え方によれば、私たちの自然言語の意味の源が身体であるように、インターフェイスという言語の源もまた、私たちの身体にある。ジョン・ケージは、「テレビで再生しようとしている色はすでに自然の中に現実にあるのだ」と語ったが、それを踏まえて僕は、「私たちがデザインしようとしているインターフェイスはすでに身体の中にあるのだ」と言ってみることにしよう[1]（久保田晃弘『消えゆくコンピュータ』）。」

GUIの歴史は、ディスプレイに表示されるグラフィックをユーザーに選択させる試みの歴史であり、それは久保田のテキストに示されているように「身体」に深く関連している。なぜなら、グラフィックを見ることとマウスなどのポインティングデバイスの操作が「身体」で絡み合っているからである。GUIはグラフィック、ポインティングデバイスのどちらかだけをとりあげて考察しても意味がない。インターフェイスの変化はディスプレイ上のグラフィックに影響を与え、ディスプレイ性能の向上はグラフィックをリッチにするとともにインターフェイスの形状に反映される。

「身体」という観点からGUIの歴史をみていきたい。まずはGUIのひとつの起源であり、マウス以前のポインティングデバイスであるライトペンを用いたスケッチパッドをみてみよう。

ライトペンとグラフィックによる対話

スケッチパッド[Fig.1]はアイヴァン・サザーランドが1963年に発表した博士論文とともに制作されたヒトとコンピュータのグラフィカルコミュニケーションシステムである。サザーランドはディスプレイに図形を「描く」ことがヒトとコンピュータの対話に適していると考え、スケッチパッドのポインティングデバイスとして「ライトペン」[Fig.2]を採用した。ライトペンはユーザーの描画行為をトラッキングするためにCRTモニタが放つ光を捉える必要があったため、その先端はペンのようには尖っていない。ペンのような形態ではないにもかかわらず、ライトペンには「ペン」という言葉が使われている。スケッチパッドが「描く」ためのシステムだから、ポインティングデバイスに「ペン」という描画行為に伝統的に使われてきた道具の名前が採用されているのである。さらに、サザーランドはライトペンが「ペン」であることを強調するように「INK」という文字をディスプレイに表示して、その文字の光をライトペンで受像することで描画行為のトラッキングが始まるようにしている[Fig.3]。これは「ペン先をインクにつける」行為を模しているメタファーである。そして、私たちがペンで紙に描くものは基本的に「線」であるから、スケッチパッドのグ

Fig.1 スケッチパッド

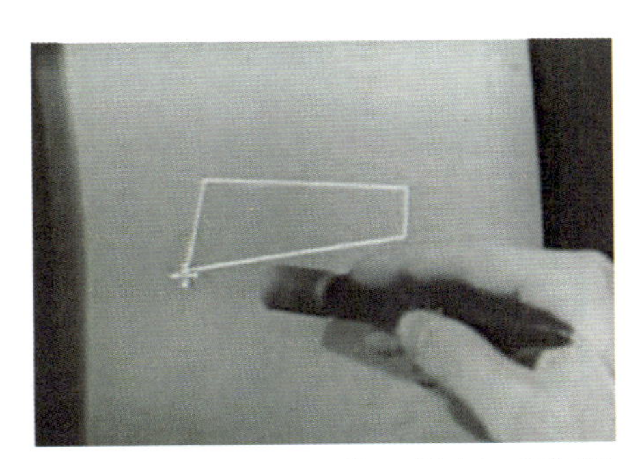

Fig.2 ライトペンを使っての描画。「十字」の画像がライトペンのポインティングしている先

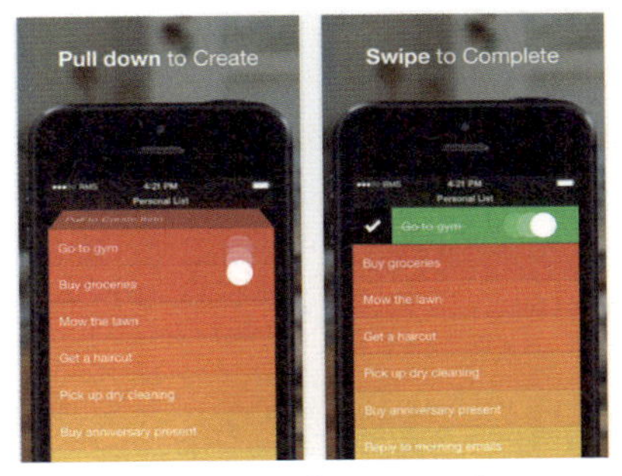

Fig.3 ディスプレイに映る「INK」とライトペン

ラフィック能力が線画しか描けないものであっても、それで充分であった。しかし、ライトペンで図形を描くことは紙とペンでの描画行為とは異なる体験を生み出した。それを最も特徴づけるのが「コンストレイント(制約)」と呼ばれるコンピュータ独自の性質である。たとえば、円を描くときはライトペンで中心を選択した後で円周を描くのだが、その際、正確に円周を描かなくてもコンピュータが数学的に正確な円を描いてくれるのである。サザーランドはヒトとコンピュータとのコミュニケーションに紙とペンという馴染み深い道具を模した環境を構築することで、ヒトが長年行ってきた描画行為と同じような環境を整えた。しかし、実際にスケッチパッドで行われている描画行為は、ペンとは似て非なるライトペンというポインティングデバイスと「コンストレイント」という性質を用いて、コンピュータ独自の体験になっているのである。

マウスと「貧弱な」グラフィック

1960年代を通してスタンフォード研究所でダグラス・エンゲルバートらのチームが開発したNLS (oN-Line System) [Fig.4]は、コンピュータ独自の体験をさらに押し進めた。エンゲルバートの思想を追ったティエリー・バーディーニはNLSを次のように指摘している。

「エンゲルバートのシステムでは、ユーザーは現実の世界とはまったく似たところがない仮想空間で身体感覚的に記号を操作した。エンゲルバートのモデルは、ただの概念上だけのものだった。実際彼は、仮想のデータ景観を「飛行する」空間と考え、それは紙の上ではとらえどころのない第三の次元に属するものだった[2](ティエリー・バーディーニ『ブートストラップ——人間の知的進化を目指して』)。」

エンゲルバートは現実世界との結びつきとしてスケッチパッドが示していた「紙とペン」というグラフィカルな要素を捨てて、コンピュータ独自の空間を「飛行する」かのように記号を操作するシステムを作った。ヒトがコンピュータ空間に飛び立つのに大きな役割を果たしたのが、エンゲルバートらが開発した「マウス」[Fig.5]であった。今では当たり前となったマウスはよく見てみると、何をするためのモノなのかがよくわからない形をしている。よくわからない形をした「ねずみ」と名付けられたデバイスは、複数のポインティングデバイスを比較した実験によって、画面上の記号や画像を素早く選択できる最も疲労度の少ないデバイスであることが判明した。つまり、マウスはディスプレイ上の記号や画像を選択する行為に最適化した形態を持つコンピュータ独自のポインティングデバイスであって、そこではライトペンが示すようなヒトの身体的経験とのつながりが断ち切られている。だから、マウス単体の形からはその機能が想像できないのである。マウスはあくまでもコンピュータとセットで使う道具なのである。そのマウスがコンピュータを経由して指さすグラフィックは貧弱なものであった。このグラフィックの貧弱さは当時のコンピュータの限界というよりも、エンゲルバートが目指したものがサザーランドのようにヒトとコンピュータのグラフィカルな対話ではなかったことを示している。エンゲルバートのグラフィックに対する意識が低かったがゆえに、ペンという描画のための道具から離れて、マウスというコンピュータの得意な記号操作と深く結びついた選択行為に最適化したデバイスが開発されたとも言える。そして、マウスと画面上の点(のちに「カーソル」と呼ばれるようになる)の結びつきは、これまで以上にヒトの行為を直接的にコンピュータに移していった。そして、マウスとカーソルの連動において、ライトペンというヒトの経験に紐付いたデバイスとは異なる感覚が生じたと考えられる。それはグラフィックの貧弱さが気にならないほどの新しい行為だったのである。いや、グラフィックが貧弱だからこそ、マウスが生み出す新たな身体感覚で際立っていたのである。

マウスとお絵かきとデスクトップメタファー

1973年にゼロックス社のパロアルト研究所でアラン・ケイらのチームが制作したAlto [Fig.6]は、「イメージを操作してシンボルを作る」というスローガンのもとで、視覚的なグラフィックと身体的な操作を結びつけたインターフェイスを構築していた。Altoでは、エンゲルバートらのNLSでは脇に置かれたグラフィックが復権している。それは、ケイが子供から大人まですべての世代を魅了するようなコンピュータとの対話を実現するためにグラフィックを重視していたからである。ユーザーはマウスを動かしてディスプレイ上のリッチなイメージを操作しながら、子供がおもちゃをあれこれ使いながら思考を発達させるようにコンピュータの使い方を覚えていく。やがて、ユー

Fig.4 1968年に行われたNLSのデモンストレーション

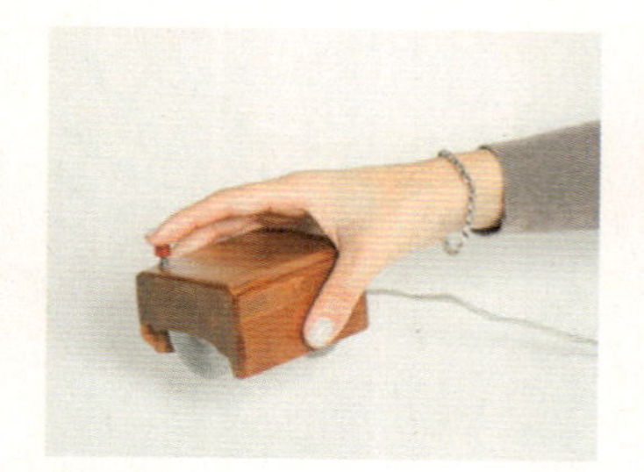

Fig.5 最初に開発されたマウス
Photo: SRI International

Fig.6 Alto

ザーは既存のコンピュータの使い方に満足せずに、マウス操作とグラフィックの連動から得られた身体感覚に基づいたプログラムを書くようになる。そして、新たなプログラムのもとでマウスとグラフィックの新たな結びつきが生まれる。そのひとつの例として、ケイがアデル・ゴールドバーグとの共著論文「パーソナル・ダイナミック・メディア」で「プログラム経験のまったくない少女が、ポインティング・デバイスで画面に絵が描けないのは、おかしいと考えた。彼女はわれわれのプログラムをまったく見ずに、スケッチ・ツールを作った」という報告をしていることがあげられる[3]。この少女はケイらが提供したAltoの豊かなグラフィックを用いて、マウス操作とイメージの連動から生じる「描く」という身体感覚をディスプレイに移植し、「マウスで描く」という行為を生み出した。「イメージを操作してシンボルを作る」とは、精細なディスプレイを基盤に据えて、グラフィックが引き起こす行為の連鎖をヒトとコンピュータの対話の主要手段として考えることなのである[Fig.7]。

行為と思考がグラフィックを介して次々とつながるサイクルをオフィス環境に応用したのが「デスクトップメタファー」である。「デスクトップメタファー」のアイデアを出したティム・モットは、Altoを使用してグラフィックデザイナーのためのページレイアウトシステムのデザインを考えていた際に、次のような閃きを得たと述べている[Fig.8]。

「私はオフィスで何が起こるのかを考えていた。誰かが書類をとって、彼ら・彼女たちはそれをファイルに入れたいので、ファイル棚のほうへ歩いていきそれを棚に置いてくる。もしくは、書類をコピーしたくなり、コピー機でコピーするかもしれない。また、彼ら・彼女らは書類を捨てたくて、机の下に手を伸ばし書類をゴミ箱に捨てることもあるだろう。

そんなことを考えながら、私は興奮して座っていた。バーのナプキンに最後に書かれたものは、私とラリーが「オフィスの概略図」と呼ぶものであった。それはファイル棚、コピー機、プリンターやごみ箱といったアイコンのセットであった。メタファーはマウスで書類を掴みスクリーン上を動き廻すいったものであった。私たちはそれをデスクトップとは考えず、オフィスを動き廻される書類として考えていた。書類はファイル棚に落とすこともできるし、プリンターの上で落とすことも、また、ごみ箱の上で落とすこともできた[4] (Bill Moggridge, Designing Interactions)。」

ここで重要なのは、モットが「メタファーはマウスで書類を掴みスクリーン上を動き廻すといったものであった」と、マウスの役割を強く意識していることである。モットのメタファーの核は、マウスによってコンピュータに持ち込まれた「モ

Fig.7 Alto を使う子どもたち。ディスプレイには走っている馬の絵が見える
The photo is courtesy of PARC.

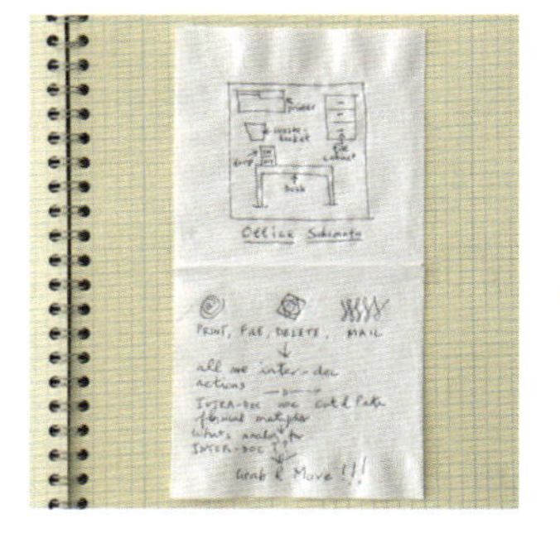

Fig.8 ティム・モットがナプキンに描いたデスクトップメタファーのスケッチ

Fig.9 Macintosh

Fig.10 iPhoneのポインティングデバイスが「指」だとプレゼンテーションするスティーブ・ジョブズ

ノを掴んで動かす」という、ヒトの身体感覚を反映したグラフィックを作り出し、コンピュータを操作することにあった。その際、マウスによる行為をオフィスという現実空間での行為に見立てることで、ヒトの身体感覚とコンピュータの空間とがスムーズに重ね合わせられている。ケイやモットのGUIデザインは、マウスを使っているときの身体感覚を「メタファー」の力を借りてまとめあげたグラフィックを、コンピュータの空間に作ることだったのである。

30年以上変わらなかったデスクトップメタファー

GUIとデスクトップメタファーが一般に広く知られるようになったのは1984年に発売されたAppleのMacintosh [Fig.9]である。マウスでディスプレイ上のアイコンをクリックすることで操作することは、これまでコンピュータの操作とは呪文のような文字を入力するものだと思っていた人たちに大きな衝撃を与えた。ただそれらはそれまでの研究成果を集めたものであり、特に新しい要素はないとも言える。Macintoshから30年のあいだにコンピュータが高性能になり、ディスプレイが高精細化していき「メタファー」が機能しなくなったのではないかということは言われているが、それでもなお「デスクトップメタファー」は残り続けている。また、ディスプレイのグラフィックのみを変更した提案は何度も行われたが、それらは提案止まりであって一般化することもなかった。それはマウスがまだ一定の役割を持っているからである。これまでも見てきたように、GUIはディスプレイのグラフィックとポインティングデバイスとが絡み合ったものである。だから、ディスプレイ性能の向上はポインティングデバイスにも影響を与えるはずである。エンゲルバートらのNSLから続くマウスによる身体感覚に基づいた「ルック&フィール」を一定に保ちつつ、コンピュータとディスプレイの性能に合わせてグラフィックを洗練させてきたのが、iPhone登場前までのGUIなのである。iPhoneはその状況を一変させてしまった。

指とスキューモーフィズム

iPhoneは「指」をポインティングデバイスとして使用する[Fig.10]。ユーザーはディスプレイを「指さす」ために文字通り「指」を使うようになり、この大きな変化はグラフィックにも大きな変化をもたらした。メタファーを捨てた「フラットデザイン」の登場である。スケッチパッドのライトペンやデスクトップメタファーに見たように「メタファー」を捨てるということは、インターフェイスから「身体」に基づく感覚を捨てることと同義と言ってもいい。といっても、一足飛びにフラットデザインに行くわけではない。まず現れたの

Fig.11 スキューモーフィズムで表現されたカレンダー。革の質感と紙の裏写りが再現されている

参考文献
1. 久保田晃弘『消えゆくコンピュータ』、岩波書店、1999、p.185
2. ティエリー・バーディーニ『ブートストラップ――人間の知的進化を目指して』、森田哲訳、コンピュータエージ社、2002年、p.269
3. アラン・ケイ、アデル・ゴールドバーグ「パーソナル・ダイナミック・メディア」『アラン・ケイ』、鶴岡雄二訳、浜野保樹監修、株式会社アスキー、1992年、p.50
4. Bill Moggridge、Designing Interactions、The MIT press、2006、p.53

は、現実世界のモノをディスプレイに視覚的表現としてそっくりそのまま移そうとする「スキューモーフィズム」[Fig.11]である。スキューモーフィズムはデスクトップメタファーの一種と考えられている。けれど、スキューモーフィズムは向上したグラフィック性能を活かして現実世界を直接的にディスプレイに移すという点で、マウスに基づいた身体経験をディスプレイに反映させるデスクトップメタファーとは異なるものと考えられる。マウス主導のデスクトップメタファーのグラフィックの量的洗練がある一線を超えたとき、そこに質的変化が起こってディスプレイ主導のスキューモーフィズムになったと言える。グラフィックがマウスに基づく身体感覚による限定的な現実の反映ではなく、「現実」そのものを表現するようになり、私たちはその「現実」に基づいてマウスを動かすようになっていたのである。しかし、この変化はパソコンがマウスを標準装備としている限りは顕在化しなかった。デスクトップメタファーからスキューモーフィズムへの移行を明示したのがiPhoneであった。iPhoneが採用した「指」という新しいポインティングデバイスと「レティナディスプレイ」に至る高精細なディスプレイとの組み合わせによって、スキューモーフィズムがマウスとデスクトップメタファーというレガシーな身体感覚に縛られることなく、現実とディスプレイをそっくりそのままつなぐ新しいパラダイムに基づくものだということが明らかになった。つまり、スキューモーフィズムは高精細ディスプレイを活かしたリッチなグラフィックでヒトの身体感覚を喚起して、マウスの身体感覚に限定されない「現実」そのものをインターフェイスに取り込もうとする試みであって、この試みには「現実」を直接指さす「指」というポインティングデバイスが最適だったのである。

しかし、スキューモーフィズムは「ディスプレイの世界は現実とは異なるものだ」ということを明らかにしてしまった。グラフィックがいかにリッチになろうともそれはピクセルの光であり、指が触れるのはガラスでしかないのである。スキューモーフィズムの急進性が現実と切り離された「フラットデザイン」という反動を産んだと言える。フラットデザインは、スケッチパッドから始まり、マウス、デスクトップメタファー、そしてスキューモーフィズムへと続く身体に基づくインターフェイスの流れを一度切断して、身体とは関係ないディスプレイのピクセルという光からインターフェイスを構築しようとするまったく新しい試みである。ここではもう「私たちがデザインしようとしているインターフェイスはすでに身体の中にあるのだ」とは言えない。私たちはインターフェイスデザインの新しい局面を迎えているのである。

【新版】UI GRAPHICS

成功事例と思想から学ぶ、
これからのインターフェイスデザインとUX

2018年10月19日 初版第1刷発行

執筆 安藤剛(010-015) 水野勝仁(042-047) 萩原俊矢(066-069)
ドミニク・チェン(084-087) 菅俊一(096-101) 鹿野護(118-123)
有馬トモユキ(138-143) 渡邊恵太(152-157) 須齋佑紀/津﨑将氏(168-173)

編集 庄野祐輔 藤田夏海 塚田有那 杉栂木一徳 増川草介
翻訳 藤田夏海
装丁 田中良治(Semitransparent Design)
企画・デザイン 庄野祐輔
ディレクション 石井早耶香

発行人 上原哲郎
発行所 株式会社ビー・エヌ・エヌ新社
〒150-0022 東京都渋谷区恵比寿南一丁目20番6号
Fax: 03-5725-1511
E-mail: info@bnn.co.jp
www.bnn.co.jp

印刷・製本 シナノ印刷株式会社

ISBN978-4-8025-1105-6